高频振动沉桩技术应用研究

肖勇杰 著

武汉理工大学出版社
·武 汉·

图书在版编目(CIP)数据

高频振动沉桩技术应用研究 / 肖勇杰著. --武汉 : 武汉理工大学出版社, 2025. 2. --ISBN 978-7-5629-7358-4

Ⅰ. TU473.1

中国国家版本馆 CIP 数据核字第 2025Z639J2 号

项目负责人:高　英　　　　**责 任 编 辑**:丁　冲

责 任 校 对:夏冬琴　　　　**版 面 设 计**:正风图文

出 版 发 行:武汉理工大学出版社

地　　　址:武汉市洪山区珞狮路 122 号

邮　　　编:430070

网　　　址:http://www.wutp.com.cn

经　　　销:各地新华书店

印　　　刷:荆州市精彩印刷有限公司

开　　　本:787 mm×1092 mm　1/16

印　　　张:12

字　　　数:300 千字

版　　　次:2025 年 2 月第 1 版

印　　　次:2025 年 2 月第 1 次印刷

定　　　价:62.00 元

凡购本书,如有缺页、倒页、脱页等印装质量问题,请向出版社发行部调换。

本社购书热线:027-87391631　87664138　87523148

前　言

高频振动沉桩技术在工程中的应用越来越广泛，但关于高频振动沉桩机理，特别是沉桩引起的施工效应的研究还不全面。鉴于此，本书对高频振动沉桩技术应用开展了模型试验、数值计算和理论研究，主要工作和创新成果如下：

1. 通过模型试验，研究了管桩高频振动贯入过程中超孔隙水压力、挤土应力、土塞效应和沉桩速率的变化规律。

2. 采用有限元-无限元耦合分析技术，并结合任意拉格朗日-欧拉方法，建立管桩高频振动贯入全过程的三维数值分析模型，与模型试验数据对比验证其合理性。

3. 研究管桩高频振动贯入黏性土地基过程中的环境效应。考察了振动频率、动力荷载幅值、接触面摩擦系数和土体模量对施工安全距离的影响，并对隔振沟的填充材料、深度、宽度、形状和位置对隔振效果的影响进行了深入分析。

4. 研究管桩高频振动贯入黏性土地基过程中的土塞效应。揭示了管桩振动贯入黏性土地基过程中的土塞孔隙比变化规律、管桩内外侧摩阻力分布、土塞闭塞程度及土拱效应。考察了振动频率、管桩直径、土层性质对土塞效应的影响，并对管桩振动贯入过程中的土塞阻力进行了解析推导，得到相应的简化计算式，为工程初步设计确定土塞阻力提供参考依据。

5. 研究管桩高频振动贯入黏性土地基过程中的挤土效应。揭示了管桩振动贯入黏性土地基过程中挤土位移和超孔隙水压力的变化规律，并分析了土体模量、泊松比、摩擦系数、振动频率和管桩直径对挤土位移的影响。

6. 针对管桩振动贯入砂土地基引起的孔压问题，通过模型假定，建立砂土地基孔压数值分析模型，对管桩振动贯入砂土地基的孔压性状有了定性的认识。

7. 通过力学平衡推导了基于 Gudehus-Bauer 亚塑性本构关系的管桩外摩阻力和端阻力，并考虑管桩贯入过程中的土塞效应，提出了管桩高频振动贯入砂土中贯入速度的计算模型，经现场实测数据、有限元模拟合理性验证后进行了参数分析。此为实际工程中快速、准确地预测管桩振动贯入速度提供了可靠方法。

在本书的研究与撰写过程中，我们得到了福建省中青年教师教育科研项目(项目编号：JZ 230082)的资助，该项目使我们在高频振动沉桩机理的研究上取得了重要进展，并为本书的撰写提供了丰富的理论支撑。

在此，我们向资助本项目的受理机构、评审专家及工作人员表示衷心的感谢和崇高的敬意。同时,本书在撰写过程中参阅了很多国内外已公开的文献、书籍和信息资料,并从中借鉴了很多有启发和有益的内容,在此一并表示感谢。

由于作者的知识和能力水平有限,本书的撰写过程中难免有疏漏不妥之处,敬请读者批评指正。

肖勇杰

2024 年 10 月

目　　录

1 绪　论

1.1 概　述

桩基础的发展历史悠久，可追溯到远古时期。中国古人使用木桩来支承房屋，这是桩基础最早的应用。随着时代进步，19 世纪后期，钢、水泥、混凝土等新材料的应用，使得桩基础技术得到了飞速发展。20 世纪初，钢桩和钢筋混凝土预制桩相继问世，并广泛应用于各类工程。当下，随着科技进步和工程需求增加，桩基础技术不断创新，出现了多种新型桩型和施工工法，广泛应用于房屋建筑、桥梁码头和海上石油平台等领域。

根据桩的施工方法不同，桩主要分为灌注桩和预制桩两大类。灌注桩是直接在所设计桩位处成孔，然后在孔内下放钢筋笼、灌注混凝土而成，施工效率较低且容易出现质量缺陷。预制桩可以在施工现场或工厂预制，然后运至桩位处，再经打桩机械安装到土中，施工效率高且质量容易保证。预制桩的施工方法主要有：静压法、锤击法和振动法。

静压沉桩法是利用压桩机桩架自重和配重的静压力将预制桩压入土中，沉桩质量好、施工速度快，但桩机自重大、场地周转比较困难、造价高。此种沉桩方法适用于软土、淤泥质土，当存在厚度大的中密以上砂夹层时，由于压桩阻力太大而不能采用。

锤击沉桩法是利用桩锤下落时的瞬时冲击机械能，克服土体对桩的阻力，使其静力平衡状态遭到破坏，导致桩体下沉，达到新的静压平衡状态，如此反复地锤击桩头，桩身也就不断地下沉。此法施工机械简单、投资小、施工方便，但施工过程产生的噪声大、对土体扰动大、容易造成断桩。

振动沉桩法是将振动锤吊至预制桩顶上，将桩头套入与振动锤连接的桩帽或液压夹桩器内夹紧，振动锤产生的激振力通过桩身带动土体振动，使土颗粒间的摩擦力大大减小，桩在自重和机械力作用下沉入土中。该法沉桩设备构造简单、使用方便、效率较高、环境振动小、噪声低、沉桩质量好。

当前高频振动打桩法备受青睐，相对于中低频振动打桩，具有以下优势：

(1) 振动、噪声进一步减小。相对于中低频振动打桩，高频振动打桩产生的振动和噪声更小，对周围的环境影响很小。

(2) 地基穿透能力更强。高频振动能大幅度地减小土的动阻力，使桩能更容易沉到设计深度。

(3) 适用地质范围广。高频振动锤可以在较大范围内对自振频率及振幅进行调节，对不同土质不同深度，可以选择最佳的振动频率及振幅，以达到最高的打桩效率。

(4) 对桩身的损伤小。当桩端打到硬岩层时，振动在原处进行，桩不下沉，作用在桩身上的合力保持不变，不容易破坏桩身。

由于优点突出，高频振动沉桩技术被广泛应用于桩基贯入施工(图 1.1 至图 1.4)。但桩高频振动贯入机理非常复杂，有待进一步研究。而且，桩高频振动贯入将引起一系列施工效应：桩高频振动贯入对周围土层和构筑物产生强烈振动的环境效应；桩端部土体挤入桩内部，产生阻碍桩贯入的土塞效应；产生影响桩承载力和邻近地下管线安全的挤土效应。这些施工效应不仅会对成桩效果产生影响，甚至会影响人们的正常生活。因此，高频振动沉桩机理及施工效应是当前实际工程中迫切需要解决的关键科学问题，关于高频振动沉桩技术的研究课题具有显著的学术价值和工程效益。

图 1.1　PHC 桩振动贯入

图 1.2　大直径钢管振动贯入

图 1.3　型钢振动贯入

图 1.4　薄壁防渗墙振动贯入

1.2　振动沉桩技术的基本原理

1.2.1　振动锤的类型

世界上第一台振动打桩锤诞生于苏联，其激振力为 214 kN，用于振动贯入 9～12 m 长

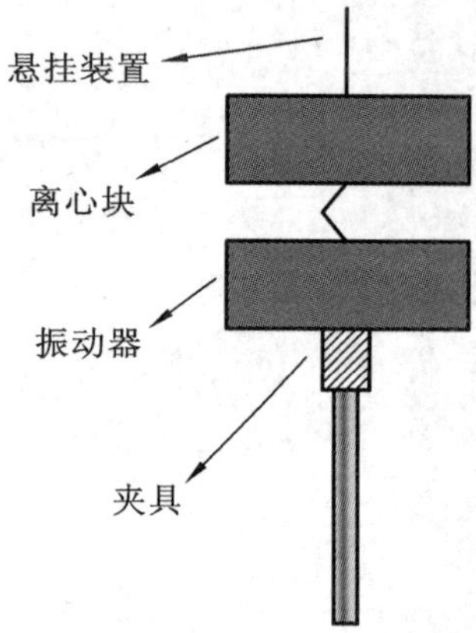

图 1.5　振动锤构件图

的钢板桩。随着科技的进步,振动锤的频率和激振力开始有了质的提升,人们开始更频繁地使用振动锤进行地基处理、沉桩等一系列的工程项目。振动锤主要由弹簧悬挂装置、离心块、振动器、夹具等部件组成。振动器由两块离心的块体构成,振动器与离心块间以弹簧连接,整个锤体由一个悬挂装置吊起,具体组成见图 1.5。离心块在振动锤工作时可以看作一个静载作用于桩上,可以为沉桩初期的定位和稳定提供一定作用,在沉桩过程中与振动锤所产生的激振力一起将桩体贯入至指定深度。

从动力方式上看,振动锤主要为液压型和电动型两种。液压振动锤由于不受电源限制和沉桩效率高的特点,在施工中使用更频繁。根据振动锤频率范围不同,振动锤可分为超高频($f \geqslant 60$ Hz)、高频(25 Hz$\leqslant f<60$ Hz)、中频(15 Hz$\leqslant f<25$ Hz)、低频($f<15$ Hz);根据悬挂方式不同,又分为自由悬挂式和桩架导向式。

1.2.2　高频振动打桩原理

Pavyluk 在 1931 年、Barkan 在 1934 年分别提出了振动打桩的基本概念并作了简单的描述,之后又在苏联人研究的基础上进行了大量的试验和理论研究,对高频振动打桩基本理论和原理进行了系统的描述。

对于振动沉桩的原理,所依据的理论主要有共振理论和振动冲击理论。由于对整个振动系统所作的假设不同,共振理论又有三个分支。

(1) 将振动锤和桩视为独立的系统。当桩的振动频率与土颗粒的自振频率一致时,土颗粒产生共振。此时,土颗粒有足够的振动速度和加速度,能迅速破坏桩与土壤之间的黏结力,使两者之间由压紧状态过渡到瞬时分离状态,桩的侧面阻力大大降低,能使其顺利沉入土中。由于土颗粒的自振频率较低,一般在 10～20 Hz,中频振动锤就是根据这一原理设计的。

(2) 把桩看作均质刚体,土为其弹性支承,共同组成一个单自由度的振动系统。使振动锤的强迫振动频率接近这个体系的自振频率,桩便产生最大纵向振动而贯入土中。这是高频振动桩锤的设计原理。

(3) 把桩看作均质弹性体,使振动锤的强迫振动频率接近桩的纵向振动自振频率。由于桩的共振最大限度地增加了弹性变形量,从而贯入土中。由于桩的自振频率很高,桩的运动速度比土体的反弹要快,使土颗粒不能实现弹性变形,颗粒间的结合遭到破坏,使之产生“液化”。同时,由于桩的弹性变形,横截面直径也会随纵向拉伸(压缩)而缩小(增大),从而破坏桩与土的接触。这是超高频振动锤设计的理论依据。

以上各种理论,其共同点在于都是利用振动破坏土的黏结力,从而使土体产生“液化”现象,降低桩的侧面摩擦阻力。桩在土中沉入时除遇到侧面阻力外,还遇到端部阻力,所以对密实的黏土以及土壤中的硬质土层,实现沉桩首先必须克服端部阻力。

振动冲击理论认为,对于坚硬地层来说,桩的下沉不仅仅靠桩与锤的自重破坏桩端土层,还要靠桩运动时桩端对土壤产生的冲击作用,使之产生塑性变形。在这种理论指导下,设计了振动冲击联合作用的振动锤。

根据以上分析,共振理论强调振动频率对沉桩的影响,而振动冲击理论则突出了冲击对沉桩的影响。从沉桩的过程来看,沉桩必须克服桩侧摩擦力和桩端阻力。桩在土中振动时,桩侧土受到的力为桩与土之间竖直方向的往复摩擦力,桩侧土在这种摩擦力的作用下产生振动,桩与土之间的摩擦力大小决定了桩侧土振幅的高低。桩在振动时对桩端土的作用力为周期性的冲击力。由此看来,振动沉桩的本质是通过振动减小桩侧摩擦阻力,从而通过冲击克服桩端阻力,来达到沉桩的目的。

早期的振动沉桩主要为中、低频率的电机驱动,而电机驱动存在着调频调幅不便和体积大等难以克服的缺陷。随着人们环保意识的提高和液压技术的不断进步,高频液压振动打桩技术的优势尤为明显,国外已开始大力研究推广高频液压振动打桩技术。高频液压振动打桩经常用于砂性土中预制桩的安装,较少用于中度硬饱和黏土、密实砂或砾石中。对于饱和砂土,高频液压振动打桩可以使周围土体产生较大的孔隙水压力,从而降低土体抗力,最终孔隙压力上升使砂土达到“液化”,以至完全失去抗力。有学者认为,并不是主要由振动外力将桩打入土中,而是在重力作用下使桩体下沉到抗力退化的土体中。因此,对于高频反复剪切下抗力不易降低的土体,不适合采用该方法打桩。

1.2.3 高频振动打桩系统

目前有两种主要的商业性现代高频振动打桩系统:自由悬挂式和桩架导向式高频振动锤系统。自由悬挂式高频振动锤系统基本由液压动力站、动力传输系统和振动锤三部分组成,如图 1.6 所示。

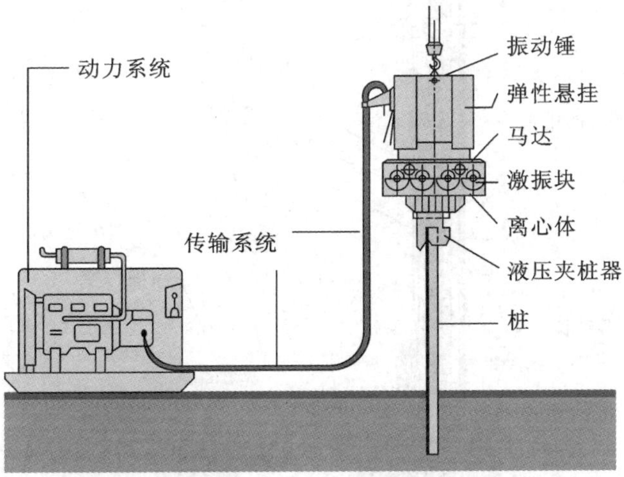

图 1.6 自由悬挂式系统

动力系统由柴油引擎连接液压泵组成,有时采用电动调节液压泵减少噪声和耗油挥发。控制面板控制所有的液压功能,比如油流、油压、偏心矩、圆筒夹具。

动力传输系统由液压油管和电缆组成。从振动器回流的油正常冷却，是为了更方便地维持最大的油压和油流。

振动系统(振动锤)由弹性悬挂、振动器和夹持器组成。振动器是振动锤的关键部件，它是由液压马达驱动，通过齿轮传动，带动成对偏心块旋转，从而产生激振力。偏心块安装在齿轮轴上，齿轮和轴承一般采用油浴润滑方式，频率较高时则采用循环油压力润滑。振动器的上部连接体为弹性悬挂，配备很多弹性垫连接振动器，多为橡胶弹簧用于减振，可有效地减少振动器传递给起重机或桩架的振动，且噪声较小。振动器的上部有可与起重机挂钩连接的孔，振动锤自重通常叫作静定荷载。振动器的下部连接体为夹桩器，根据桩的不同类型，可配置单夹头、双夹头、多夹头夹桩器等。

桩架用于起吊桩锤和桩以及其他辅助装置，并为桩锤提供导向，能够支撑 150～16000 kg 的荷重，并进行整机移动，也可直接利用起重机械作为桩架使用。更小的振动锤有时也直接连接到挖掘机，利用挖掘机的液压系统打桩。

自由悬挂式系统的缺点：打桩期间改变静荷困难，板桩施工时会出现无法精确定位的问题，但是对一般的桩可以达到其定位要求。自由悬挂式系统在沉桩过程中可以降低静定荷载，但是不能像桩架导向式系统那样增加静定荷载，因为桩架导向系统可对振动器施加一个推力。

自由悬挂式系统的优点是费用低和操作简单。自由悬挂式的制造费用大大低于桩架导向系统。在未安装振动器时，悬挂机械还可以进行别的工作。可移动的起重机作为振动锤的工作平台，施工区域更大，这为承载力低的场地创造了施工条件。

桩架导向式系统(图 1.7)和自由悬挂式系统有很多的共同点。主要不同的是振动锤的支架是可伸缩的导柱，其他部分基本跟自由式悬挂系统相同。振动锤由可伸缩性导柱传送。

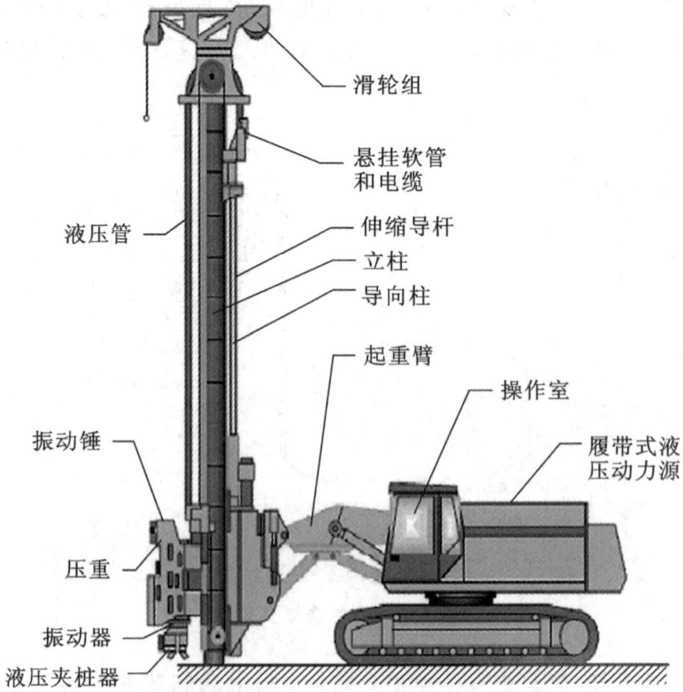

图 1.7　桩架导向式系统

桩架导向式系统的优点是：振动锤与导轨联结在一起，这增加了其可操纵性，可以允许定位振动锤在打桩期间到任何预定的倾斜角度。导轨系统的缺点是费用高，加之除了用于振动打桩，不能用在别处，还有系统的自重过大，可能引起施工现场地面的稳定问题和运输问题，比如超出桥的最大承载力。

现代振动机械系统可以增加各种附加设备，比如喷射设备、夹头、对噪声源消音的附件，而且用可降解的植物油代替有毒润滑油。

1.2.4　高频振动锤的主要参数

高频振动锤打桩力 F_d 由两部分组成：固定部分叫作静载力 F_0，振动部分叫作正弦竖向力 F_v。F_d 可认为是打桩系统产生的理论打桩力，$F_d=F_0+F_v$。控制高频振动锤理论性状的参数主要有：静载力 F_0、偏心矩 M_e、打桩频率 f、激振力 F_v、动力体质量 m_{dyn}、自由悬挂式振幅 S_0 和理论功率 P_t。

(1) 静载力 F_0

高频液压振动锤静载力 F_0 是通过振动锤的配重作用于激振块，再传到桩头。自由悬挂式高频液压振动锤 F_0 可认为是配重减去起重机的悬挂力：

$$F_0=m_0-T \tag{1.1}$$

式中　F_0——静载力；

m_0——配重；

T——起重机的悬挂力。

(2) 偏心矩 M_e

单个偏心块偏心矩为 M_{ei}，如图 1.8 所示，表达式为

$$M_{ei}=m_{ei}r_{ei} \tag{1.2}$$

M_e 是 M_{ei} 的总和，表达式为

$$M_e=\sum_{i=1}^{n}m_{ei}r_{ei} \tag{1.3}$$

式中　m_{ei}——单个偏心块质量；

r_{ei}——偏心力臂。

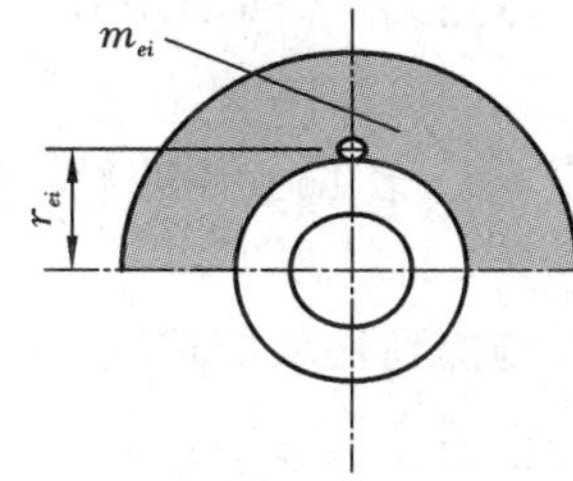

图 1.8　偏心体和偏心矩

(3) 打桩频率 f

打桩频率就是每秒钟偏心块旋转的圈数，也表示为每分钟旋转的圈数。旋转的角频率 ω(rad/s)表示旋转的快慢

$$\omega=2\pi f=\frac{2\pi n}{60} \tag{1.4}$$

式中　f——打桩频率；

n——每分钟旋转圈数。

(4) 激振力 F_v

激振力是由偏心块旋转产生离心力的竖直分力，激振器中偏心块沿相反方向旋转产生惯性力。运用牛顿第二定律加速度 a_{ci} 为

$$a_{ci}=r_{ei}\omega^2 \tag{1.5}$$

式中 a_{ci}——离心加速度；

r_{ei}——重心与圆心的距离；

ω——角频率。

如图 1.9 所示，当角频率为常数时旋转偏心体的切向加速度为零，根据牛顿第二定律计算最大离心力 F_c 为

$$F_c=m_{ei}a_{ci}=m_{ei}r_{ei}\omega^2=M_{ei}\omega^2 \tag{1.6}$$

式中 F_c——最大离心力；

m_{ei}——偏心体重；

a_{ci}——离心加速度；

r_{ei}——偏心距。

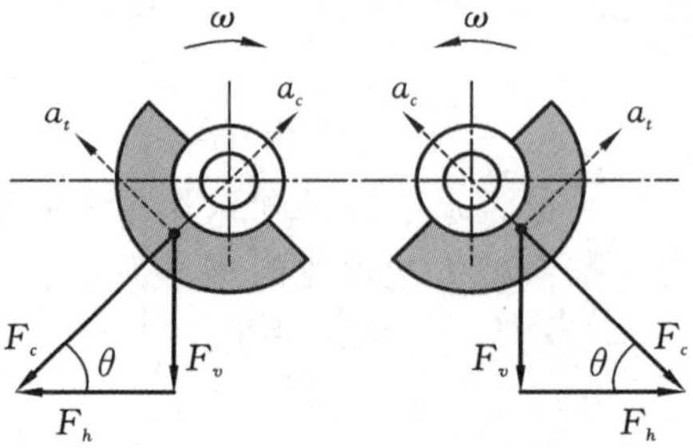

图 1.9 反向旋转的偏心体产生的离心力

激振力 F_v 可由下式表示

$$F_v=F_c\sin\theta=M_e\omega^2\sin\theta \tag{1.7}$$

式中 θ——偏心体的旋转角度。

(5) 打桩力 F_d

施加到桩头的理论打桩力 F_d 等于静载力 F_0 与激振力 F_v 之和

$$F_d=F_0+F_v \tag{1.8}$$

(6) 动力体质量 m_{dyn}

m_{dyn}包括激振器的质量、液压夹具的质量和桩的自重，表达式为

$$m_{dyn}=m_{eb}+m_{ci}+m_p \tag{1.9}$$

式中 m_{dyn}——动力体质量；

m_{eb}——激振器的质量；

m_{ci}——液压夹具的质量；

m_p——桩体的自重。

(7) 自由悬挂式振幅 S_0

在规格上振动锤经常给出一个额定振幅 S_{sp}，如图 1.10 所示，自由悬挂式振动锤的额定振幅表示为

$$S_{sp}=2S_0=2\frac{M_e}{(m_{eb}+m_{ci})} \tag{1.10}$$

式中 S_{sp}——额定的双倍振幅；

S_0——额定的振幅；

M_e——额定的偏心矩；

m_{eb}——激振器的质量；

m_{ci}——夹具的质量。

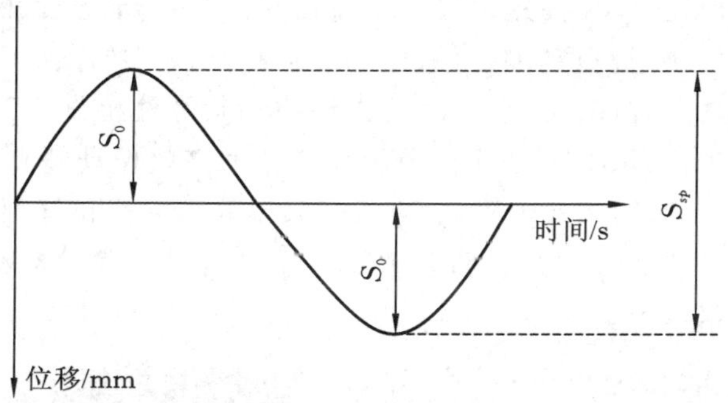

图 1.10 空载振幅

(8) 理论功率 P_t

振动锤制造商经常规定理论功率参数，那只是名义上的液压马达带动偏心块旋转的额定功率。这个理论功率不能完全用于振动打桩分析，众所周知，能量的消耗取决于实际的打桩条件。

1.3 振动沉桩技术工程应用情况

由于高频液压振动锤有许多显著的优点，因此广泛应用于实际工程中，适用于各种型钢类桩、高强混凝土预制管桩和各种灌注桩的施工，它除覆盖了现有传统桩机械的施工范围外，还具有其他许多特殊功能，如深层密实、建造薄壁防渗墙、混凝土薄壁灌注桩施工等，并特别适宜在狭小工地和对环保要求较高的工程中使用。本节重点介绍振动沉桩技术在全套管取土灌注桩和海上风电单桩基础中的应用。

1.3.1 全套管取土灌注桩

灌注桩可根据土层分布和持力层情况变化桩长，不受土层变化约束，无需接桩、截桩，而且施工过程中挤土少、振动小、噪声小，适用于城市建筑物密集地区和港口工程的基础。随着灌注桩施工工艺的改进及桩承载力的提高，大直径灌注桩得到越来越广泛的应用[1]。

21 世纪之前，大直径灌注桩按成孔工艺主要分为人工挖孔灌注桩和冲(钻)孔灌注桩[2]。人工挖孔灌注桩需要大量劳动力，施工缓慢；挖孔过程中存在一定的安全隐患，一旦塌孔容易造成严重后果；地下水位以下成桩质量不易控制和保证。冲(钻)孔灌注桩施工工艺复杂，常出现断桩、离析或沉渣过厚等质量问题；施工中产生大量的泥浆垃圾，若处理不当，将严重污染环境。

为了克服人工挖孔灌注桩和冲(钻)孔灌注桩的施工弊端,国外学者较早研究了高频液压振动沉桩技术。当土颗粒固有频率接近振动频率时,谐振现象会出现在桩周土处;低频率振动会在传播过程中衰减,周围构筑物受到振动波的扰动影响。有时出于工程需要,采用大功率电机,导致周围电网的稳定性受到影响。而且早期的振动沉桩技术主要应用于沉拔钢板桩及钢管桩施工。国内学者对高频振动锤打桩在黏性土中的可打入性进行了研究,并提出了工程应用的技术措施[3,4]。福建永强岩土股份有限公司研究大激振力高频液压振动锤的相关先进技术,开发了管桩振动取土灌注桩的施工工艺[5],如图 1.11 所示。采用高频振动锤进行大直径管桩贯入有许多优点:(1)可以解决一般灌注桩施工工法存在的问题,能在一些复杂地段进行施工,如水下作业;(2)采用大激振力高频振动锤和与之配套的水润滑装置,可使管桩与土的相互摩阻力显著降低,克服了采用静压沉管和低频振动时难以避免的土塞和挤土问题;(3)该工艺的管桩沉拔和取土等工序只需要一套设备就可完成,比现有的相似设备的工效高出 2 倍以上。

(a)

(b)

图 1.11　全套管振动取土灌注桩施工

(a) 套管高频振动贯入;(b) 套管高频振动上拔

1.3.2　海上风电单桩基础

近年来随着海上风能的发展,在近海岸建设海上风电塔的需求不断增大。从结构上来讲,海上风电塔的组成包括上部结构和下部基础,其下部基础的主要形式有单桩式、重力式以及吸力锚式等。根据现存国内外海上风电项目的经验来看,基础的选择影响到施工的进度、安全,更影响到其经济效益。单桩基础作为一种制作成本低、自重小且施工方便的基础形式受到国内外的推崇。特别是我国近海岸浅层土的承载力普遍较低,所以重力式基础和吸力锚等基础形式并不适用,而单桩式基础能通过贯入的方式沉放至指定的深度,以免除地基处理等额外工序以保证施工的进度和收益。

海上风电塔的大直径单桩基础在贯入前往往通过船只运输至指定地点,并通过搭建海上辅助沉桩平台使用高频振动锤进行沉放,见图 1.12。近年来,高频振动锤已在我国推广并使用，相对于其他沉桩方式，使用液压高频振动沉桩能降低土体的动强度从而提高沉桩效率，在施工过程中可以调节振动锤的频率和振幅使之适用于各种地质条件，同时不会造成过大的振动和噪声。

(a)

(b)

图 1.12　海上单桩基础振动贯入

(a) 单桩基础海床定位；(b) 单桩基础振动贯入

1.4　本书的目标

本书分别采用模型试验、数值计算和理论研究相结合的研究方法，对高频振动沉桩技术进行了系统研究。本书主要开展了以下工作：

(1) 进行了高频振动沉桩模型试验，分析管桩高频振动贯入干砂土地基、饱和砂土地基中超孔隙水压力、挤土应力、土塞效应和沉桩速率的变化规律。在模型试验基础上，建立了能够有效模拟管桩高频振动贯入砂土地基的数值模型，对试验结果和数值结果进行了对比分析。

(2) 利用 ABAQUS/Explicit 建立了管桩高频振动贯入黏性土地基的三维数值分析模型，揭示管桩振动贯入引起的地面振动规律及管桩施工安全距离；考察了振动频率、动力荷载幅值、接触面摩擦系数和土体模量对施工安全距离的影响，并对隔振沟的减振作用进行了深入分析。

(3) 通过三维数值分析模型，研究管桩高频振动贯入黏性土过程中的土塞效应，分析了管桩高频振动贯入过程中土塞孔隙比变化规律、管桩内外侧摩阻力分布、土塞闭塞程度及土拱效应，同时考察了各因素如振动频率、管桩直径、土层性质对土塞效应的影响。

(4) 利用建立的三维数值分析模型，研究管桩高频振动贯入黏性土过程中的挤土效应，揭示管桩贯入黏土地基过程中挤土位移和超孔隙水压力的变化情况。研究土体模量、泊松比、摩擦系数、振动频率和桩径对挤土位移的影响。

(5) 采用 ABAQUS/Standard 建立了砂土地基孔压数值分析模型，对管桩高频振动贯入砂土地基的孔压性状进行了深入研究；同时将正交试验设计方法与有限元数值模拟有机结合，应用于评价各影响因素与超孔隙水压力幅值及消散时间的关系。

(6) 阐述了 Gudehus-Bauer 亚塑性本构模型的结构及其函数表达式；然后，在 Vanden 提出的 VIPERE 模型基础上，引入土塞阻力解析公式，推导出管桩高频振动贯入砂土中贯入速度的计算模型，并利用 MATLAB R2012b 编译该计算模型程序，用于计算管桩贯入速度；最后，通过工程实例和有限元模型验证管桩高频振动贯入计算模型的准确性，并对管桩贯入过程中贯入速度的影响因素进行分析。

2 高频振动沉桩技术应用研究现状

2.1 概　　述

随着桩基础施工工艺的发展，高频振动沉桩技术应用越来越广泛，但是关于桩高频振动贯入机理，特别是桩贯入引起的施工效应研究还不全面。本章对全套管大直径振动取土灌注桩和海上风电大直径单桩基础施工工艺进行了介绍，回顾了国内外高频振动打桩技术及施工效应（环境效应、土塞效应、挤土效应）方面的研究，并给予了相应的评价。

2.2 全套管大直径振动取土灌注桩

2.2.1 全套管灌注桩的发展历史

灌注桩是指在工程现场通过机械钻孔、钢管挤土或人力挖掘等手段在地基土中形成桩孔，并在其内放置钢筋笼、灌注混凝土而做成的桩，依照成孔方法不同，灌注桩又可分为沉管灌注桩、钻孔灌注桩和挖孔灌注桩等几类。钻孔灌注桩是按成桩方法分类而定义的一种桩型。20世纪之前，随着工业的发展以及人口的增长，高层建筑不断增加，但是因为好多城市的地基条件比较差，不能直接承受由高层建筑所传来的压力，地表以下存在着厚度很大的软土或中等强度的黏土层，建造高层建筑如仍沿用当时通用的摩擦桩，必然产生很大的沉降。于是工程师们借鉴掘井技术发明了在人工挖孔中浇筑钢筋混凝土成桩。在随后的50年之后，即20世纪40年代初随着大功率钻孔机具的研制成功，钻孔灌注桩首先在美国问世。二战后，世界各地特别是欧美发达国家经济复苏与发展，时至今日，随着科学技术的日新月异发展，钻孔灌注桩在高层、超高层的建筑物和重型构筑物中被广泛应用。当然，在我国，钻孔灌注桩设计及施工水平也得到了长足的发展。

灌注桩不受土层变化限制，可根据土层分布情况任意变化桩长，容易适应持力层高低不平的变化，不需要接桩和截桩，节约钢材、振动小、噪声小、承载力高，适用于高层建筑、桥梁工程及港口工程的基础。随着大直径灌注桩施工工艺的不断改进，大直径灌注桩的应用已相当普遍。

人工挖孔桩和冲（钻）孔桩存在如下问题：(1)人工挖孔桩机械化程度低，施工缓慢；进行深挖孔作业时存在极大安全隐患；成孔质量不易控制；难以解决流泥、流砂问题，因而只适用于无地下水或少量地下水的地质。(2)冲（钻）孔灌注桩属于隐蔽工程，质量控制难度大，常出现诸如缩颈、断桩、桩身混凝土坍塌、离析夹泥等质量问题，造成工程隐患；施工工艺复杂，施工时间较长,劳动力投入大;产生大量泥浆垃圾,处理难度大,环境污染严重;泥浆护壁留下的桩侧泥皮以及孔底沉渣,降低了桩基的侧壁摩擦力和桩底反力,导致桩基承载力降低。

为了较好地解决以上灌注桩成桩的各种施工弊端,法国贝诺特公司于 20 世纪 50 年代初开发和研制成功全套管灌注桩。全套管灌注桩以其施工速度快、施工安全、施工质量易保证以及环保效果好等特点,在国内外许多重大工程中得到了应用。我国于 20 世纪 70 年代开始少量引进摇动式全套管钻机进行桩基施工。近年来,随着国内沿海和内地基础建设步伐的不断加快,为了满足施工需要和土木建筑市场的需求,提高桩基行业进入的技术壁垒,国内多家单位加强了对全套管钻机的研究开发。例如,昆明捷程桩基工程公司研制出 MT 型摇动式全套管钻机、相关的机具及其配套施工工艺。随着全套管灌注桩应用的日益广泛,逐渐完成了从等直径桩到扩底桩、从悬浮桩到嵌岩桩、从单桩到咬合桩的技术转变过程。福建永强岩土工程有限公司非常注重对全套管灌注桩施工工艺的研究,该公司结合先进的高频振动锤研制出大直径全套管高频振动取土灌注桩。由于采用了全长钢套管技术,功效更高;由于采用了高频振动锤施工,桩身质量更有保证。

2.2.2 全套管灌注桩施工

2.2.2.1 施工原理

全套管振动取土灌注桩的施工原理[6]:首先,采用大激振力高频液压振动锤进行内外套管的贯入施工,振动时采用专门设计的水润滑装置使套管与土的相互摩阻力降低,可以实现除强风化岩以外的绝大部分土层顺利地挤入套管内腔,形成土芯而非土塞,从而克服了由于土塞滞留在管内使桩侧阻力增大、导致套管难以贯入土层和沉管过程中所造成的挤土问题;其次,通过高频振动密实,提高管端土承载力,确保水下灌注混凝土或抽水后干作业灌注混凝土顺利进行;最后,通过高频液压振动锤同时拔出钢内管和钢外管或拔出钢外管,从而能够大直径取土灌注桩。主要工序如图 2.1 所示,具体施工流程:①高频振动打入内外套管,土

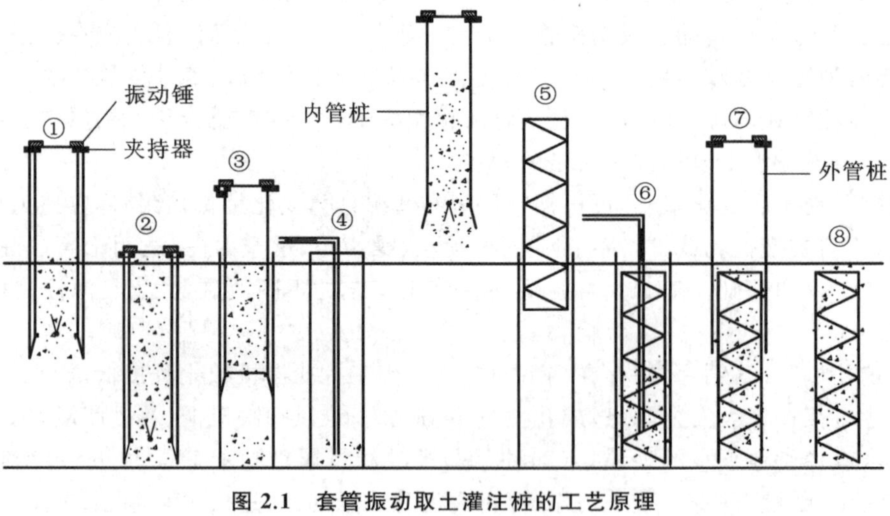

图 2.1 套管振动取土灌注桩的工艺原理

进入内套管；②内套管沉至设计标高；③高频振动内套管，土与内套管一起提出；④振动排土，清理孔内沉渣；⑤吊放钢筋笼；⑥浇筑混凝土；⑦高频振动拔出外套管；⑧成桩、孔口防护。套管沉拔和套管取土是该施工工艺的核心工序，也是区别于钻孔灌注桩的标志。

全套管振动取土灌注桩现场施工流程见图2.2至图2.7。

(1) 套管沉拔原理

全套管大直径振动取土灌注桩采用振动锤进行沉拔套管施工。在管顶安装液压驱动的振动锤，使振动锤中的偏心体相互逆旋转，其横向偏心力相互抵消，而垂直离心力叠加，使套管产生垂直方向的激振力。

套管在自重和激振力作用下，克服悬挂力和摩擦阻力而逐渐下沉；套管在悬挂力和激振力作用下，克服自重和摩擦阻力而逐渐上拔。

图2.2　高频振动沉入内外套管

图2.3　高频振动提出钢内管和土并振动排土

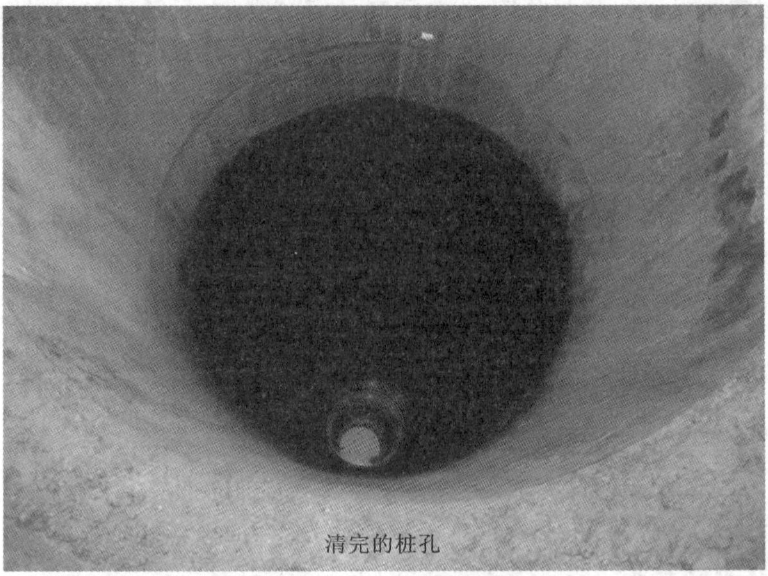

图 2.4　清理桩端沉渣，振动密实持力层

图 2.5　吊放钢筋笼

在无黏性土层中，垂直向的高频振动能扰动套管周围土体或使之暂时液化，使套管与土间的摩擦阻力大幅度减小，甚至于减小至零，振动力加上锤和套管的重量，使套管穿越土层达到设计深度。通常竖向振动振幅为 6 mm，频率为 25 Hz 时就能将套管周围的无黏性土完全扰动，将套管打入无黏性土层；在黏性土层中，垂直向的高频振动能够使套管周围的黏性土完全破坏，从而减小套管与土间的摩阻力，使套管容易被送入黏性土层。通常在振幅为 6 mm、频率为 30 Hz 时就能使套管周围的黏性土剪切破坏。无论是砂质土层还是黏性土层，土体强度均能恢复，从而使基桩具备承载能力。

图 2.6　灌注混凝土

图 2.7　高频振动拔出钢外套管成桩

(2) 套管取土原理

采用高频液压振动锤,能使钢套管水平和竖向高频振动顺利切割土体,使钢套管与土之间产生间隙,从而使土进入内套管(取土器)实现振动取土。取土器取土主要分为三大步骤,如图 2.8 所示:①在振动锤的高频振动作用下,取土器向下沉入,挡土板向上翻,土进入管内;②在振动锤的高频振动作用下,取土器向上拔出,挡土板在土自重作用下向下翻,土留在管内;③提出取土器,拔去插销,土在自重作用下向下排出。

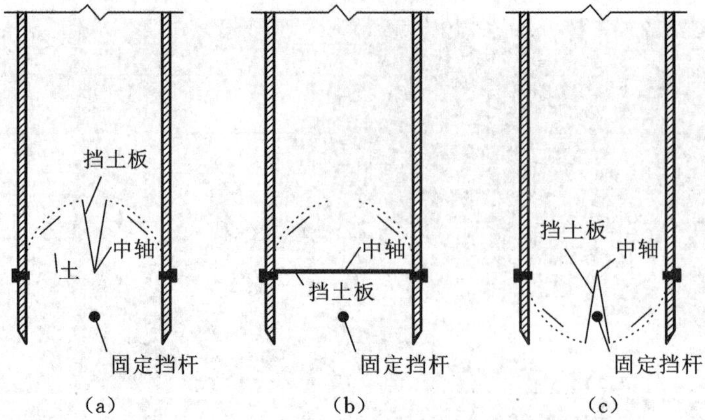

图 2.8　取土器取土原理图

(a) 沉入;(b) 拔出;(c) 排土

2.2.2.2　工程实例

(1) 工程及地质概况

拟建工程为福建省某四星级酒店,总建筑面积 26788 m^2,25 层框剪结构,楼高 99.99 m。1～5 层为商场,6～16 层为酒店客房,17～25 层为高档写字楼,地下室一层。

场地岩土层从上至下依次为:①杂填土,层厚 2～5 m;②粉质黏土,层厚 2～4 m;③卵石,层厚 8～10 m;④强风化泥质粉砂岩,层厚 1.8～4 m;⑤中风化泥质粉砂岩。典型地质剖面如图 2.9 所示。

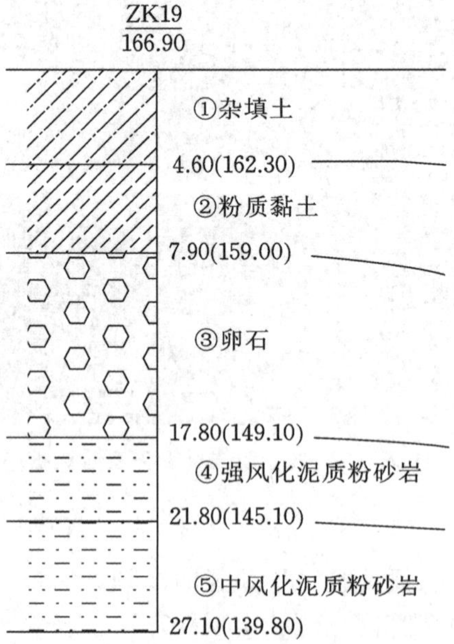

图 2.9　典型地质剖面

(2) 施工方案及工艺流程

勘察单位建议采用冲孔灌注桩,设计单位拟采用全套管取土桩,两种方案对比如表 2.1 所示。

表 2.1　基础方案对比表

基础方案	造价/万元	工期/天	备注
冲孔灌注桩	376	130	泥浆污染、振动大
全套管取土桩	216	90	桩身质量安全、沉降小

本工程建筑高度大，对沉降敏感，且为重点工程，工期紧。经过多方面论证，最后确定采用直径 900～1500 mm 的全套管取土灌注桩，桩端持力层为中风化泥质粉砂岩，设计桩长 14～18 m，单桩承载力特征值 1408～11015 kN。

本工程混凝土采用强度等级 C40 的商品混凝土，由于地下水位较低，使用干作业浇捣混凝土，主要施工流程见图 2.10。

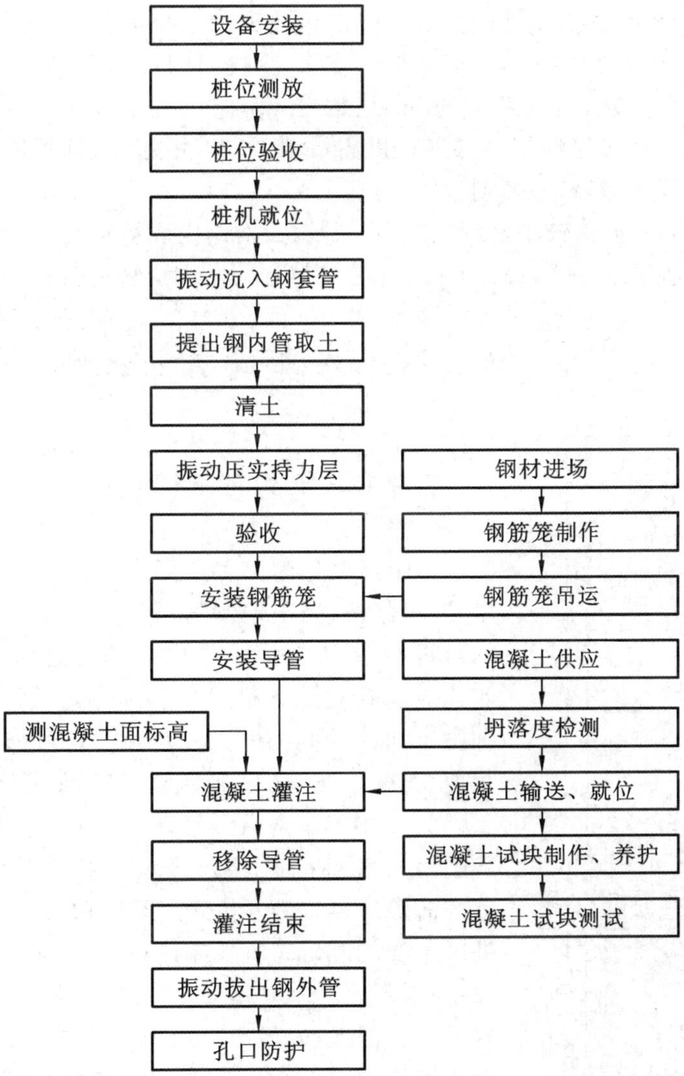

图 2.10　施工流程图

（3）实践效果

本工程采用静载试验检测单桩竖向抗压承载力，试验结果满足设计要求。抽取21根桩进行低应变动力检测，试验结果Ⅰ类桩17根，占81%；Ⅱ类桩4根，占19%，检测结果满足设计要求。具体施工措施：①当套管穿越卵石层时，套管将振动荷载传递给卵石，导致卵石层密实度加大，取土器难以下沉，取土器在原位持续振动，进一步加大卵石的密实度，增大取土难度。解决方法：调整振动参数；采用加压装置，增加正压力；分次取土，降低无效振动时间。②当套管需要穿透强风化岩层时，由于强风化岩层强度高，使用振动锤的最大频率不能穿透该岩层。解决方法：采用冲孔桩机冲击岩层使其破碎，然后用国外进口的大功率砂石泵进行清渣。③地下水位较高时，可以进行抽水后干作业浇捣混凝土或使用导管实施水下灌注混凝土。④为了保证桩基具有足够承载能力和达到设计要求，必须进行必要检验。

通过近2000根全套管大直径振动取土灌注桩的实践表明：

① 高频振动锤的柴油发动机功率大，能产生较大的激振力，使钢管与桩周土层形成一层“膜”，最大限度地消除摩阻力，从而确保全套管大直径取土灌注桩施工方法的实现。

② 全套管大直径振动取土灌注桩与冲（钻）孔灌注桩、旋挖桩相比，可节约制造护壁泥浆的材料，而且同体积钢筋混凝土可极大提高承载力，节约大量钢筋混凝土；与人工挖孔桩相比，可节约大量钢筋混凝土护壁材料。

③ 高频振动因其振幅较小，传递过程衰减较快，对周围环境影响小。

从已有的工程应用情况看，该施工技术的经济效益显著、社会效益明显，具有推广应用价值。

2.3 海上风电大直径单桩基础

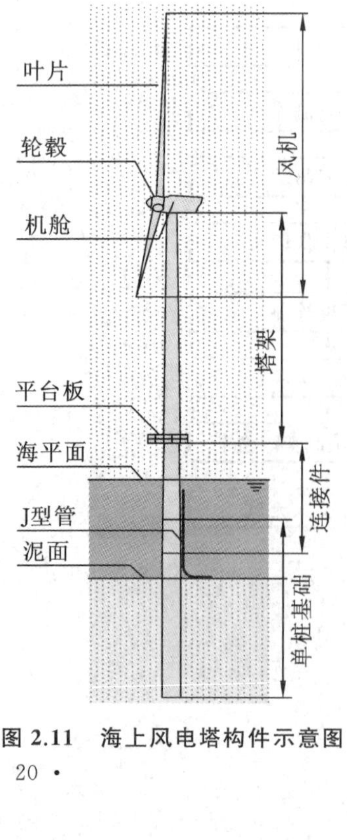

图2.11 海上风电塔构件示意图

2.3.1 单桩基础简介

海上风能作为一种资源丰富的可再生能源，具有零污染、安全经济、受土地制约小等优点，受到世界各海洋国家的重视[7,8]。面对海上风电广阔的应用前景，丹麦于1991年建成世界上首个海上风电场，随后英国、德国和瑞典等欧洲国家加快海上风电开发步伐[9]。目前，世界海上风电场主要分布在欧洲海域，占全球海上风电总量90%以上[10,11]。中国东南沿海具有丰富的海上风能资源，自2010年上海东海大桥海上风电场正式投产使用后，山东威海、江苏滨海等地也纷纷开始海上风电项目的建设。根据国家发展改革委能源研究所发布的《中国风电发展路线图2050》，发展目标为到2050年海上风电将满足国内17%的电力需求[12-14]。因此，发展海上风电可有效缓解能源紧缺和环境污染等问题，符合国家新能源发展战略需求。

在海上风电塔中，风力发电机安置于一塔型结构上，并通过过渡部件连接至基础上，过渡件周围使用混凝土环形浇筑，以保证塔架上的垂直和水平荷载能传递至基础，同时过渡件还可以调整塔架使之处于垂直的状态，使得基础即便在施工中倾斜，风电塔仍能够正常运行。海上风电塔其他部件见图 2.11。

海上风电塔需安置于基础上，以免受到恶劣的环境侵扰，如海风、海浪、潮汐等[15,16]。为了尽可能经济地使用风能，海上风电塔的基础部分应尽可能使用较少的费用，但又必须保证其拥有足够的刚度来满足设计上的要求。近年来，为了满足海上构筑物的要求，各种各样的基础形式出现在公众的视野中[17-19]。目前，海上风电基础形式主要为：单桩基础（Monopile）、重力式基础（Gravity base）、单桶吸力基础（Suction caisson）等[图 2.12 中(a)、(b)、(c)]。

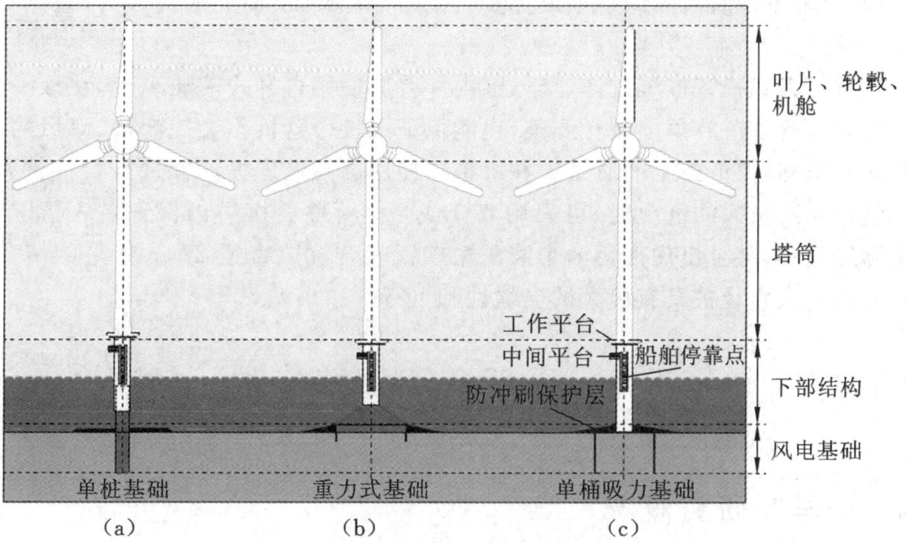

图 2.12　海上风电基础形式

海上风电基础结构建造安装占海上风电场总投资的 15%～25%[20]。因此，发展低成本的海上风电基础是降低海上风电场建设成本的一个主要途径[16,21]。单桩基础以自重轻、结构简单、安装便捷等优势，被广泛应用于近海风电工程项目[13,22,23]。据统计，当前已建成的海上风电基础 80%为大直径单桩基础。随着海上风电大型化发展趋势，为满足承载力要求，大直径单桩基础的直径不断增大，其桩径为 4～8 m。目前国内外已有的钢管桩最大直径为 8 m，未来有望达 10 m 或更大直径。

设计阶段需特别注意在单桩基础附近的地质条件，以防形成冲刷坑。或者在安装单桩基础前铺设特殊的滤层以防止海床处的沙石在潮汐或是海浪的作用下冲刷殆尽。对于单桩基础直径以及长度的选择，应根据荷载以及现场地质条件选定，桩径往往取 3～6 m，壁厚取 1%桩径，桩长和持力层深度和其强度相关。

同时，海上风电开始向深海方向发展，超长桩应用将会越来越多。海上风电塔单桩基础多为超大直径超长桩，因其具有较大的竖向和侧向承载能力，能够满足海上风电塔在组合荷载下的正常运行。

2.3.2 单桩基础施工

从全球现存海上风电项目的工程资料来看，对于单桩基础的施工通常是使用打桩船，或是海洋辅助平台使用锤击沉桩的方式安装基础。然而，相比于静压贯入和锤击贯入，振动贯入在施工效率和环境影响这两个问题上有着绝对的优势。特别是在海上进行桩基贯入作业时使用高频振动锤具有以下优势：(1)振动锤为密闭防水设计，可在海上正常运行。(2)能量损失小，沉桩效率高，由于高频率振动会减小土体的动强度，从而使土层阻力减弱。(3)振幅和频率可调，可根据地质情况调整至最优参数。(4)偶遇岩层而无法贯入时，桩体不会受损，仅停滞于原处。

在海洋进行大直径管桩沉桩作业时，国内外普遍使用自升式液压平台，在该平台进行桩基施工不仅能对管桩沉放角度进行调整，也能保证沉桩中管桩不会因海浪、海风的一系列因素出现倾斜和偏移，保证施工的质量。在沉桩中使用高频液压振动锤进行管桩贯入作业，遇见大直径管桩无法贯入的情况时，可采用双锤或是多锤联合沉桩以保证贯入指定深度。在国内的实际工程中，甚至出现使用 8 个液压振动锤联合沉放直径 22 m 管桩的情况，故使用高频振动锤沉放大直径桩具有极大的灵活性和可行性。

2.4 高频振动打桩技术

2.4.1 早期研究概况

20 世纪 30 年代，德国和苏联最早开始进行高频振动打桩技术的研究。1930 年，德国首次进行高频振动打桩试验[24]。1932 年，Hertwig 注册了首个关于振动沉桩技术的专利，从此开启了高频振动打桩技术在商业中的应用。

高频振动沉桩技术由 Pavyluk 于 1931 年首次提出。在此基础上 Barkan 进行了前期研究工作，加强了高频振动打桩技术应用。Barkan 认为振动沉桩技术对土体的影响小于锤击沉桩法，且振动沉桩的桩侧阻力明显低于锤击沉桩的桩侧阻力[25,26]。

第二次世界大战结束后，苏联重新开始研究振动打桩技术在黏性土中的应用。1953 年 Tsaplin 指出低频振动打桩工作效果和锤击打桩相似。

随着理论研究不断深入，高频振动打桩技术已经广泛应用于工程实践，并发表了许多与该技术相关的高水平文章。最早的振动打桩系统是自由悬挂系统，随着技术的不断进步，诞生了桩架导向振动锤系统。这一系统不仅能够改变静定荷载，而且可以通过移动偏心块的相对位置改变偏心矩。

20 世纪 60 年代许多学者开始研究振动打桩过程中的贯入阻力和振动桩的承载力[27]。1962 年 Barkan 开展前期研究发现：①高频振动打桩技术对桩周土的影响不同于传统的打桩方法，高频振动打桩的桩侧阻力明显低于锤击打桩的桩侧阻力；②桩侧阻力与加速度成反比，加速度越大，阻力越小；③贯入速度与振幅成线性比例关系；④由于随着频率增加，桩侧阻力减小，但桩端阻力增加，所以频率对贯入速度的影响很小[26]。

在同一时期，美国、德国和法国的科学技术人员开始从事振动技术的研究，并研发了工作频率为 50 Hz 的振动器。然而，由于轴承的耐久性问题，正常工作中的振动频率被控制在 25 Hz 以下。

1980 年，Rodger 和 Littlejohn 进行了模型桩在砂土中可打入性的研究。O'Neill 等[28]研究了振动器、土和桩对可打入性的影响，并将振动打入模型桩的试验结果和锤击打入桩的试验结果进行比较。振动器的相关参数包含：动力、位移幅值、打桩频率、静定荷载和偏心矩。土的相关参数包含：颗粒大小、原位应力和含水率。桩的相关参数包含：实心桩、空心桩和各种小变形桩。

2.4.2 可打入性试验研究

目前，可打入性试验是确定桩可打入性的常用方法。桩的可打入性试验主要包括：小比尺试验、概念模型试验、足尺试验和桩-土接触试验。通常研究的重点是桩的贯入速度影响因素分析。

与激振装置相关的参数主要包括：振动频率、动荷载值、静载力和偏心矩。Barkan[26]通过大量实验研究表明，高频振动打桩的贯入速度受振动频率影响较小，而与振幅成线性比例关系。Kondner[29]和 Ghahramani[30]则认为存在最优振动频率，即桩在某一振动频率作用时，桩身动阻力显著减小，桩达到最大贯入速度。Rodger[31]、O'Neill[28]、Vié[32]通过试验分析，认为静载力最优值应为 0.5 倍的动荷载值。Le[33]采用小应变幅值控制模型桩体振动贯入，发现动荷载与静载力的比值对桩的贯入速度有显著影响。Denies[34]认为振动幅值对砂土中桩侧摩阻力影响是有限的，然而对于黏性土而言，当振动幅值超过临界值时，桩土间的黏聚力显著下降。

与桩相关的参数主要包括：桩的类型、形状、尺寸。Wang[35]研究表明：H 型桩比管桩贯入速度快；振动贯入桩的静态性质与围压密切相关。Lee[36]进行了两组 U 型钢板桩振动贯入现场试验，表明安装摩擦片的钢板桩桩顶力大于未安装摩擦片的钢板桩。

与土体特性相关的参数主要包括：颗粒粒度、相对密实度、场地初始应力。Heerema[37]进行了黏性土和非黏性土桩-土接触试验，研究了土的抗剪强度对振动拔桩的影响。Rodger 和 Littlejohn[31]、Billet 和 Sieffert[38]用轻型振动器将安装有传感器的模型桩打入装满砂土的圆筒，开展了有关小比尺试验，研究了土体密度、粒径和饱和度对振动沉桩性能的影响。Wong[39]通过大比尺试验定量分析了沉桩阻力随砂土颗粒粒度、相对密实度的变化规律。Vanden[40]认为砂土在循环荷载作用下强度衰减机理可以很好地解释高频振动沉桩原理，其中桩侧土体摩阻力可采用循环直剪试验模拟，而桩端阻力可采用循环三轴试验模拟。Le[33]研究表明，当桩从中密砂层贯入密实砂层时，桩端阻力大幅提高，而桩侧阻力变化不明显。Whenham[41]基于大量试验数据，详细分析了桩、土等参数对振动沉桩性能的影响。刘俊伟等[42]针对开口管桩沉桩受力特性，采用自主研发的大尺度模型试验装置，进行不同桩靴形式下开口管桩的贯入试验，并与闭口管桩进行对比分析。赵一锦等[43]针对钢管桩高频振动沉桩效率的影响因素研究不够系统的问题，通过砂土层中钢管桩高频振动沉桩室内模型试验，研究了不同激振力和激振频率工况下，钢管桩在不同密实度及饱和度砂土中的沉桩位移，分析了砂土层中钢管桩高频振动沉桩效率的影响因素。

2.4.3 振动打桩模型研究

在过去的几十年中，国内外许多学者进行了一系列振动打桩模型研究。各种打桩模型主要是采用力平衡原理法或波动方程法建立，用于预测桩的贯入速度和桩的可打入性，进而推广应用于实际工程中。

2.4.3.1 力平衡原理法

根据力学平衡原理将振动打桩预测模型分为四类：力平衡模型、能量平衡模型、动量守恒模型和运动规律的积分模型。

（1）力平衡模型

Jonker[44]根据力平衡公式，推导出一个预测桩可打入性的力平衡模型，其表达式为

$$F_v+F_i+F_0>\beta_o R_{so}+\beta_i R_{si}+\beta_t R_t \tag{2.1}$$

式中 F_v——激振器产生的惯性力；

F_i——激振器产生的最大惯性力；

F_0——体系重力；

R_{so}——管桩外侧土阻力；

β_o——管桩外侧阻力经验系数；

R_{si}——管桩内侧土阻力；

β_i——管桩内侧阻力经验系数；

β_t——桩尖经验系数；

R_t——桩尖阻力。

Warrington[45]提出了另一个只适用于激振振幅小于 2.35 mm 的平衡公式

$$F_c>\tau_s\cdot A_s \tag{2.2}$$

式中 F_c——激振器产生的力；

τ_s——土的阻力；

A_s——桩外侧表面积。

（2）能量平衡模型

基于振动锤产生的激振能量与桩贯入的磨损能量相等原则，建立能量平衡模型，其表达式为

$$R\cdot V_p=\beta_t\cdot W_t+(F_i+F_s)\cdot V_p \tag{2.3}$$

式中 R——土的阻力；

V_p——平均贯入速度；

β_t——经验损失系数；

W_t——理论输入功率值；

F_s——静载力；

F_i——激振器最大打桩力。

(3) 动量守恒模型

Schmid[46]最先建立动量守恒模型,并将该模型应用于高频振动打桩的可打入性模拟,其方程式如下

$$(M_s + M_v + M_c + M_p) \cdot g \cdot T = \int_0^{T_c} R\,\mathrm{d}t = \alpha \cdot R_t \cdot T_c \tag{2.4}$$

式中 M_s——偏心体质量;

M_v——激振器质量;

M_c——夹具的质量;

M_p——桩的质量;

g——重力加速度;

T——打桩周期;

α——经验系数,常取 2/3;

R_t——桩端土的阻力;

T_c——桩端与土接触时间。

(4) 运动规律积分模型

许多学者研究了能描述桩贯入全过程的积分模型,其中运动规律积分模型是最简单的积分模型。该模型假定桩为刚体,其方程式为

$$a(t) = \frac{\partial^2 u}{\partial t^2} = \frac{(M_s + M_v + M_c + M_p)g + m_e \omega^2 \sin(\omega t) \pm R_s - R_t}{M_v + M_c + M_p} \tag{2.5}$$

式中 $a(t)$——t 时刻桩的加速度;

u——桩的位移;

M_s——荷载质量;

M_v——激振器质量;

M_c——夹具的质量;

M_p——桩的质量;

g——重力加速度;

m_e——激振器的偏心力矩;

ω——激振器的角频率;

R_s——桩的侧阻力;

R_t——桩端土的阻力。

Holeyman[47]首次提出一种运动规律积分模型,De 和 Vanden 进一步细化了该模型参数,最终命名该模型为"Vibdrive 模型"。此模型假定土体为塑性,在考虑土颗粒循环振动和孔隙水压力变化的情况下,分析单个循环周期内桩的加速度。Rodger 和 Littlejohn[31]分别建立了慢速振动打桩模型和快速振动打桩模型。Dierssen[48]通过现场试验发现,慢速振动模型中,桩贯入过程中桩端与土是分离的。在此基础上,他提出了一种"Karlsruhe 模型",用于分析桩端阻力。由于"Vibdrive 模型"和"Karlsruhe 模型"只能计算单个循环内桩的加速度,为了预测桩振动贯入过程中贯入速度,Vanden[40]提出了"Vipere 模型"。Viking[49]探讨

了“Vibdrive 模型”和“Vipere 模型”的异同点及其参数影响。采用“Vibdrive 模型”预测钢板桩振动贯入过程中的桩阻力，而采用“Vipere 模型”预测桩贯入速度。张磊[50]针对“Vipere 模型”不能量化或程序化、无法直接得到振动沉桩过程中沉桩速率的特点，在 Vanden 研究的基础上，将“Vipere 模型”程序化，使之能够直接得到桩的贯入速度。同时研究了各个参数对打桩效果的影响，确定各因素的影响程度，对指导实际工程中高频液压振动打桩技术的应用具有重要意义。Salgado[51]在“Vipere 模型”基础上，将土层划分为系列同心圆盘，分别建立桩侧、桩端与土体的接触模型，用于模拟桩锤击贯入不同土层。Xiao[52]通过力学平衡推导了管桩高频振动贯入砂土中贯入速度的计算模型，该模型考虑了管桩贯入过程中的土塞效应，为实际工程中快速、准确地预测管桩振动贯入速度提供了可靠方法。

2.4.3.2 波动方程法

Smith[53]最先采用波动方程法研究锤击沉桩过程中应力波在桩锤—垫层—桩—土系统中的传播。Griggs[54]进一步研究和发展了 Smith 方法，并命名为波动方程分析法。该方法最初用于分析桩中应力和桩承载力，后来被推广应用于沉桩能力分析。唐念慈等[55]应用波动方程法分析渤海试验桩的沉桩能力。Nishida 等[56]根据波动方程原理开发了打桩程序，该程序可用于反分析桩土接触本构参数及桩的贯入深度。袁建新等[57]采用最优化方法确定桩的应力波分析中的各参数，消除了人为因素的影响，减少了曲线拟合时间。Chua(1987)、Middendorp(1987)、Ligterink(1990)、Moulai-Khatir(1994)等人编制了波动方程的程序，以便于在实际工程中的应用[58]。Rausche[59]对一维波动方程进行积分，得到桩的贯入速度。Whenham[60]采用一维波动方程计算振动荷载在桩中传播效率，并通过试验和数值模拟进行对比验证，表明荷载传播率为 0.4～0.6。李卫超等[61]针对振动沉桩贯入预测问题，推导了基于一维波动方程的理论模型。李怀亮等[62]采用波动方程进行振动锤沉桩分析表明，我国按照规范计算得到的振沉速度明显偏大，这可能与本次计算的标贯击数为 CPT 间接获得有关；而荷兰规范在无土塞条件下低估了黏土的土阻力，导致了溜桩的出现。

通过综述可见，国外对于高频振动打桩技术研究更为成熟，但绝大多数都是基于钢板桩或闭口桩展开。然而，管桩高频振动贯入过程中存在土塞效应，贯入机理相较于钢板桩复杂得多。因此，研究高频振动管桩贯入模型，将有助于分析管桩的可打入性及可能贯入的最大深度，预测管桩的贯入速度，更好地实现管桩贯入施工控制，在实际工程中的应用无疑是很有价值的。

2.5 环境效应研究现状

桩施工过程中引起桩及桩周围附近土体的强烈振动，不仅会干扰周围居民的正常工作和生活，甚至危及周围建筑物及地下管线的安全。为减少桩贯入过程中环境效应的影响，必要时可通过设置隔振沟进行减振处理。目前，关于环境效应的研究还不是很充分，主要研究方法为：理论研究、试验研究和数值分析。

2.5.1 理论研究

一些学者研究了能够预测地面振动的经验公式[63,64]。Wiss[65]通过现场试验发现，打桩引起的地面振动程度与振动能量、土体特性和水平距离有关。进一步研究表明，土体峰值速度与振动能量的平方根呈线性关系。Attewell 和 Farmer[66]根据 Wiss 的试验结果，首次提出了一个不考虑地质条件的线性模型

$$v=k\frac{\sqrt{E}}{R} \tag{2.6}$$

式中 v——峰值速度；

R——计算点至桩轴线的水平距离；

E——振动能量；

k——经验系数。

随后，Attewell 和 Selby[67,68]发现采用二次回归曲线模型预测地面振动更符合现场实测结果，将式(2.6)修正为

$$\log v=k+m\log\left(\frac{\sqrt{E}}{R}\right)+n\log^2\left(\frac{\sqrt{E}}{R}\right) \tag{2.7}$$

式中 v——峰值速度；

R——计算点至桩轴线的水平距离；

E——振动能量；

k,m,n——无量纲常数，与土体条件和沉桩方法有关，可参考文献[68]取值。

Telford 等[69]提出由震源距离增加的几何衰减和材料非线性特性的材料衰减组成的单频波衰减模型

$$\omega=\omega_0\left(\frac{1}{R}\right)^n e^{-\alpha R} \tag{2.8}$$

$$\alpha=\pi\frac{f}{QV} \tag{2.9}$$

式中 ω——距离 R 处的振幅；

ω_0——振动幅值；

n——振动波因子；

Q——质量因子；

V——波速。

由于以上公式未考虑地质条件[70,71]。Jongmans[72]提出了一种能够根据地质条件预测地面振动的模型。Svinkin[73]采用脉冲响应函数建立了一种新型模型。脉冲响应函数利用试验数据获得，无须研究地质条件。Massarsch 等[74]提出了考虑土体条件，预测锤击沉桩地面振动模型。

Lidén[75]将现场实测数据与 Attewell 等提出的两种预测模型进行对比分析，结果表明 Attewell 和 Farmer[66]提出的线性模型便于使用，但预测结果偏大；Attewell 和 Selby[67,68]

提出的二次回归曲线模型预测结果更接近实测值。Deckner 等[76]认为由于地质条件的复杂性，目前所见到的各种模型不能预测所有地质条件和各种沉桩方式引起的地面振动。经大量试验研究和实践应用来发展或完善理论，建立针对某种地质条件并适应某种沉桩方式的预测模型是目前理论研究的迫切任务。

2.5.2 试验研究

杨宝玉和祝龙根[77]对打桩过程中地基表面质点振动速度的监测数据进行分析，得到了打桩引起的地表振动衰减规律。Kim 和 Lee[78]采用 3D 地震检波仪测量分别由列车荷载、爆炸和振动打桩引起的地面振动波，分析振动波的衰退规律，结论可用于解决实际工程的相关问题。Athanasopoulos 等[79]现场实测了钢板桩振动贯入引起的地表振动。由于地质条件不同，监测到的峰值速度低于其他学者的试验结果和经验公式计算值，但规律基本一致。Klotz 和 Coop[80]通过一系列砂土中模型桩试验，得到一些有价值的结论：贯入阻力与振动加速度呈正相关关系；水平应力与振动加速度的关系不明确。Thandavamoorthy[81]现场实测了在砂土中钢管桩锤击贯入产生的土体和桩体振动，分析了地面振动与打桩能量、桩径之间的关系。Robinson[82]根据大量闭口管桩振动贯入现场监测数据，研究了地面峰值速度随贯入深度、径向距离和锤击能量的变化规律。Meijers[83]试验研究了钢板桩振动沉拔过程中地表振动变化规律。Brandenberg 等[84]根据现场监测数据，采用三种不同方法计算打桩引起的地面振动：相邻监测点的位移；应力波的峰值速度；应力波的频率。Lidén[75]采用地震检波仪监测钢板桩振动贯入过程中地表振动程度。试验结果表明，地面振动分析不一定采用竖向振动分量，不同因素导致水平向振动分量大于竖向振动分量；土体条件影响地面振动程度，即钢板桩从松散砂层贯入硬土层时振动程度明显增强。姚道平等[85]在工程场地及毗邻场地的民房布置测点，测试静压沉桩过程中各测点的振动速度，分析了振动对建筑物的影响程度。

Çelebi 等[86]进行了隔振沟隔振效果试验。研究表明，隔振沟的填充材料对减振效果影响显著；在保证隔振沟稳定的条件下，无填充料隔振沟的隔振效果最佳。Alzawi 等[87]对采用土工泡沫填充的隔振沟进行现场试验，研究隔振沟位置和深度对隔振效果的影响程度。肖勇杰等[88]通过物理模型试验，对套管振动贯入过程引起的环境效应进行了分析。刘晶磊等[89]通过试验研究桩的埋置深度对桩隔振效果的影响。

2.5.3 数值分析

White 等[90]和 Degrande 等[91]分别采用加权平均法和吸收边界法对打桩引起的地面振动进行研究。陈云敏等[92]采用数值方法，研究了地面振动对周围建筑物的影响，并提出相应的减振措施。Madheswaran 等[64]基于 Plaxis 建立用于预测地面振动加速度的有限元模型。为了避免波的反射，边界采用的是吸收边界。预测的竖向峰值加速度与现场实测结果接近，但径向峰值加速度比现场实测结果大 20%左右。随后，Masoumi 等[93]在先前研究的基础上，采用有限元-无限元耦合方法，研究了振动沉桩和锤击沉桩产生的地面振动。Serdaroglu[94]

针对锤击沉桩法，利用ABAQUS建立了二维有限元模型，研究了地面振动规律。研究表明，松散砂层的峰值速度大于密实砂层的；桩贯入四分之一桩长时地面峰值速度大于半桩和全桩贯入。Whenham[41]对钢板桩振动贯入进行数值分析。计算结果表明，地表峰值速度随径向距离增大呈指数衰减规律，与试验结果一致。Zhang等[95]通过建立锤击沉桩有限元数值模型，分析影响沉桩振动的主要因素。刘建鹏[96]利用ABAQUS有限元软件，分析了高频打桩对周围土层性质及邻近建筑物的影响。Khoubani和Ahmadi[97]采用自适应网格技术建立了锤击沉桩全过程模型。研究发现，桩尖在地面振动时，地面振动速度不会达到峰值；桩贯入至某一深度后，地面振动速度达到峰值。Ekanayake等[98]采用一系列轴对称有限元模型，研究了振动打桩过程中地面振动的传播规律，以及地面振动的影响因素。

Adam等[99]应用边界元与有限元耦合方法，分析了隔振沟隔振效果的影响参数。Madheswaran等[100]通过有限元计算，分析了混凝土隔振沟的尺寸、位置和混凝土强度对隔振效应的影响。Alzawi[101]应用ABAQUS建立二维和三维时域模型，研究土工泡沫配置方案对隔振效果的影响。Younesian等[102]分别进行了不同截面形状隔振沟的数值分析。结果表明U形截面隔振沟隔振效果最佳，V形截面隔振沟次之，矩形截面隔振沟最差。Saikia[103]对隔振沟的减振效果进行研究。结果发现，隔振沟位置对隔振效果影响不明显；设置双排隔振沟可以提高隔振效果。肖勇杰等[104]建立了灌注桩套管振动贯入全过程的有限元-无限元耦合模型，对套管振动贯入引起的地面振动规律及施工安全距离进行了详细研究。研究结果发现，套管贯入过程中，地面振动主要沿水平向；在套管贯入初期，地面不会产生水平向峰值速度，当套管贯入到振动临界深度时，地面产生水平向峰值速度；地面水平向峰值速度随径向距离增大呈指数型衰减；施工安全距离随动力荷载幅值、接触面摩擦系数增大而增大，随振动频率、土体模量增大而减小。袁亮等[105]采用有限元模拟探究了黏土场地拉森钢板桩振动打入施工对周围环境的影响规律。

通过综述发现，国外对打桩引发的环境振动效应的研究开展得较早，并采用不同的评价标准分析环境效应，取得了富有成效的研究成果。由于各种评价标准与一个国家的社会经济发展水平相关，不能完全按照发达国家的标准评价桩振动贯入过程中的环境效应。因此，应采用符合我国国情的评价标准，研究桩高频振动贯入过程环境效应，分析其振动衰减规律，并为隔振沟的设置提供参考依据。

2.6 土塞效应研究现状

桩振动贯入过程中桩端土体挤入桩内部，产生阻碍桩贯入的土塞效应。土塞效应的存在不仅影响桩贯入速度，而且会减少桩向周边的挤土量，即桩贯入过程中土塞效应与挤土效应存在一定的耦合关系[106]。近年来，国内外学者主要采用理论研究、试验研究和数值分析方法对土塞效应进行研究。

2.6.1 理论研究

Heerema和De[107]提出考虑桩土作用的土塞模型，该模型被命名为“桩中桩”模型。

Randolph[108]进一步改善了"桩中桩"土塞模型,修正模型中土塞中心和桩壁存在的弹性位移。Randolph 等[109,110]根据静力平衡原则,将土塞作为研究对象,提出一维竖向分析土塞的平衡方程。Lehane 等[111]通过现场试验,研究了考虑土体内摩擦角、灵敏度和贯入深度的侧摩阻力与针入度贯入阻力之间的关系。Lehane 和 Randolph[112]通过简化土塞阻力的计算公式,建立了管桩贯入阻力的解析式。Kitiyodom 等[113]采用 Smith 法计算应力波在土塞中的传播,表明只要土体参数选择合理,该方法就能够很好地模拟沉桩过程中桩、土的特性。闫澍旺等[114,115]根据静力平衡法,提出了土塞效应判断准则。该准则考虑了动力效应,并成功应用于实际工程。Holeyman 等[116]提出了一种考虑土体阻尼的桩侧阻力解析表达式。吴文兵等[117]考虑管桩振动贯入过程中的土塞效应,采用附加质量法建立成层地基中管桩振动的解析式。吴君涛等[118]提出考虑桩身三维效应影响的大直径薄壁管桩-桩端土塞耦合振动模型,并得到其在复数域内的纵向振动解析解答及其在时域内的半解析解答,并将该解答与基于 Rayleigh-Love 杆模型的既有理论解进行比对,两种解的一致性进一步证明了横向惯性效应一维杆模型在解决含土塞管桩动力问题上的合理性。汤范杨等[119]根据 Novak 薄层法和饱和多孔介质理论建立起径向非均质饱和土的振动方程,利用复刚度传递模型,得到管桩内外侧面土体复刚度,探究径向非均质土中考虑土塞效应的管桩纵向振动规律。

2.6.2 试验研究

Nicola[120]通过离心机试验发现:静压沉桩过程中土塞高度随砂土相对密实度增大而降低;而锤击沉桩过程呈现出相反的变化规律。Miller 等[121]也进行了不同沉桩方法对土塞效应影响的试验研究。丁红岩等[122]进行了粉质黏土吸力锚试验,研究了土塞的形成和发展规律。Gavin 和 Lehane[106]进行静压桩贯入模型试验,分析了侧摩阻力与土塞率(IFR)、针入度贯入阻力(q_c)及桩端相对位置(h/D)的关系。Kitiyodom 等[113]针对砂土中土塞承载力进行了 1g 条件下的模型试验。试验发现,模型桩锤击贯入过程中管内形成部分土塞;沉桩完成后土塞承载力随桩土摩擦系数和土塞长度增加而增大。Paik 和 Salgado[123]试验研究发现,静压沉桩过程中土塞闭塞程度处于完全闭塞状态,而锤击沉桩过程中土塞闭塞程度处于不完全闭塞状态。Bhattacharya 等[124]研究表明由于土塞的形成,钢管沉桩过程中侧摩阻力逐渐增大。Doherty 等[125]试验研究了管桩沉桩过程中土塞对沉桩阻力的影响,并提出了简化的沉桩阻力公式。Thongmunee 等[126]通过砂土中土塞堆载试验,分析了土塞承载力发挥的力学机制及其影响因素。Yu 等[127]试验研究了钢管桩贯入砂土过程中侧摩阻力变化规律,结果发现侧摩阻力受管内土塞的闭塞程度影响。并引进土塞长度与桩打入深度之比(PLR),对侧摩阻力计算公式进行修正。Xing 等[128]试验研究发现,PHC 管桩锤击贯入会产生长度约为 22%～43%桩长的土塞,土塞长度随管壁厚度减小而增大。Henke[129,130]通过现场试验发现,管桩采用锤击沉桩时管桩内部土体水平应力显著提高,形成土塞;管桩采用振动沉桩时管桩内部土体水平应力未出现明显变化,土塞效应不存在。Tan 和 Lin[131]通过一系列钢管桩静压贯入试验,发现管内土塞由部分闭塞发展到完全闭塞状态,外摩阻力约为总摩阻力的三分之二。刘俊伟等[42]采用自主研发的大尺度模型试验装置,进行开口管桩的贯入试验,研究管桩贯入过程中土塞变化规律。光洪峰等[132]进行了饱和粉土中管桩沉贯试验，并分析了沉桩过程中桩身应变和土塞变化规律。

2.6.3 数值分析

Leong 和 Randolph[133]利用有限元方法，分析了不同排水情况下土塞的承载力。研究表明，桩端以上 3～5 倍桩径范围内土塞承担主要内侧摩阻力；土塞承载力主要受内摩擦角、渗透系数和加载速率影响。Liyanapathirana 等[134,135]利用波动方程模拟开口薄壁管桩沉桩的土塞效应，结果表明剪应力波的峰值出现在土塞端部以上土体。Liyanapathirana 等[136]利用欧拉有限元方法，分析锤击沉桩过程土塞性状的变化规律。丁红岩和杜杰[137]建立了计算土塞高度的吸力锚模型试验数值分析模型。刘汉龙等[138]采用 ABAQUS 软件建立了 PCC 桩的数值模型，研究了土塞对内外侧摩阻力的影响。Shintani 等[139]采用 3D 离散元法模拟土塞堆载试验，表明土塞承载力与土塞的纵横比及土体的剪胀特性有关。Henke 和 Grabe[140,141]利用 ALE 有限元方法，分析不同施工方法和管桩截面类型的开口桩内部土塞效应。Thongmunee 等[126]利用离散元法，分析了土塞承载力发挥的力学机制及其影响因素，模拟结果与试验结果相吻合。Henke[142,143]采用 CEL 有限元方法模拟开口管桩贯入过程，并通过试验证明数值模拟结果的有效性。崔江浩[144]采用数值模拟方法分析管桩贯入过程中土塞的拱效应机理，得出土塞效应与土塞高度、管桩桩径之间的关系。肖勇杰等[145]采用大变形有限元方法对灌注桩套管振动贯入过程土塞效应进行初步分析。董译之等[146]采用数值分析了超大直径超长单桩振动贯入过程中的土塞效应，但未考虑孔隙水压力对土塞效应的影响，研究有待于进一步深入。王胤等[18]采用数值模拟风电基础贯入过程，发现基础贯入产生挤土效应，其造成的土体位移和膨胀也是土塞产生的原因。

由以上综述发现，国内外对土塞效应研究取得了一定实质性的成果，然而研究成果大多局限于静压或锤击混凝土管桩，未深入分析土塞的影响因素。为正确描述桩贯入过程的土塞效应，分析桩内土塞性状随桩径、土层条件、贯入深度等诸多因素的变化规律，应将理论研究、数值分析和模型试验相结合，深入分析土塞的力学机理。

2.7 挤土效应研究现状

桩振动贯入地基土层产生挤土位移和超孔隙水压力，这两种现象均属于挤土效应，会对邻近既有桩体和地下管线产生不良影响[147]。从研究方法上看，主要可分为理论研究、试验研究和数值分析。

2.7.1 理论研究

Carter 等[148]提出了应用于沉桩和深基础承载力的极限压力解析解。Bigoni 和 Laudiero[149]采用解析与数值积分相结合的方法，得到理想塑性介质中圆孔扩张问题的解。Chow 和 The[150]利用圆孔扩张理论求解桩贯入过程中周围土体的位移。王启铜和龚晓南[151]分析了不同土体模量对静压沉桩后弹塑性区发展规律的影响。Bement[152]根据振动沉桩模型试验数据，推导出沉桩引起的地面位移解析表达式。邵勇和夏明耀[153]提出了一种能够计算打桩引起的土体及其邻近桩基竖向位移的新方法。Sagaseta 和 Whittle[154]基于浅层应变路径法原理，提出了打桩引起的地面位移解析表达式，并通过试验数据验证了解析解的可靠性。陈圆卿[155]利用小孔扩张理论研究沉桩挤土效应，并提出了降低沉桩挤土效应的工程措施。Xu 等[156]根据浅层应变路径法(SSPM)，建立了管桩振动贯入过程中地表隆起量的解析式，并将现场试验结果与 SSPM 解析解相比较，证实 SSPM 法能准确预测管桩振动贯入引起的地表隆起量。Meijers[83]发展了一种预测钢板桩振动贯入引起的挤土位移模型，并通过现场试验进行了对比验证。

Ladanyi[157]和 Vesic[158]利用圆孔扩张理论，研究在饱和黏土中地基沉桩产生的超孔隙水压力变化情况。Soderberg[159]和 Roy 等[160]研究表明：沉桩完成后桩端超孔隙水压力的消散与球面扩散相似；桩侧超孔隙水压力主要是沿水平方向扩散。Baligh 和 Levadoux[161]研究了桩打入黏土地基后土体的固结过程。Nogami 和 Ren 等[162]研究发现，高频振动打桩不仅使桩壁土体产生循环剪切，而且导致桩周土体产生超孔隙水压力。徐永福和傅德明[163]根据 Skempton 公式，分析了桩贯入软土过程中的超孔隙水压力。Lee 等[164]基于平面应变圆孔扩张理论，提出了能够较准确预测深层土体挤土应力和孔隙水压力的解析式。施骞等[165]采用一种非耦合分析方法得到桩竖向振动过程中桩周土体产生孔压的解析解。

2.7.2 试验研究

沉桩过程会引起土体位移，这早已被国内外学者通过试验证实。Hagerty 和 Peck[166]通过试验发现，桩周土体的隆起量与贯入土体中桩的体积比为 50%。Banerjee 和 Davies[167]通过试验观测桩贯入过程中桩周土体挤土位移和挤土应力的变化情况。Randolph 等[168]对桩中段的桩周土体径向位移进行测量。Gue[169]试验研究了打桩引起的地面隆起量分布规律。陈龙珠等[170]通过现场监控数据，研究了减弱挤土效应的技术措施，如设置应力释放孔和控制施工进度。贝耀平[171]试验研究了 Y 形桩贯入过程的挤土效应。Liu[172]进行不同离心加速度条件下的沉桩试验，发现土体位移随沉桩深度增加而增大，当桩贯入到 8～10 倍桩径后，土体位移受沉桩深度的影响减弱。Xing 等[128]试验研究发现 PHC 管桩锤击贯入到 5～8 m 时，径向挤土位移达到峰值，并沿着径向距离逐渐减小。

沉桩过程中不仅会引起桩周土体位移，而且会导致桩周土体孔压和应力显著增大。Platema[173]通过现场试验研究发现，打桩过程中超孔隙水压力与土中竖向应力比值范围为 0～2，对于粗砂和细砂的孔压消散时间分别为 5 min 和 45 min。Koizumi 等[174]试验发现沉桩过程引起桩周土体液化，此时孔压承担主要附加竖向总应力。Cooke 和 Price 等[175]通过试验研究黏性土中静压桩桩周孔压性状。Moller 和 Bergdahl[176]通过试验研究打桩产生的超孔隙水压力，每次锤击后超孔隙水压力完全消散，静水压力没有整体上升。Mynampaty[177]研究表明，桩贯入黏土地基时，桩周土体受到压缩和扰动，产生超孔隙水压力。Eigenbrod 和 Issigonis[178]现场试验发现，桩贯入黏性土层时，孔隙水压力较小；当桩从黏性土层贯入密实砂层时，孔隙水压力显著上升。Bonita[179]采用模型试验分析了土体在振动荷载作用下的孔压性状。Hwang 等[180]根据锤击 PC 管桩现场试验数据，分析了超孔隙水压力沿水平方向的分布规律。聂庆科等[181]根据现场实测结果,研究振动沉拔钢管桩过程中管桩周围超孔隙水压力生成和消散规律。赵一锦等[182]采用室内小结构模型试验和数值模拟分析钢管桩高频振动贯入过程中桩周土体超孔隙水压力的变化规律。

2.7.3 数值分析

Mabsout 等[183]采用边界模型研究桩贯入全过程,该模型考虑了土体非线性特性。Feng 等[184,185]利用 FLAC 有限差分程序,分析了土体条件、振动锤参数和桩体参数对振动沉桩过程的影响。周健等[186]以有限元方法为主要研究手段,通过设置 Goodman 接触面单元和采用弹塑性模型来模拟土的本构关系,具体分析了地表隆起量和挤土应力的变化规律。Hu[187]采用欧拉方法模拟桩贯入过程,其数值结果与解析解一致。Huang 等[188]利用有限元方法模拟了圆锥贯入过程。Sabry[189]基于圆孔扩张理论,建立了单桩贯入数值模型,研究了沉桩过程桩周土压力的变化规律。Sheng 等[190,191]采用有限元方法,土体有限元部分采用修改剑桥模型,不考虑桩体变形,桩壁与土体的接触采用运动接触模型,实现了桩的贯入模拟。分析表明,总贯入阻力的数值结果与试验数据相吻合,然而侧摩阻力存在一定误差。Kettil 等[192]利用有限元方法,分析了混凝土管桩贯入高压地下水区域时发生的“水泵”现象。Sebastian 等[193]利用离散元法,分析了不同类型桩贯入土体对桩周土颗粒破坏的模式。Fischer[194]介绍了与二阶实体单元耦合的大变形摩擦接触方程,并用该方程模拟沉桩过程中桩土接触面。结果表明,该方程能合理反映桩土接触面间的应力传递。Masouleh 等[195]利用有限差分法,分析锤击沉桩过程桩周土体响应。Arnold 和 Herle[196]介绍了一种模拟土体振动密实的数值方法,同时采用试验数据进行了对比分析。Said 等[197]详细介绍了静压沉桩和锤击沉桩的轴对称有限元模型建立方法,分析了各参数对数值模拟结果的影响。Tho 等[198]利用欧拉有限元方法模拟了桩靴静压贯入,并通过试验验证了数值结果的准确性。Cividini 等[199]采用数值研究桩振动贯入过程中桩周土体性质的变化。Osinov 等[200,201]利用有限元方法,详细分析了振动沉桩过程中饱和砂土应力和位移的变化。研究发现,土体最初处于均匀的应力状态,前几个周期的振动导致桩周一定范围内的液化区有效应力消散;位移场的变化揭示了土体残余位移的积累。肖勇杰[202]采用 ALE 有限元方法,建立了开口管桩高频振动贯入过程的数值模型,对沉桩过程中挤土效应、桩侧阻力和土塞效应的变化规律进行了详细研究。时林丰等[203]基于 Midas GTSNX 的三维动力有限元数值模拟,对比研究了钢管桩在不同入土深度时钢管桩和桩周土体的位移场、速度场及加速度场的分布情况。

通过以上回顾发现,国内外较早开展了各种桩型静压贯入和锤击贯入挤土效应的研究。然而,很少见到对桩高频振动贯入过程中挤土效应的系统研究,且往往未考虑挤土效应与土塞效应的耦合关系。因此,为了预测桩高频振动贯入过程中引起的超孔隙水压力、挤土应力和挤土位移,判断桩施工对周围构筑物的影响,从宏微观双层角度探讨揭示桩高频振动贯入过程中的挤土效应,对实际工程具有重要应用价值。

3 高频振动沉桩模型试验

3.1 概　　述

随着高频振动沉桩技术使用的日益广泛，桩高频振动贯入时的施工效应带来的影响也越来越被人们关注。这种影响主要表现在：桩周围土体产生的挤土应力，可能使邻近桩体上浮、桩位偏移，甚至导致桩体断裂；桩振动贯入会导致土体中孔隙水压力上升，过高的孔隙水压力会对邻近既有桩体和周围构筑物产生不良影响；桩内土塞的存在不仅直接影响到沉桩阻力或桩端承载力的发挥，对桩侧摩阻力亦产生显著影响。

由前文的论述可知，现有研究主要侧重于静压或锤击开口管桩贯入过程施工效应的分析。本章介绍了管桩高频振动贯入模型试验装置及模型地基制备过程。通过开展模型试验，分析管桩高频振动贯入干砂土地基、饱和砂土地基中超孔隙水压力、挤土应力、土塞效应和沉桩速率的变化规律。在模型试验基础上，建立了能够有效模拟管桩高频振动贯入砂土地基的数值模型，对试验结果和数值结果进行了对比分析。

3.2 试验目的与内容

模型试验主要目的是研究管桩高频振动贯入过程中，管桩周围土体特性（挤土应力和孔隙水压力）、管桩内土塞高度及沉桩速率的变化规律，为以后工程设计施工提供参考。本试验主要研究以下几方面内容：

（1）研究管桩振动贯入过程中孔隙水压力的产生和消散规律（距管桩中心不同距离和不同深度处）；

（2）研究管桩振动贯入过程中管桩周围砂土挤土应力变化规律（距管桩中心不同距离和不同深度处）；

（3）研究管桩振动贯入过程中土塞效应变化规律；

（4）分别进行管桩振动贯入干砂、饱和砂土地基模型试验，分析振动频率、饱和度对沉桩速率和土塞高度的影响。

3.3　试验设备及模型地基

3.3.1　试验设备

3.3.1.1　模型试验箱

模型试验采用的模型箱尺寸为:长×宽×高=1 m×1 m×1.2 m,如图 3.1 所示。该模型尺寸可忽略边界条件对试验结果的影响。为了防止模型箱锈蚀,同时减少砂土与模型箱内壁的摩擦,在模型箱内外壁涂刷防锈漆。模型箱底部安装用于砂土地基排水的排水球阀,方便加速砂土地基饱和。首先在模型箱底部铺设 10 cm 厚碎石,然后在碎石上铺设土工布,以加快排水速度和防止细砂颗粒被水流冲走。

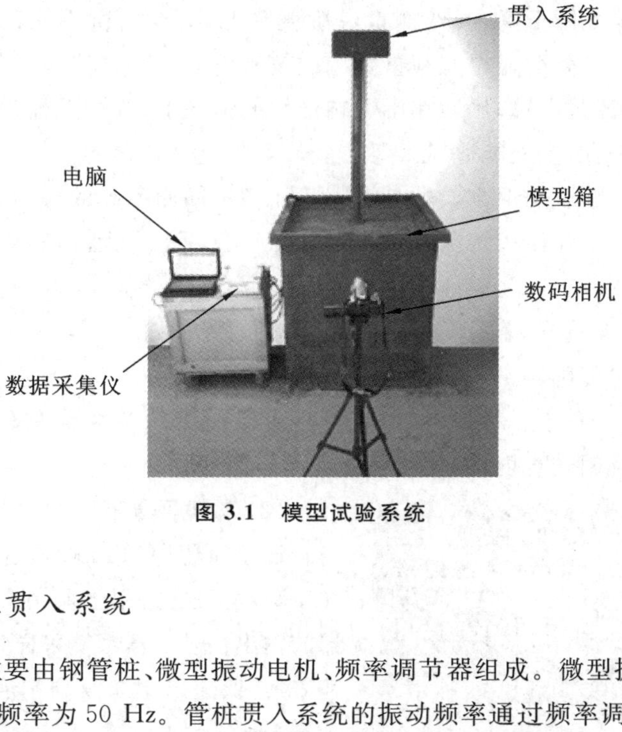

图 3.1　模型试验系统

3.3.1.2　管桩贯入系统

管桩贯入系统主要由钢管桩、微型振动电机、频率调节器组成。微型振动电机最大激振力为 1300 N,最大振动频率为 50 Hz。管桩贯入系统的振动频率通过频率调节器调节,振动频率 f 分别设置为 20 Hz、25 Hz、30 Hz。钢管桩直径 D 分别为 0.05 m、0.08 m、0.11 m,壁厚0.3 cm。为了测量土塞高度,钢管桩长度需要适当加长,选取钢管桩长度为 1.5 m。

3.3.1.3　数据采集系统

(1) 传感器

土木工程中常用传感器有两类:振(钢)弦式传感器和电阻应变式传感器。

振弦式传感器由受力弹性变形外壳(或膜片)、钢弦、紧固夹头、激振器和接收线圈等组成。钢弦自振频率与张紧力的大小有关,在振弦几何尺寸确定之后,振弦振动频率的变化量,即可表征受力的大小。由于振弦传感器直接输出振弦的自振频率信号,因此,具有抗干扰能力强、受电参数影响小、零点飘移小、受温度影响小、性能稳定可靠、耐震动、寿命长等特点。

电阻应变式传感器其基本原理是将电阻应变片粘贴在弹性元件特定表面上,当力、扭矩、速度、加速度及流量等物理量作用于弹性元件时,会导致元件应力和应变的变化,进而引起电阻应变片电阻的变化。电阻的变化经电路处理后以电信号的方式输出,根据电压变化量即可得到力学量的大小。电阻应变式压力传感器是工业实践中最为常用的一种传感器,广泛应用于各种工业自控环境,涉及水利水电、铁路交通、智能建筑、生产自控、航空航天、军工、石化、油井、电力、船舶、机床、管道等众多行业。

本试验采用电阻应变式传感器,其使用注意事项:①传感器量程的选择,在一般使用情况下,传感器的承受负荷不应超过传感器的额定负荷容量。一般情况下,应使其量程为额定负荷的 150%左右。量程选择太小,不仅影响其性能,而且影响使用寿命。②应变片在潮湿环境中受潮会使绝缘电阻下降,导致测量灵敏度降低,甚至电桥不能正常平衡,无法投入工作。在水环境中,防潮、防腐显得尤其重要。比较有效的处理方法是在传感器外表进行喷塑处理后,均匀涂上中性凡士林,然后在不影响传力的情况下,为传感器设立一个防护外壳,要求防护外壳既能防水、防尘又能通风。③应变片电阻丝是较细的,它与引出线的粗导线之间的连接点往往是疲劳断裂的地方。这是由于截面积不同而引起的应力集中或导线在锡焊中引起的变化所致。从实际使用情况看,在使用时间长、冲击力大的条件下,这类问题很多,需增设专用的固定装置等。④为保证使用精度,应使加载力的作用线与传感器受力轴线重合,避免产生附加力矩,侧向负荷不仅影响测量精度,而且对传感器使用寿命也有不利影响。⑤温度的剧烈变化对传感器的使用精度影响很大。在要求一定精度而且使用多个传感器时,各传感器的温度分布应尽量接近,以减少整个系统中的温度误差。在工作现场,传感器的使用应避免日晒及阳光直射,避免环境温度的剧烈变化。

(2) 数据采集仪

试验所使用的数据采集仪为南京贺普 HPXY-16A 函数记录仪,用于采集孔压传感器和土压传感器的输出信号。本系统采样频率范围很宽,分为高速采集、低速采集以及高精度采集(图 3.2)。高速采集采用 DMA 方式,低速采集采用 IO 方式;高速 DMA 方式采样频率从 200 Hz 到 10 kHz,低速 IO 方式采样频率从 0.2 Hz 到 100 Hz;高速 DMA 方式采样点数可随意选择,采样点数须是 16 的倍数,软件自动识别,而低速 IO 方式采样点数可随意选择和设置。高精度采集是以固定的采样频率(2 Hz)进行数据采集,精度达到五万分之一。

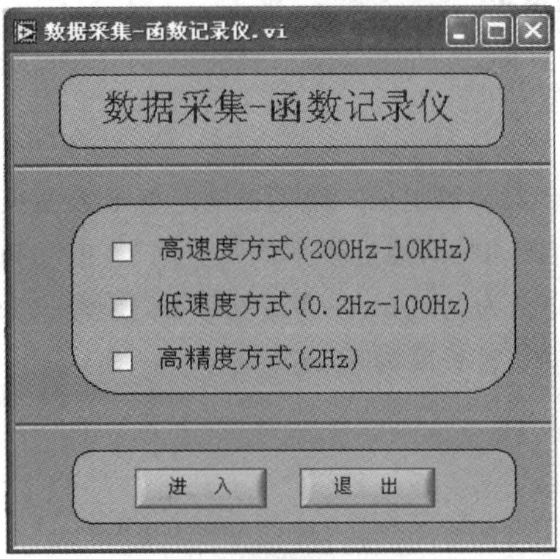

图 3.2 系统选择界面

本软件可实时显示波形并进行频谱分析，提供多种频谱分析图。并可进行 XY 函数记录分析，X 轴和 Y 轴的输入信号在八个通道中任意选择。波形图、频谱图、XY 记录图都是实时显示、同步更新的。数据保存也采用实时保存的方式，每采集一次就保存一次。数据回放：高速 DMA 方式采样频率快，所以采用一帧一帧方式回放，而低速 IO 方式采用一个点一个点方式回放。

为了使软件简洁明了，高速、低速以及高精度采集操作方法基本一致。基本操作步骤是：先新建一个文档，用来保存数据，然后进行参数设置，初始化硬件；接下来点击“控制”菜单中的“开始采集”或点击界面上的“开始采集”按键即可进行数据采集操作。详细操作如下：

① 建立作业。首先在“作业”菜单下选择“新建”，新建一个文件保存路径，输入文件名等。为了区分 IO 方式和 DMA 方式的数据保存文件，IO 方式采集时，新建文件的默认格式是.IO，DMA 方式采集时，新建文件的默认格式是.DMA。

② 参数设置。在参数设置中，最重要的两个参数就是数据点数和采样频率，一般只需设置这两个参数即可进行数据采集。参数设置完成后自动保存，下次运行时自动恢复到最近的设置。参数设置这一步是必须做的，因为参数设置的过程也是对硬件和 USB 接口初始化的过程，只是“保存”以后参数不用修改了，但是还是要确定一下。

“参数设置”界面如图 3.3 所示，要正确设置参数，参数设置合适才能达到最好的测量效果。这里最重要的两个参数是数据点数和采样频率，当这两个参数改变时，横坐标也相应变化，比如采样频率是 10000 Hz（也就是每秒采样 10000 个点，所以每个点是 0.1 ms），采样点数是 1024，这时 X 轴坐标为 102.4（也就是 102.4 ms）。

图 3.3　参数设置

触发类型：触发类型里触发通道不用设置，触发类型默认为软件定时，不用设置。这里的数据不用设置，采用默认即可。

电压范围：这里设置的是信号输入范围，信号输入范围默认为±5000 MV。这里的参数默认即可，不需修改。

工程单位：工程单位默认为 MV，根据实际情况选择相应的单位。工程单位显示在主界面的每个通道选择框的后面。

采样频率：采样频率必须设置合适，这里的参数很重要，软件默认为 10 kHz 的采样频率。采样频率要根据实际使用情况设置，采样频率越低，数据点数越多，采样时间越长，界面刷新越慢，分辨波形的频率越低。高速 DMA 方式，采样频率高时，采样点数可以选择多些（采样频率 10 kHz 时建议采样点数可以选 4096），采样频率低时，采样点数可以选择少些（比如 200 Hz 建议采样点数选 32 或 16）。因为采样频率低时，采样点数越多，采样时间越长，波形刷新越慢。X 轴时间越长，软件运行越慢。横坐标单位是毫秒（ms）。低速 IO 方式时，采样频率和采样点数可根据显示的需要随意选择和设定。低速横坐标的单位是秒（s）。采样频率是 100 Hz 时，采样点数是 1024，则横坐标显示 1.024 s。

数据点数：每个通道每次采集的数据个数，默认为 1024。DMA 方式时，数据点数必须是 16 的倍数。IO 方式时，数据点数可任意设定，设置为“不限制”时，数据无限制的采集，采集到的数据全部显示出来。

XY 记录仪参数：设置 XY 记录仪图形显示的标题、X 轴名称和单位、Y 轴名称和单位以及它们的字号。字号改变时，上面对应字的大小就会改变，可以对应修改字号。

采集控制：系统默认为连续采集并保存数据，不需设置。

校正因子：校正因子就是根据公式计算的，信号的输入是±5000 MV 信号，显示是根据校正因子而来。根据公式 $Y=aX^2+bX+cX^{\frac{1}{2}}+d$ 计算。波形图显示的最大范围就是根据这个公式得到的，软件中默认 $a=0, b=1, c=0, d=0$，X 的范围是±5000 MV，根据公式可求得 Y 的范围是 0～5000 MV。校正因子可根据实际需要来设置。

③ “控制”菜单。在“控制”菜单选择“开始采集”和“停止采集”即可控制仪器工作。

④ 窗口：包括波形图、频谱图、XY 记录仪。用于切换到不同的显示窗口。

波形图：实时显示波形，通过下面的“选择栏控制”选择哪个或哪几个通道。

频谱图：通过上面的几个选择框，可以选择不同类型的频谱分析图。

XY 记录仪：通过下面的选择框选择 XY 轴对应的通道。

⑤ 帮助：

关于：包括公司名称，网站，技术支持服务电话。

“帮助”菜单：选择时会弹出“帮助”对话框，当鼠标指向各功能按钮时有按钮功能文字提示。

帮助文档：里面包括软件的操作说明。

⑥ 工具栏：

保存：保存为文本格式，相当于格式转换。数据保存文件格式可以转换成文本格式和电子表格格式。DMA 方式中的时间是以毫秒（ms）为单位，IO 方式的时间是以秒（s）为单位。

数据后退:在数据打开时,用这个按键控制数据后退,显示上一帧数据。数据后退和数据前进只在高速 DMA 方式有用,因为高速 DMA 方式采用一帧一帧方式回放数据,而低速 IO 方式采用描点法回放数据。在 DMA 方式中,用“前进”和“后退”键来回放数据时,右下角会显示回放的帧数。

数据前进:在数据打开时,用这个按键控制数据前进,显示下一帧数据。这个按键也用来恢复窗口大小,在放大或缩小之后恢复到原来大小。

⑦ 高精度数据采集。高精度采集操作简单,依次是“新建”(新建一个文件,用来保存数据)→“设置”(参数设置,和前面的参数设置内容一样,操作方法也一样)→“开始”(开始采集数据)→“停止”(停止采集数据)→“界面切换”(获得实时值,趋势图)按键。

3.3.2　模型地基

相对密实度是评价砂土物理力学特性的关键参数,对管桩高频振动贯入过程施工效应具有较大影响。因此,应保证每次试验模型箱内砂土相对密实度相等。在制备模型地基时,不仅要保证试验砂土颗粒的均质性,而且要控制每次模型试验条件的一致性,使得模型地基达到相同的相对密实度,降低试验误差。

干砂模型地基直接采用砂雨法向模型箱内均匀播撒砂土。饱和砂土模型地基采用渗流固结法使砂土饱和固结。具体方法为[204,205]:模型地基制备。首先,在模型箱底部铺设10 cm厚砾石垫层作为排水层。碎石垫层上铺设一层土工布作为反滤层,防止排水过程中细砂颗粒被水冲走。土工布铺设完毕后,向模型箱内缓慢注水,注水高度超出垫层 20 cm。然后向模型箱内均匀播撒砂土(砂土需经过孔径 2 mm 的筛网筛分)。砂土播撒采用淋雨法。模型箱内砂土高度为 10 cm 时停止播撒。打开模型箱底部排水阀门,此时模型箱内砂土中产生向下渗流作用,土体中有效应力增加,使模型箱内砂土加速固结。当水面下降至离砂土表面以上 3～5 cm 处,关闭模型箱底部排水阀。重新向模型箱内注水,重复上述步骤,最终完成模型试验砂土地基填装。砂土地基填装完后,静置 2 d,紧接着进行管桩振动贯入模型试验。

3.4　试验用砂力学指标

在进行管桩高频振动贯入模型试验前,要了解试验砂土的一些物理力学指标,例如密度、颗粒级配、抗剪强度等,下面讲述密度试验、颗粒级配试验和抗剪强度试验。

3.4.1　砂土密度试验

砂土的密度 ρ 是指砂土在自然状态下,单位体积的质量。本试验砂土为细砂,为了方便试验,采用环刀法测量密度,试验步骤如下:

(1) 擦净环刀,称取环刀质量,准确至 0.1 g;

(2) 取直径和高度大于环刀的制备土样,整平两端放在玻璃片上;

(3) 在环刀的内壁涂一层凡士林，将环刀的刀刃向下放在土样上面，用手将环刀垂直下压，使土样填满环刀内；

(4) 采用切土刀削掉环刀口上的多余砂土，并用直尺刮平，再用抹布把环刀外侧擦净；

(5) 在天平上称取环刀加土的总质量，精确至 0.1 g。

对两个试样进行平行测定，并取两个密度测量值的算术平均值，计算得到平均密度 $\rho=1.924\ \mathrm{g/cm^3}$，试验结果见表 3.1。

表 3.1　砂土密度测定试验

试验次数	环刀加土质量/g	环刀质量/g	土质量/g	环刀容积/$\mathrm{cm^3}$	土密度/($\mathrm{g/cm^3}$)	平均密度/($\mathrm{g/cm^3}$)
1	157.7	42.8	114.9	60	1.915	1.924
2	158.9	42.9	116.0	60	1.933	

3.4.2　砂土颗粒级配试验

颗粒级配试验是测定土中各粒组含量占该土总质量百分数的试验方法，本试验采用筛析法，试验步骤如下：

(1) 称取烘干的砂土试样 1000 g；

(2) 将砂土倒入依次叠好的最上层筛中，然后将筛置于振筛机上进行振筛，振筛时间为 10～15 min；

(3) 按照由上而下的顺序将各筛取下，并称留在各级筛上及底盘内砂土的质量，精确至 0.1 g；

(4) 筛后各级筛上及底盘砂土质量总和与筛前试样总质量的差值，不得大于试样总质量的 1%。

采用孔径为 5 mm、2 mm、1 mm、0.5 mm、0.25 mm、0.075 mm 的圆孔筛进行颗粒分析试验，得到颗粒级配曲线，如图 3.4 所示。由图可知，有效粒径 $d_{10}=0.08$ mm、中值粒径

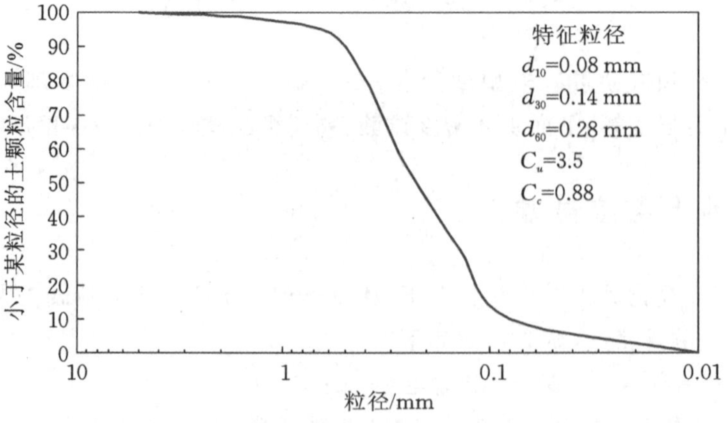

图 3.4　砂土颗粒级配曲线

d_{30}＝0.14 mm、控制粒径 d_{60}＝0.28 mm、不均匀系数 C_u＝3.5、曲率系数 C_c＝0.88，试验砂土为级配不良的均质细砂。

3.4.3　砂土抗剪强度试验

直接剪切试验是测定土的抗剪强度的常用方法。按照剪切前的固结过程和排水条件，直剪试验分为慢剪试验(S)、固结快剪试验(CQ)、快剪试验(Q)。由于砂土透水性强，极短时间内孔压即消散完毕，故采用慢剪试验(S)测定饱和砂土的抗剪强度指标，试验步骤如下：

(1) 对准剪切盒的上下盒，插入固定销钉，在下盒内放洁净透水石和滤纸；

(2) 将盛有试样的环刀，平口向下、刃口向上，对准剪切盒的上盒，在试样上放滤纸和透水石，将试样小心推入盒内；

(3) 使上盒前端钢珠刚好与测力计接触，顺次加上传压板、加压框架，安装垂直位移和水平位移量测装置，并将百分表归零；

(4) 取 4 个试样，分别在不同的垂直压力(100 kPa、200 kPa、300 kPa、400 kPa)下进行剪切。施加垂直压力后，每 1 h 测读垂直变形一次，直至试样固结变形稳定。当每小时垂直变形不大于 0.005 mm 时，则认为试样已经达到固结稳定；

(5) 拔出固定销钉，然后开动电动机，使应变圈受压，观测测力计读数，它将随下匣位移的增大而增大，直至出现峰值，当测力计读数不再增加或开始倒退时，认为试样已经破坏，记下破坏值，继续剪切至位移为 4 mm 为止；

(6) 剪切结束后，吸去盒内的积水，倒转手轮，退去剪切力和垂直压力，移动加压框架、上盖板，取出试样。

绘制抗剪强度 τ 与垂直压力 σ 的关系曲线，如图 3.5 所示。根据图上各点，绘制一条直线，直线的倾角为砂土的内摩擦角 φ'，直线在纵坐标轴上的截距为砂土的黏聚力 c'。由图 3.5 可知，试验砂土的内摩擦角 $\varphi'=28°$，黏聚力 $c'=0$。

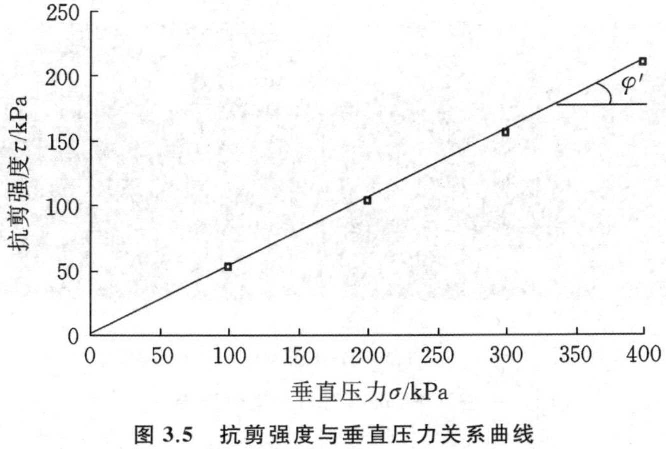

图 3.5　抗剪强度与垂直压力关系曲线

3.5 试验测试方法

本次模型试验分别设置土压力观测点8个、孔隙水压力观测点8个，测试元件布置如图3.6所示。首先，依次对采集仪采集通道、传感器进行编号，将各编号传感器始终连接到相应编号的采集通道上(从传感器标定到数据采集全过程)，这样便于后期数据处理，同时能够减小采集仪采集通道与传感器的仪器误差(图3.7)；然后，把电脑的USB接口和HPXY-16A函数记录仪的USB接口连接起来，进行数据采集。

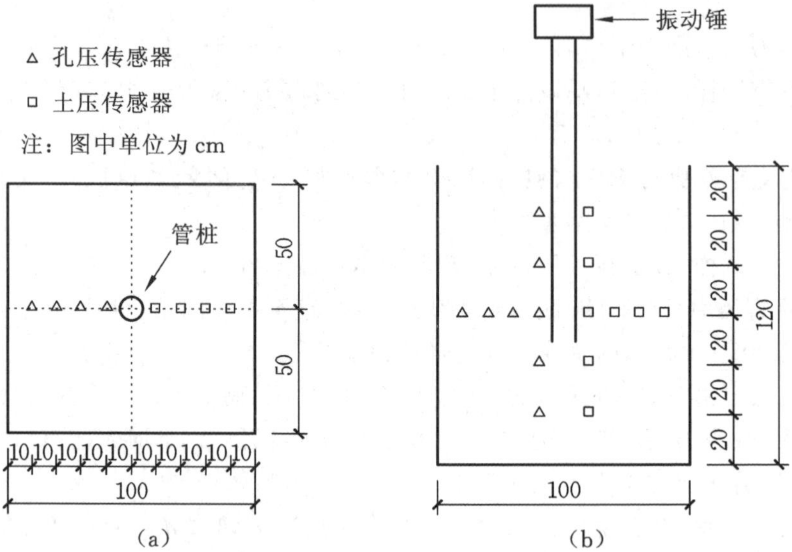

图3.6 测试元件布置

(a) 平面图；(b) 剖面图

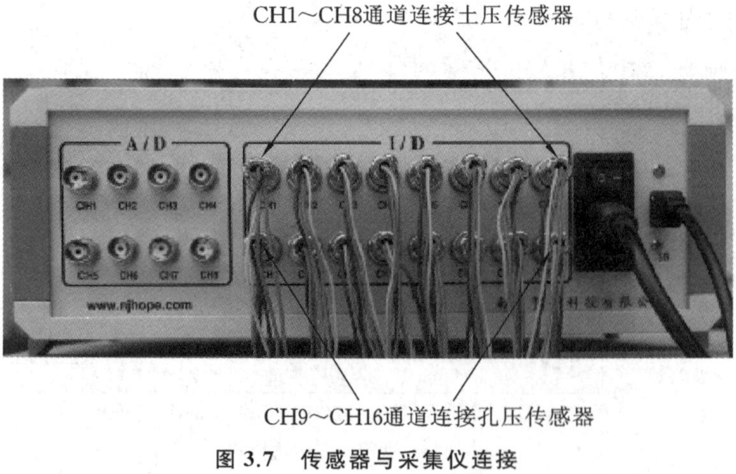

图3.7 传感器与采集仪连接

3.5.1　孔隙水压力

（1）仪器设备

① 选用电阻应变式孔隙水压力传感器，应变片电阻为 350 Ω，应变片灵敏度系数为 2，电源供电 DC 为 6～12 V；②根据埋设深度，选取量程范围为 0～50 kPa 的孔隙水压力传感器，允许过载 120％ FS；③对孔隙水压力传感器进行重新标定，并绘制相应的标定曲线。

（2）观测方法

利用 HPXY-16A 函数记录仪（采样频率为 20 Hz）采集孔压传感器输出电压，根据标定系数将电压信号转化成相应的孔压力值。

3.5.2　挤土应力

（1）仪器设备

① 选用电阻应变式土压力传感器，其应变片电阻为 350 Ω，应变片灵敏度系数为 2，电源供电 DC 为 6～12 V；②根据埋设深度，选取量程范围为 0～100 kPa 的土压力传感器，允许过载 120％ FS；③对土压力传感器进行重新标定，并绘制相应的标定曲线。

（2）观测方法

利用 HPXY-16A 函数记录仪（采样频率为 20 Hz）采集土压传感器输出电压，根据标定系数将电压信号转换成相应的土压力值。

3.5.3　土塞高度及贯入深度

（1）仪器设备

① 自制的带有刻度的钢管；

② 两个不同质量的砝码、细绳和滑轮组；

③ 数码摄像机。

（2）观测方法

首先，在管桩内外侧安放不同质量的砝码，轻砝码放在管桩外侧，重砝码放在管桩内侧，将细绳穿过滑轮组连接两砝码，如图 3.8 所示；然后，用数码摄像机拍摄管桩贯入全过程中管桩外壁与砂土地基表面接触的刻度值，以及轻砝码对应的实时刻度值；最后，通过回放拍摄的视频，提取不同时间点对应的土塞高度 h 和管桩贯入深度 H。

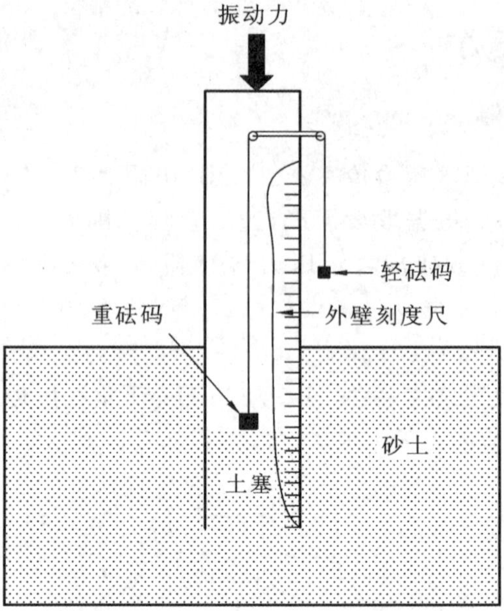

图 3.8　土塞高度及管桩贯入深度测量示意图

3.6　试验成果分析

3.6.1　超孔隙水压力

3.6.1.1　超孔隙水压力沿深度变化

管桩振动贯入过程中地表处孔隙水的变化情况如图 3.9 所示。管桩贯入初期，浅层处土体比较松散，管桩贯入阻力较小，管桩对周围土体振动小，孔隙水沿管桩壁流向地表，导致地表水变浑浊；随着管桩继续贯入，深层处土体较为密实，管桩贯入阻力显著增大，管桩在贯入过程中对周围土体产生明显的振动，饱和砂土产生液化，并沿管桩壁流向地表处，导致地表处不断产生水泡，并且水变得更为浑浊。

图 3.10 为不同贯入深度时，距管桩中心 0.1 m 处超孔隙水压力随深度的变化情况。试验结果表明：(1)当管桩贯入到孔隙水压力传感器埋置深度时，该深度处超孔隙水压力急剧增大到最大值。扰动土层（贯入深度以上土层）的超孔隙水压力沿土层深度增加而逐渐增大；未扰动土层（贯入深度以下土层）的超孔隙水压力沿土层深度增加而逐渐减小。(2)随着管桩的继续贯入，未扰动土层的超孔隙水压力逐渐积累，而扰动土层的超孔隙水压力迅速减小。Yu[206]在颗粒土中进行静压沉桩试验时，也观测到如此迅速的孔压消散情况。分析认为，当扰动土层逐渐积累的超孔隙水压力超过土体抗拉强度时，土体产生开裂，形成渗流通道，从而导致扰动土层的超孔隙水压力迅速消散。(3)随着土层深度增加，超孔隙水压力幅值逐渐增大，这说明管桩高频振动贯入过程中超孔隙水压力不仅受径向距离影响，也与土层深度密切相关。

彩图 3.9

图 3.9 地表处孔隙水变化情况

(a) 贯入 0 m;(b) 贯入 0.2 m;(c) 贯入 0.4 m;(d) 贯入 0.6 m

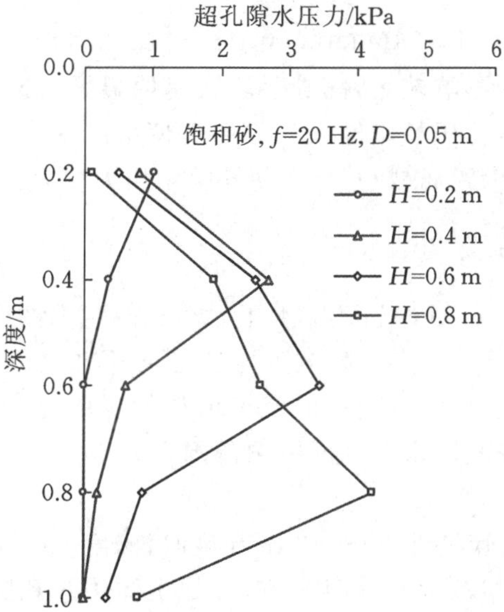

图 3.10 不同贯入深度时超孔隙水压力随深度变化情况(距管桩中心 0.1 m 处)

图 3.11 给出了不同振动频率时，距管桩中心 0.1 m 处超孔隙水压力随深度的变化情况。当管桩贯入至 0.6 m 土层深度时，该土层深度处超孔隙水压力达到峰值；在 0.6 m 深度以上部位（扰动土层），超孔隙水压力随土层深度增加而逐渐增大；在 0.6 m 深度以下部位（未扰动土层），超孔隙水压力随土层深度增加而减小。

从图 3.11 还可观察到，不同振动频率下的超孔隙水压力随深度变化情况存在十分明显的差别，同一深度处的超孔隙水压力随振动频率增大而显著增大。这一结论的实际工程意义是，当管桩贯入振动频率较低时，深层土体中的超孔隙水压力需要长时间积累才能达到较大值，而超孔隙水压力在此时间段内有可能发生消散而逐渐降低；当管桩贯入振动频率较大时，超孔隙水压力能够迅速增大，而土体的动强度下降，有利于管桩贯入。

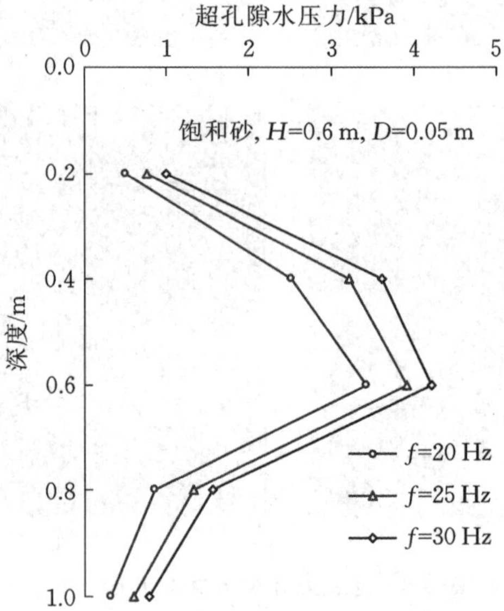

图 3.11　不同振动频率时超孔隙水压力随深度变化情况（距管桩中心 0.1 m 处）

图 3.12 给出了不同管径时，距管桩中心 0.1 m 处超孔隙水压力随深度变化的情况。管端处的超孔隙水压力受管径影响较大，随管径增大呈明显增大趋势。分析认为：(1)管径越大，管桩内挤出的土体越多，孔压相应越大；(2)由于模型试验中孔压传感器安放位置固定，当管径增大时，传感器与管壁距离减小，导致超孔隙水压力增大。

3.6.1.2　超孔隙水压力沿径向变化

图 3.13 描述了深度 0.6 m 处的超孔隙水压力沿径向距离的变化情况。从图中可看出，在径向距离 0.3 m（$6D$）范围内，超孔隙水压力随径向距离的变化比较大；在径向距离为 0.3 m（$6D$）范围以外，超孔隙水压力随径向距离增长的变化逐渐趋于平缓。说明管桩高频振动贯入砂土地基过程中超孔隙水压力的影响范围主要集中在距离管桩中心半径为 $6D$ 的范围内。

图 3.13 还可观察到，当管桩贯入至 0.2 m 深度时，深度 0.6 m 处土体未产生超孔隙水压力；当管桩贯入至 0.4 m 土层深度时，深度 0.6 m 处土体中超孔隙水压力略微增大；当管桩

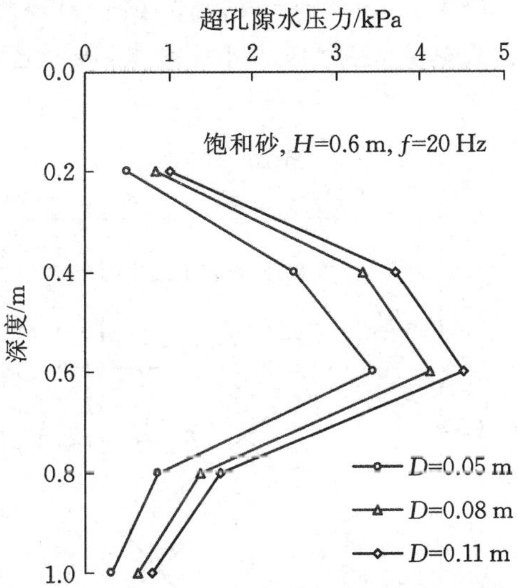

图 3.12　不同管径时超孔隙水压力随深度变化情况(距管桩中心 0.1 m 处)

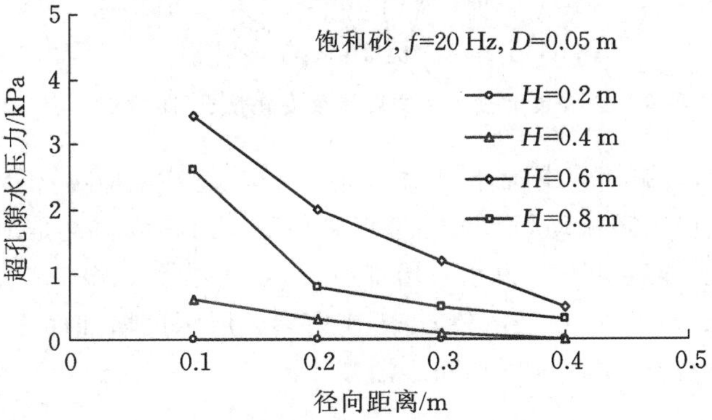

图 3.13　超孔隙水压力沿径向距离变化情况(深度 0.6 m 处)

贯入至 0.6 m 土层深度时,深度 0.6 m 处土体中超孔隙水压力显著增大;随着管桩继续贯入,深度 0.6 m 处土体中超孔隙水压力减小,这是由孔隙水压力消散导致的。

3.6.2　挤土应力

3.6.2.1　挤土应力沿深度变化

图 3.14 为不同贯入深度时,距管桩中心 0.1 m 处挤土应力随深度的变化情况。管桩高频振动贯入过程中挤土应力的变化规律与管桩的贯入深度密切相关,规律类似于超孔隙水压力的动态变化(图 3.10)。挤土应力峰值随管桩贯入深度增加,呈现逐渐增大的趋势,即当管端接近土压力传感器埋置深度时,挤土应力逐渐增大;当管端到达土压力传感器埋置深度时,挤土应力达到峰值;随着管桩继续贯入,挤土应力逐渐减小。如此的变化规律

也在 Mccabe 等[207]的现场试验和 Leung 等[208]的离心试验中观测到。同时发现，挤土应力与土层深度密切相关，土层深度越大，挤土应力相应越大，表明管桩贯入过程中挤土应力逐渐由浅层向深层传递。

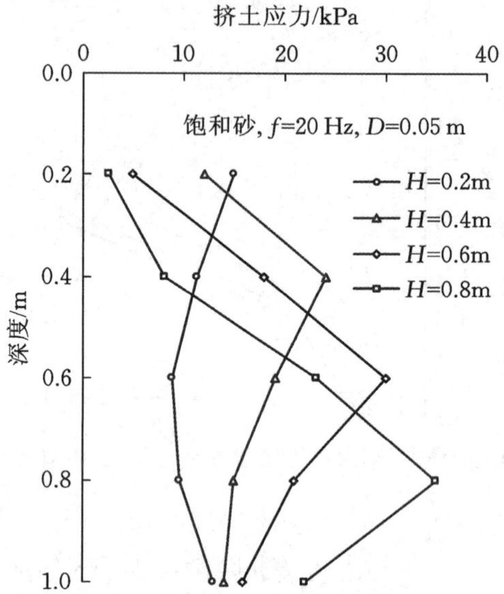

图 3.14　不同贯入深度时挤土应力随深度变化情况(距管桩中心 0.1 m 处)

图 3.15 给出了不同振动频率时，距管桩中心 0.1 m 处挤土应力随深度的变化情况。从图中可发现：(1)挤土应力随振动频率增加呈现微小增加的趋势。这是由于超孔隙水压力随振动频率增加而增大，导致挤土应力相应增加。(2)当管桩贯入至 0.6 m 处时，该处挤土应力均达到峰值。在 0.6 m 深度以上部位，挤土应力沿土层深度增加而逐渐增大；在 0.6 m 深度以下部位，挤土应力沿土层深度增加而逐渐减小。

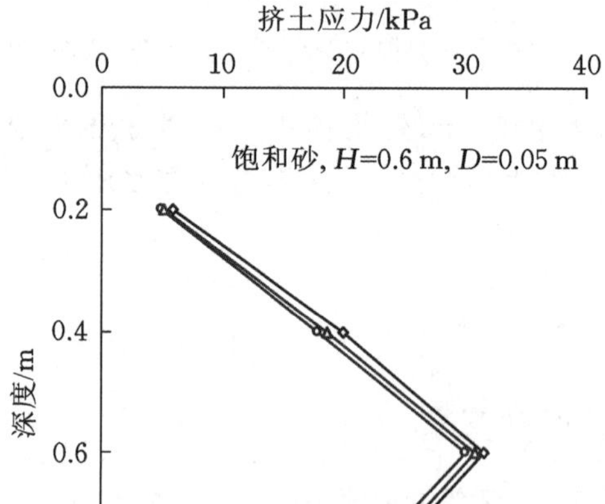

图 3.15　不同振动频率时挤土应力随深度变化情况(距管桩中心 0.1 m 处)

图 3.11 和图 3.15 比较发现，挤土应力受振动频率影响较小，但同一深度处的超孔隙水压力随振动频率增加显著上升。分析表明，如果振动锤的振动频率较低，因引起某一较大超孔隙水压力需要贯入较深土层，振动贯入时间相应增长，则振动产生的超孔隙水压力发生消散而降低；反之，超孔隙水压力随振动频率增大而上升。

图 3.16 描述了不同管径时，距管桩中心 0.1 m 处挤土应力随深度的变化情况。

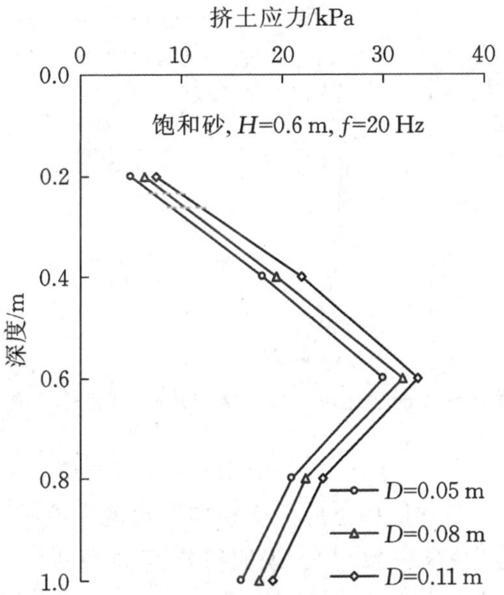

图 3.16 不同管径时挤土应力随深度变化情况（距管桩中心 0.1 m 处）

图 3.16 表明，不同管径时挤土应力随土层深度变化规律相似，且挤土应力自然地随管径增大呈明显增大趋势。分析认为：(1)管径越大，管内挤出的土量越多，挤土效应越明显；(2)模型试验中土压力传感器安放位置固定，当管径增大时，传感器与管壁距离减小，受到的挤土应力增大。

由图 3.12 和图 3.16 比较发现，超孔隙水压力和挤土应力自然地随管径增大呈明显增大趋势，两者的变化规律十分接近。说明超孔隙水压力和挤土应力是密切相关的，属于挤土效应的两种不同表现形式。

图 3.17 给出了不同饱和度时，距管桩中心 0.1 m 处挤土应力随深度的变化情况。由于孔隙水压力的存在，饱和砂土地基中的挤土应力相较于干砂地基中的挤土应力大。当管桩振动贯入至传感器埋设位置时，超孔隙水压力迅速增大，导致挤土应力相应增大。随着管桩继续贯入，超孔隙水压力开始消散，致使饱和砂土地基中的挤土应力逐渐接近干砂土地基中的挤土应力。

3.6.2.2 挤土应力沿径向变化

深度 0.6 m 处的挤土应力沿径向距离的变化情况如图 3.18 所示。试验表明，挤土应力的变化规律与径向距离密切相关，规律类似于超孔隙水压力的动态变化，即挤土应力峰值随

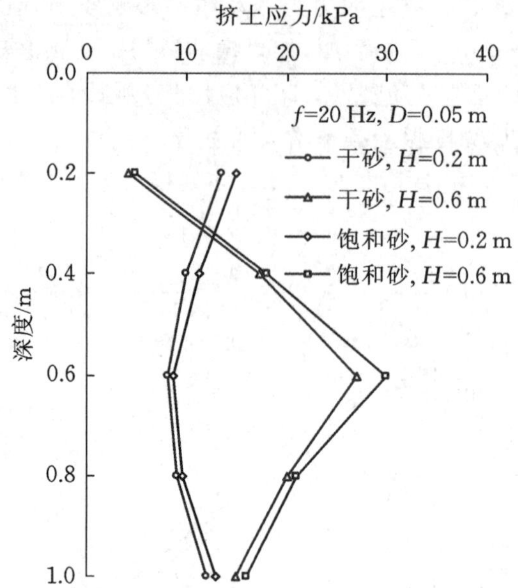

图 3.17 不同饱和度时挤土应力随深度变化情况(距管桩中心 0.1 m 处)

径向距离增大而减小；当径向距离小于 0.3 m(6D)时，挤土应力受径向距离的影响比较明显；当径向距离大于 0.3 m(6D)时，挤土应力受径向距离的影响减弱。此现象与数值模拟中的管桩端部出现的“应力泡”现象一致[209]。说明管桩高频振动贯入砂土地基中挤土应力的影响范围主要集中在距管桩中心半径为 6D 的范围内。

图 3.18 还显示，当管桩贯入 0.2 m 时，深度 0.6 m 处土体仅受自重应力作用，该深度处挤土应力为侧向自重应力；当管桩贯入 0.4 m 时，该深度处土体挤土应力略微增加；当管桩贯入 0.6 m 时，该深度处土体挤土应力迅速增加；随着管桩继续贯入，该深度处挤土应力减小，主要是管桩贯入过程中管端处土体挤土应力急剧增加导致的。

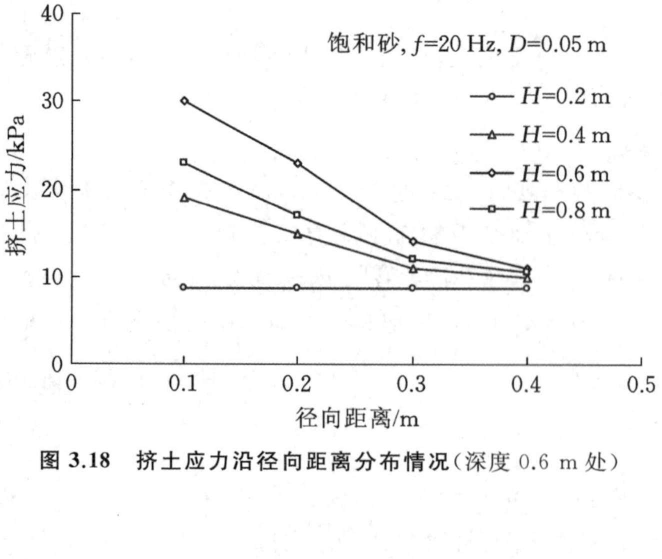

图 3.18 挤土应力沿径向距离分布情况(深度 0.6 m 处)

3.6.3 土塞效应

3.6.3.1 土塞高度随贯入深度的变化规律

管桩贯入过程中土塞高度(h)和贯入深度(H)采用图 3.8 所示的装置测量。管桩贯入过程中土塞变化情况如图 3.19 所示。试验中管桩最终贯入深度为 0.8 m,管桩每贯入 0.1 m 记录相应的土塞高度,测量结果基本能反映管桩贯入过程中土塞高度的变化情况。

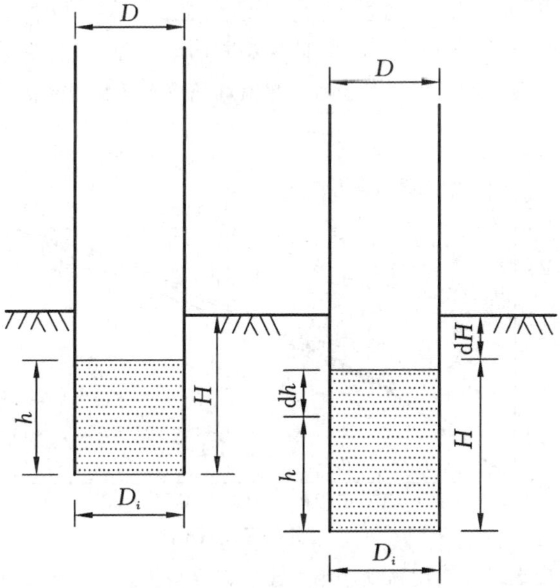

图 3.19　管桩贯入过程中土塞变化示意图

注:H 为管桩贯入深度,h 为土塞高度,D 为管桩外径,D_i 为管桩内径

图 3.20 为不同管径时土塞高度随贯入深度的变化曲线。试验表明,在浅层土体中,土塞高度随贯入深度的变化曲线比较集中。这是由于浅层处砂土比较松散,管桩贯入初期,土塞阻力较小,砂土更容易涌入管桩内,土塞高度受管径的影响相对较弱;随着管桩的继续贯入,土塞高度随贯入深度的变化曲线离散性越来越大。管径越大,土塞受管壁的约束相对较小,土塞高度随贯入深度的增长呈明显增大趋势。说明随管桩贯入深度的增加,土塞高度受管径的影响程度越来越大,且土塞高度与管径呈现正相关关系。

图 3.21 给出了不同振动频率时土塞高度随贯入深度变化的曲线。从图中可看出,当管桩贯入深度小于 0.2 m 时,土塞高度随贯入深度的变化曲线比较集中,且随管桩贯入深度增大,呈近似线性增长趋势;当管桩贯入深度大于 0.2 m 时,土塞高度随振动频率增大呈增大趋势,但振动频率越大土塞高度越接近。说明随管桩贯入深度的增加,土塞高度受振动频率的影响程度增强,且土塞高度与振动频率呈现正相关关系。

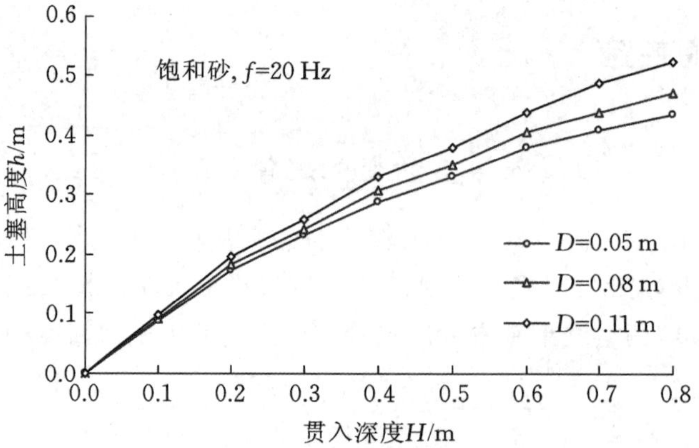

图 3.20　不同管径时土塞高度随贯入深度的变化

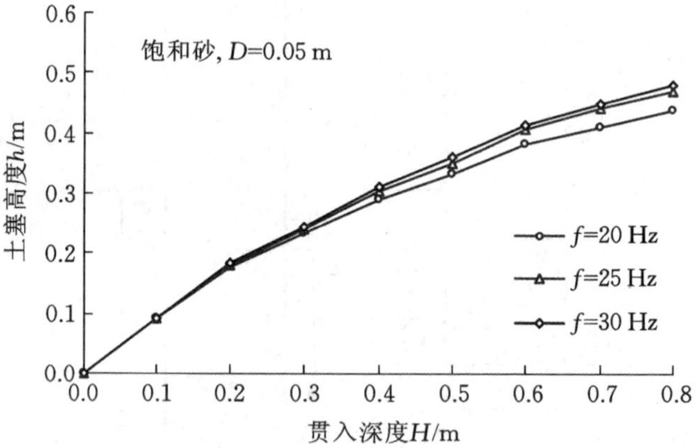

图 3.21　不同振动频率时土塞高度随贯入深度的变化

图 3.22 描述了不同饱和度时土塞高度随贯入深度变化的曲线。从图中可看出：(1)在浅层土体中，土塞高度随贯入深度的变化曲线比较集中。这是由于浅层处砂土比较松散，管桩贯入初期，土体更容易进入管内，土塞高度受饱和度的影响相对较弱。(2)随管桩贯入深度的增加，土塞高度受饱和度的影响程度增大，且土塞高度与饱和度呈正相关关系。

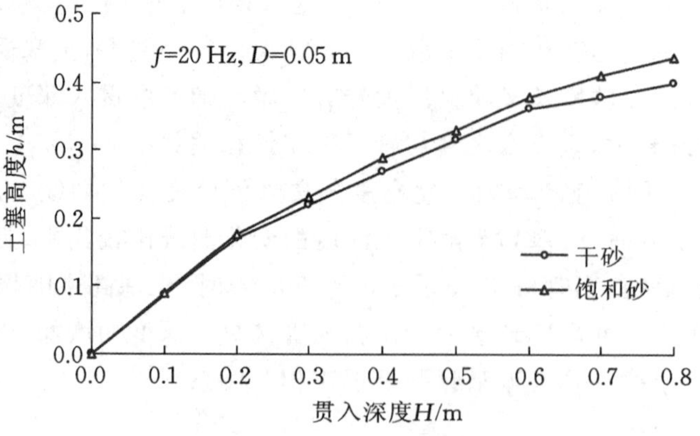

图 3.22　不同饱和度时土塞高度随贯入深度的变化

3.6.3.2　*IFR* 随贯入深度的变化规律

土塞增长率(*IFR*)被广泛应用于判断土塞闭塞程度，该指标参数得到了国内外学者的普遍认可，其表达式为

$$IFR = \frac{\mathrm{d}h}{\mathrm{d}H} \times 100\% \tag{3.1}$$

式中　h——土塞高度；

H——管桩贯入深度；

$\mathrm{d}h/\mathrm{d}H$——表示管桩贯入深度增加一个单位长度，土塞高度的增加量。

IFR 值一般处于 0～1 之间；当 $IFR=0$ 时，说明土塞处于完全闭塞的状态，没有任何土体继续进入管内；当 $IFR=1$ 时，说明土塞处于完全非闭塞状态，土塞高度增量与管桩贯入深度增量相等。

图 3.23 为不同管径时 *IFR* 随贯入深度变化的曲线。从图中可看出：(1)管桩贯入过程中土塞始终是部分填充，即土塞高度 h 小于贯入深度 H，土塞很难达到完全闭塞的程度($IFR=0$)。(2)*IFR* 值随着管径增大而逐渐增大。分析认为，随着管径增大，管桩壁对管内土塞的约束减弱，土塞振动密实度降低，导致土塞闭塞程度降低，即 *IFR* 值增大；当管径趋于无穷大时，土塞边界条件由“一维土柱”边界转变为“无侧限”边界，管桩可简化为一块钢板。显然，钢板贯入过程中土塞处于完全非闭塞状态，即钢板两侧土体均属于无侧限土体。当管径足够大时，*IFR* 值将接近 1。

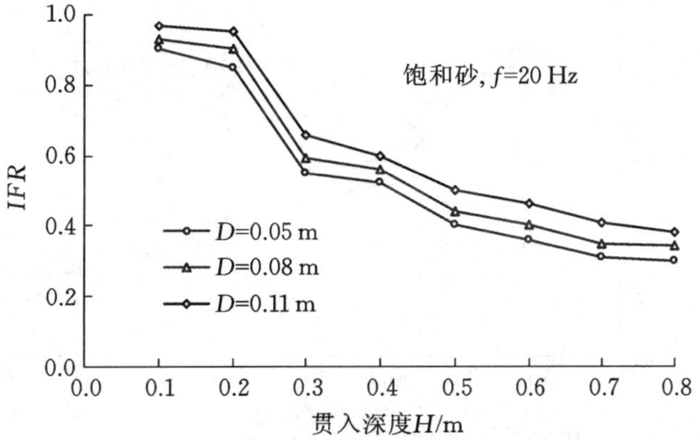

图 3.23　不同管径时 *IFR* 随贯入深度的变化

图 3.24 给出了不同振动频率时 *IFR* 随贯入深度的变化曲线。

图 3.24 表明：(1)管桩贯入过程中 *IFR* 值始终大于 0，土塞处于非完全闭塞程度。管桩贯入浅部土层时，*IFR* 值较大，随着管桩贯入较深土层，*IFR* 值变小。(2)振动频率对 *IFR* 值的影响存在一门槛值。当振动频率小于某一值时，*IFR* 值随振动频率增大而逐渐增大；当振动频率达到一定值之后，振动频率对 *IFR* 值的影响不明显。Rodger[31] 通过试验也发现振动频率门槛值的存在。分析认为，高频振动产生的应力波会降低土颗粒间的接触压力，导致土颗粒间摩擦力和管壁-土体之间摩擦力均得到减小[44]，管端土体更容易涌入管桩内，土

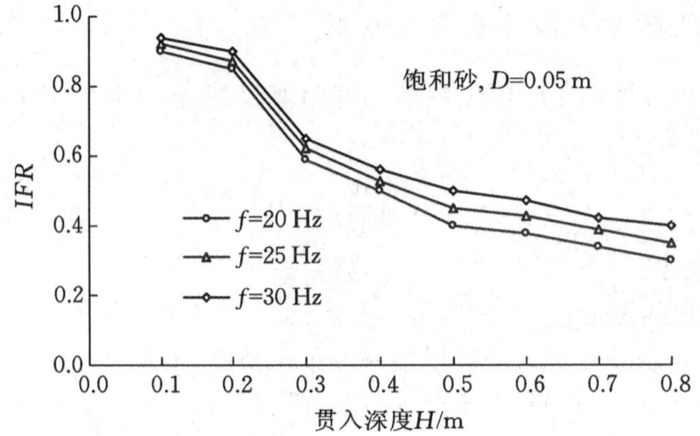

图 3.24　不同振动频率时 *IFR* 随贯入深度的变化

塞闭塞程度降低（*IFR* 值增大）；若振动频率增大到某一值，土颗粒骨架便产生一种“假液化状态”，此时，土体与管壁的摩阻力将显著降低[210]，土塞闭塞程度也相应降低。

图 3.25 描述了不同饱和度时 *IFR* 随贯入深度变化的曲线。图中显示：(1)在浅层土体中 *IFR* 值较大，当管桩贯入较深土层时，*IFR* 值逐渐变小。而且管桩贯入全过程中土塞高度 h 始终小于贯入深度 H，由此可知土塞处于非完全闭塞程度。(2)饱和砂土地基中的 *IFR* 值比干砂地基中的 *IFR* 值大。这是由于在饱和砂土地基中管桩振动贯入产生的超孔隙水压力，降低了管桩壁与砂土间的摩阻力，导致土塞闭塞程度降低。

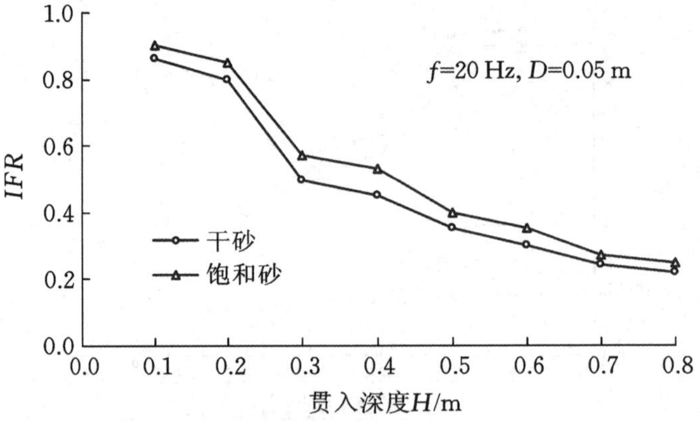

图 3.25　不同饱和度时 *IFR* 随贯入深度的变化

3.6.3.3　*PLR* 与 *IFR* 的关系

Paik 等[211]通过管桩静压贯入砂土的模型试验发现，土塞增长率（*IFR*）与土塞率（$PLR=h/H$）呈线性关系，提出了相应的经验公式

$$IFR=1.09\times PLR-0.22 \tag{3.2}$$

建立土塞增长率 *IFR* 与土塞率 *PLR* 的经验公式，有利于施工人员利用实测的土塞高度(h)与贯入深度(H)数据，计算出土塞增长率 *IFR* 值，并进一步判断管桩内土塞闭塞程度。

经过整理各模型试验条件下管桩振动贯入时管桩的贯入深度、土塞高度等试验数据发现，土塞率 PLR 与土塞增长率 IFR 基本呈现线性关系(图 3.26)，采用线性拟合，其关系式如下：

$$IFR = 1.74 \times PLR - 0.72 \tag{3.3}$$

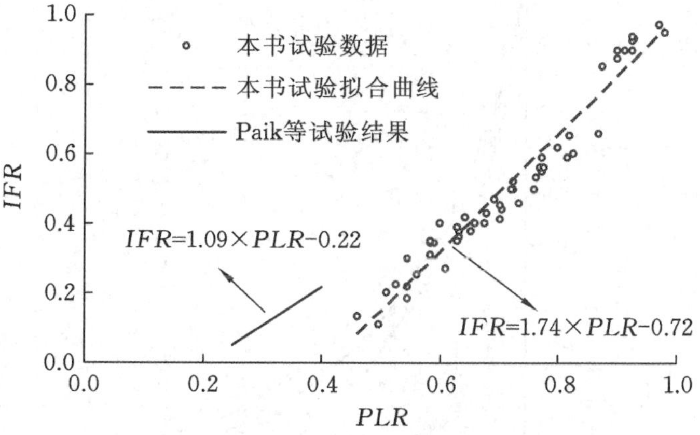

图 3.26　*PLR* 与 *IFR* 的关系

通过与 Paik 等[211]管桩贯入砂土中的试验结果比较发现，当 PLR 值相同时，管桩振动贯入砂土中的 IFR 值大于管桩静压贯入砂土的试验结果。由此可知，振动沉桩过程中土塞闭塞效果比静压沉桩的土塞闭塞效果差。

3.6.4　沉桩速率

3.6.4.1　振动频率对沉桩速率的影响

图 3.27 为不同振动频率时贯入深度与贯入时间的关系。可以看出，管桩贯入到某一深度所经历的时间随着振动频率增大而迅速减小。可见，增大振动频率能显著提高贯入速度。

振动频率对管桩振动贯入速度的影响分析如下：当管桩振动频率增大时，管桩振动贯入过程中产生的应力波的波长减小，绝大多数应力波能量耗散于管桩周围的土体中，使得饱和砂土中超孔隙水压力迅速上升而产生液化，从而降低了管桩侧壁的侧摩阻力与管桩端部的端阻力。同时，已有研究表明，饱和砂土达到液化的时间与振动频率相关，频率越大所需的时间越短[212]。此研究结论可验证试验中的现象，即随着振动频率增大，管桩贯入阻力降低，导致管桩贯入速度显著增大。由此可知，高频振动贯入法可以克服低频振动贯入法难以沉管的问题。具体原因可解释为：当地基土层固有频率与管桩的振动频率相接近时，地基将处于共振状态。此时，管桩振动贯入产生的应力波能量将由近场域土体传播扩散至远场域土体，导致地基振动加剧而管桩贯入速度减慢。因此，管桩振动贯入施工过程中可以通过调节振动频率，实现对贯入速度的控制。

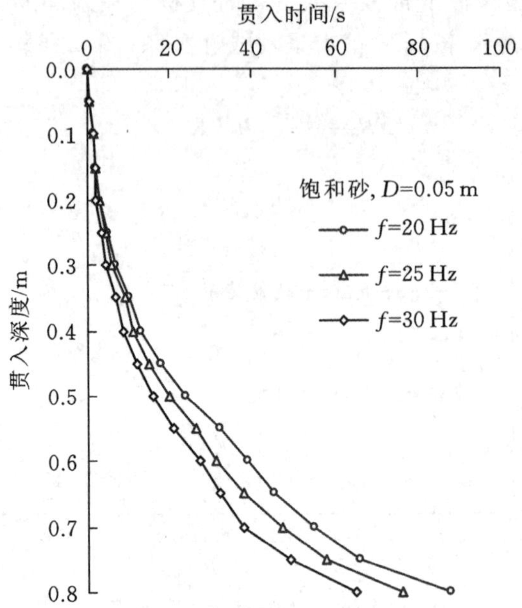

图 3.27　不同振动频率时贯入深度与贯入时间的关系

3.6.4.2　管桩直径对沉桩速率的影响

图 3.28 给出了不同管径时贯入深度与贯入时间的关系。试验结果表明，随着管桩直径增大，管桩壁与土体的接触面积增大，管桩贯入过程中的侧摩阻力、端阻力相应增大，导致管桩贯入速度减小，即管桩振动贯入到某一深度所需时间迅速增长。

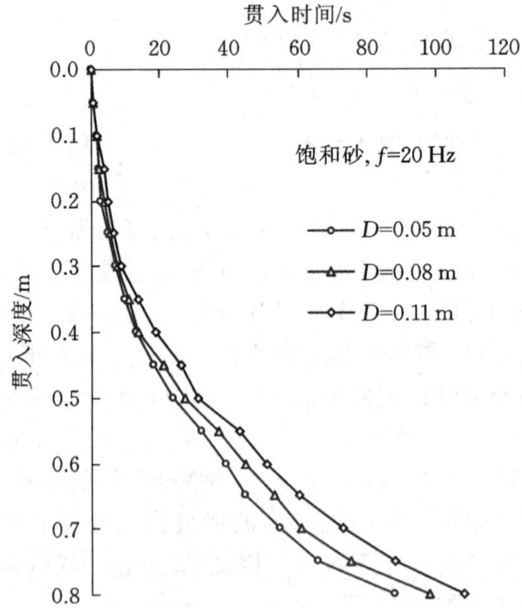

图 3.28　不同管径时贯入深度与贯入时间的关系

3.6.4.3 饱和度对沉桩速率的影响

图 3.29 描述了不同饱和度时贯入深度与贯入时间的关系。由图可知,对于管桩贯入到某一指定深度而言,管桩在饱和砂土地基中的贯入时间远比在干砂地基中的贯入时间短。可见,砂土中的管桩贯入速度与饱和度密切相关。

饱和砂土地基和干砂地基中管桩贯入速度存在的区别,可从以下两方面进行解释:对于饱和砂土地基,管桩振动贯入过程中管桩周围砂土中孔隙水压力急速上升,致使砂土产生液化,降低了管桩贯入阻力,使得管桩在相同的时间内能贯入更深的土层,从而提高了管桩的贯入速度;对于非饱和砂土地基,特别是干砂地基,管桩高频振动贯入过程中管桩周围砂土液化困难或不产生液化,管桩贯入阻力降低幅度相对较低,管桩在自重和振动锤输出的激振力作用下向下贯入,因此在干砂地基中管桩贯入速度较慢。

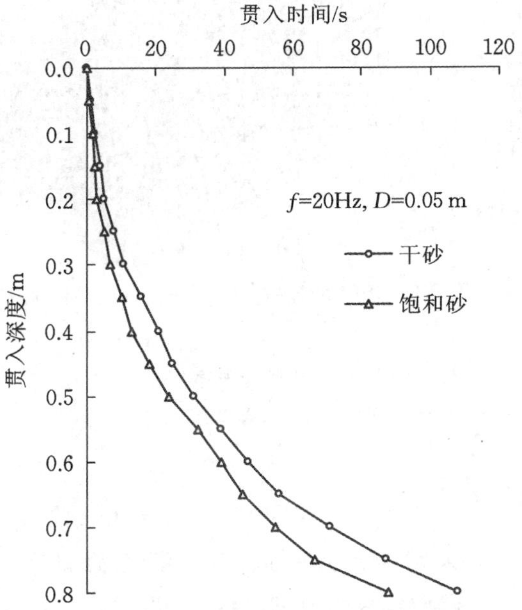

图 3.29 不同饱和度时贯入深度与贯入时间的关系

3.7 模型试验数值模拟

3.7.1 数值模型建立

3.7.1.1 几何模型

根据第 4 章介绍的管桩高频振动贯入三维有限元分析模型的建模方法,采用 ABAQUS/Explicit 建立管桩高频振动贯入砂土地基的数值模型。根据模型边界条件不同,建立两种方案的几何模型。方案一采用动力阻尼吸收边界，方案二采用无限元模拟，如图 3.30 所示。为解决管桩高频振动贯入过程中管桩周围土体大变形问题，管桩附近 0.1 m 范围内的土体单元采用 ALE 网格划分。

方案一：钢管桩长 $L=1$ m，外径 $D=0.05$ m。管桩周围土体范围为长、宽各 1 m，深度 1.2 m。在分析区域边界上设置位移约束条件。考虑到模型的对称性，建立 1/4 长方体几何模型。

方案二：钢管桩长 $L=1$ m，外径 $D=0.05$ m。管桩与近场域土体采用有限元模拟。为了消除振动波反射的影响，远场域土体采用无限元模拟。考虑到模型的对称性，建立 1/4 圆柱体几何模型。

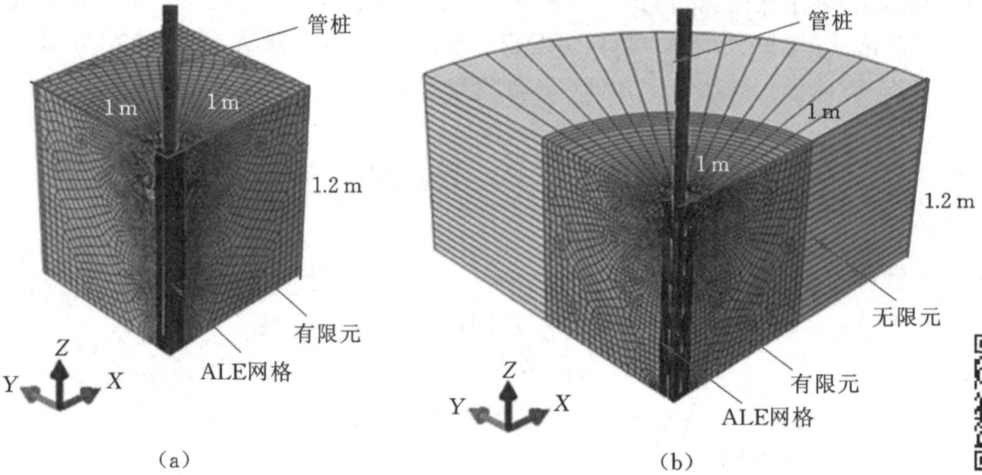

图 3.30　有限元模型方案

(a) 方案一；(b) 方案二

彩图 3.30

3.7.1.2　荷载及计算参数

管桩振动贯入的激振力采用力控制模拟，其中静态荷载 $F_0=200$ N，振动频率 $f=20$ Hz，动力荷载幅值 $F_c=1300$ N，激振力 $F_d=F_0+F_c\sin(2\pi ft)$。

因只研究机理性状，且模型试验土层较薄，故采用均质土层。土体有限元部分采用 Mohr-Coulomb 弹塑性模型，试验砂土参数见表 3.2。

表 3.2　试验砂土参数

土体类别	天然重度 $\gamma/(\text{kN}\cdot\text{m}^{-3})$	杨氏模量 E/MPa	泊松比 ν	黏聚力 c'/kPa	内摩擦角 $\varphi'/(°)$
砂土	19.2	20	0.28	0	28

3.7.1.3　网格划分和单元选择

ABAQUS/Explicit 主要提供了三种类型的单元：六面体单元(Hex)、四面体单元(Tet)和楔形单元(Wedge)。根据有限元土体单元类型的不同，对方案二建立三种有限元模型。

在保证各模型单元数基本一致的前提下，不同模型网格划分如图 3.31 所示。

六面体单元（Hex）模型：有限元土体单元采用 C3D8R，无限元土体单元均采用 CIN3D8，钢管桩采用离散刚体单元 R3D4。

四面体单元（Tet）模型：有限元土体单元采用 C3D10M，无限元土体单元均采用 CIN3D8，钢管桩采用离散刚体单元 R3D4。

楔形单元（Wedge）模型：有限元土体单元采用 C3D6，无限元土体单元均采用 CIN3D8，钢管桩采用离散刚体单元 R3D4。

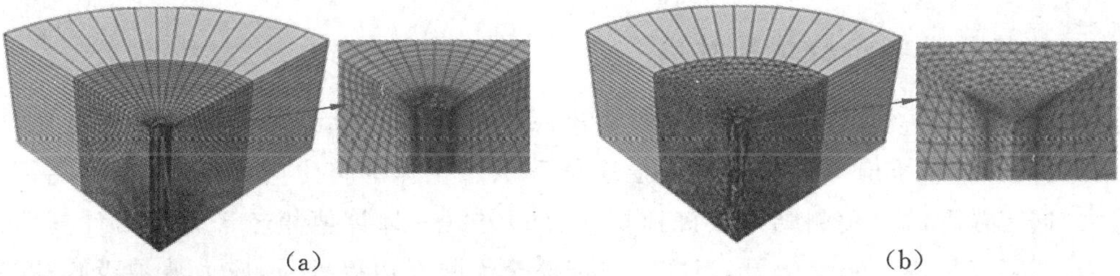

(a)　　　　(b)

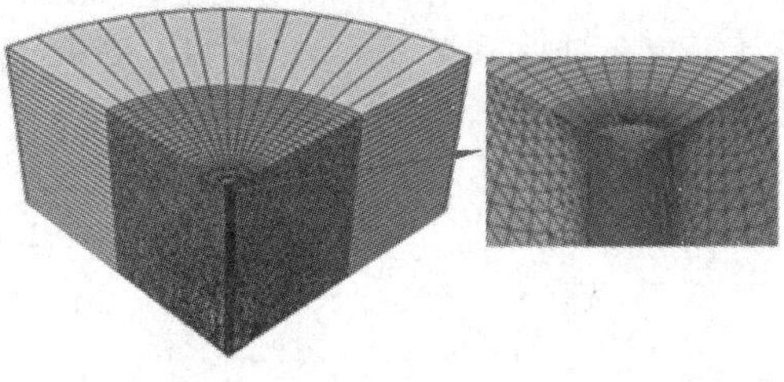

(c)

各模型单元数与节点数

单元类型	单元数	节点数
Hex	41390	47743
Tex	41756	66111
Wedge	41726	36701

图 3.31　不同模型网格划分

(a) 六面体单元（Hex）模型；(b) 四面体单元（Tet）模型；(c) 楔形单元（Wedge）模型

彩图 3.31

不同模型计算性能比较如图 3.32 所示。从模型贯入深度比较中发现，在相同工况条件下，六面体单元（Hex）模型的贯入深度为 $0.98L$，四面体单元（Tet）模型次之，楔形单元（Wedge）模型最小，仅为 $0.72L$。

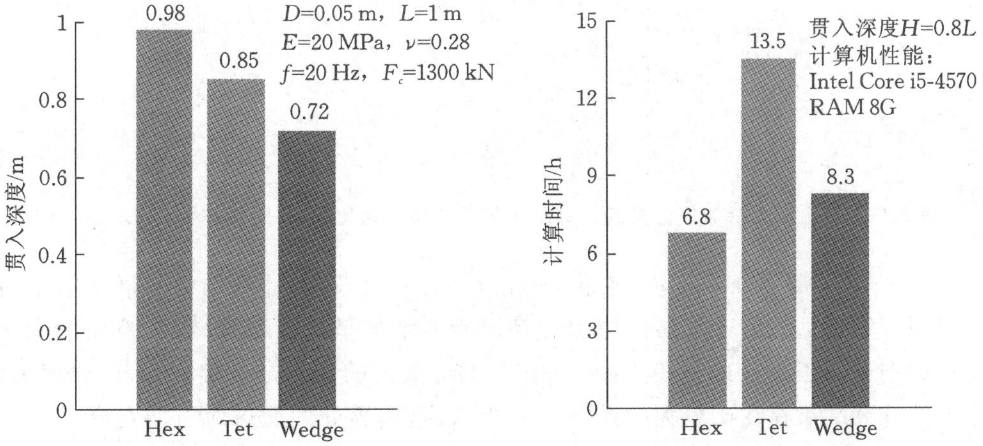

图 3.32　不同模型计算性能对比

(a) 贯入深度；(b) 计算时间

对比各模型贯入 0.8L 时的计算时间发现，在模型单元数基本一致，工况条件相同的情况下，六面体与楔形体单元模型耗费时间接近，而四面体单元模型相较于六面体和楔形体单元模型所耗费计算时间更长。综上所述，数值模型中有限元部分采用 C3D8R 单元，无限元部分采用 CIN3D8 单元，钢管桩采用离散刚体单元 R3D4。

3.7.2 结果分析

3.7.2.1 数值结果与试验结果对比

图 3.33 为距离管桩中心 0.1 m 处，挤土应力沿深度分布的计算结果与试验结果对比。研究表明：(1)数值计算挤土应力趋势也是表层土体和深层土体的挤土应力较小，管桩端部挤土应力最大，这与模型试验实测结果较好地拟合；(2)方案一计算值相较于方案二计算值小。分析认为，方案二采用无限元边界，当应力波传播至无限元边界处时，应力波被吸收；在方案一中，从边界处反射回的应力波会减弱土体的挤土应力，对计算结果产生影响。因此，对于管桩高频振动贯入施工现场，采用无限元边界模拟更为合理。

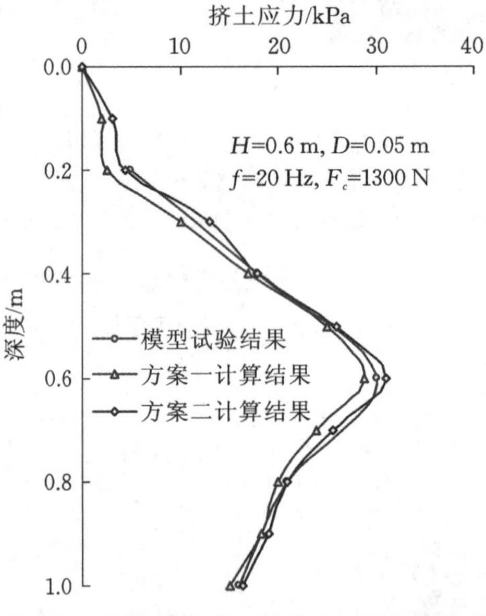

图 3.33　挤土应力沿深度分布的计算结果与试验结果对比情况(距管桩中心 0.1 m 处)

图 3.34 给出了深度 0.6 m 处，挤土应力沿径向距离分布的计算结果与试验结果的对比情况。由图可知：(1)数值计算挤土应力随径向距离增加呈指数型衰减，与模型试验结果较为相近；(2)在径向距离 0.15 m 范围内，方案一与方案二的计算结果相吻合，而此范围以外，两种方案的计算结果存在比较大的差异。分析认为，边界处的反射应力波对靠近边界处的远场域土体影响较大。由于反射应力波在传播过程中逐渐减弱，对近场域土体影响相应减弱。

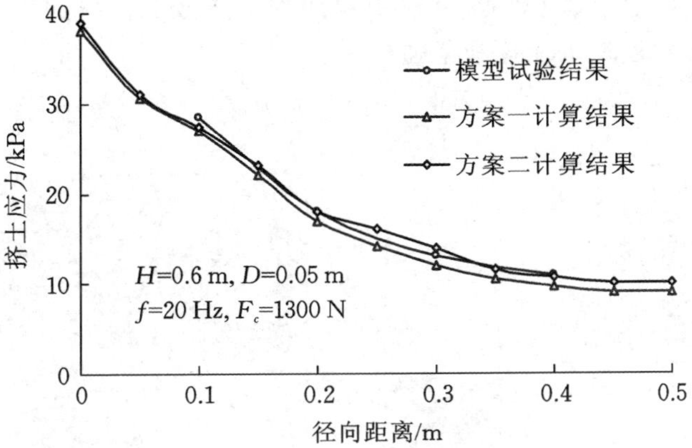

图 3.34　挤土应力沿径向距离分布的计算结果与试验结果对比情况(深度 0.6 m 处)

图 3.35 描述了土塞高度随贯入深度的变化情况。模型试验结果与数值计算结果接近,管桩在浅层土体中贯入时,土塞高度增长速度较快;当管桩贯入深层土体时,土塞高度增长速度变缓。方案一与方案二的计算结果差异较小,这是由于管桩内壁土塞受反射应力波的影响较小。

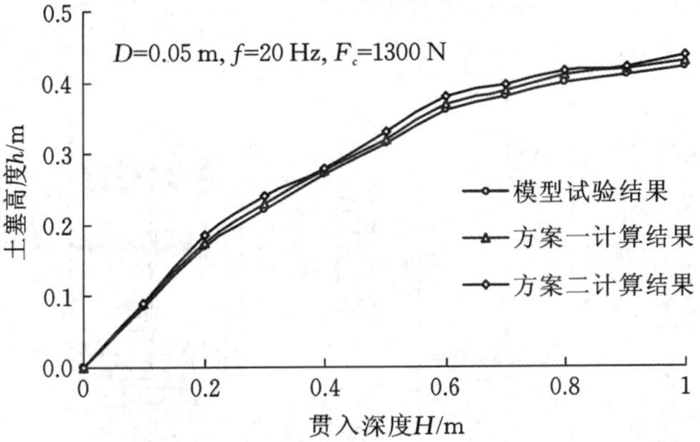

图 3.35　土塞高度随贯入深度的变化

3.7.2.2　土拱效应

图 3.36 为管桩高频振动贯入不同深度时,土塞底部土体竖向位移等值线。图中表明:(1)管桩贯入初期,土塞底部土体竖向位移未产生明显的土拱现象。这是由于管桩浅层贯入时,侧摩阻力较小,仅靠近管桩壁附近的土体受侧摩阻力作用并产生微小的剪切位移,但管桩轴心处土体未产生较大的位移[213]。(2)随着管桩继续贯入,内侧摩阻力增大,导致靠近管桩内壁的土塞沉降较大,产生环形位移拱,即管桩中心部分的土塞隆起量不是最大。Nicola 等[120]通过试验发现,管桩静压贯入过程中管端处土塞形成凸形拱。不同的是,管桩高频振动贯入过程中,管桩下沉时管桩壁拖带管壁周围土体下沉,管桩回程时管桩壁拖带管壁周围土体上升。管桩中心部分的土体受管壁拖带效应较弱,在管桩高频振动作用下产生沉降,其隆起量相对周围土体较小。进一步研究发现,随着管径增加,管桩端部的环形位移拱趋于平

缓，这是因为管径增大土拱效应减弱。(3)土塞底部土体竖向位移随贯入深度增加而增大，说明土拱效应随贯入深度增加而逐渐增强。

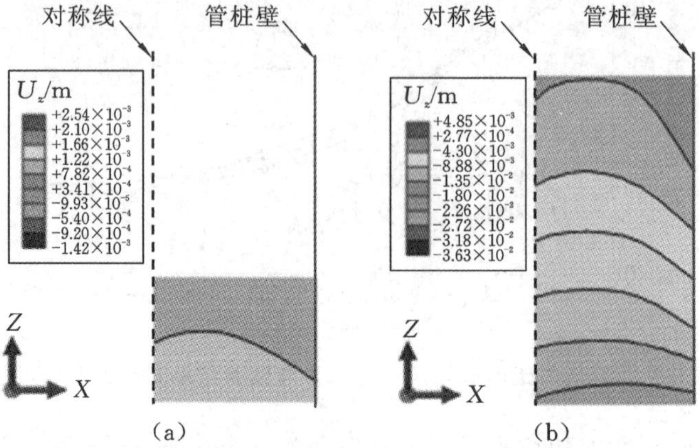

图 3.36　土塞底部土体竖向位移等值线

(a) 贯入 0.2 m；(b) 贯入 0.6 m

彩图 3.36

图 3.37 给出了管桩高频振动贯入不同深度时，土塞底部土体主应力等值面。竖向位移等值线与主应力等值面是土拱效应的两种表现形式。

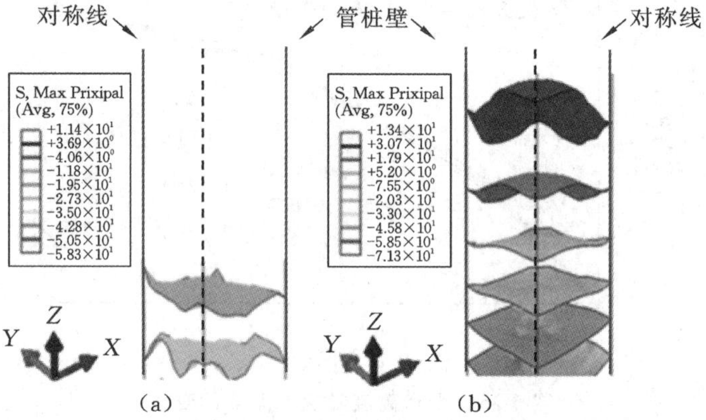

图 3.37　土塞底部土体主应力等值面

(a) 贯入 0.2 m；(b) 贯入 0.6 m

彩图 3.37

图 3.37 表明：(1)管桩贯入初始阶段，土塞底部土体主应力等值面基本呈平面分布，并没有产生明显的土拱现象。(2)随着管桩的不断贯入，土塞颗粒向下移动，管桩端部土体变得密实，产生环形应力拱。(3)在距离管端一定范围内的应力拱最为显著，此段土塞承担了内侧摩阻力的主要部分，且应力值随着贯入深度的增加而增大[214]。

3.8　小　　结

本章在饱和砂土地基和干砂地基中开展了一系列管桩振动贯入模型试验，对管桩振动贯入过程施工效应进行研究，分析了孔隙水压力、挤土应力、土塞效应和沉管速率的变化规律。然后对模型试验进行有效数值模拟，进而将结果推广，并分析了管桩振动贯入过程中管桩内土拱效应，得出以下结论：

（1）随着管桩贯入深度的增加，沿土层深度的挤土应力峰值基本呈现逐渐增大的趋势；挤土应力的影响范围主要集中在距离管桩中心半径为6倍管径的范围内；挤土应力随振动频率和管桩直径的增大而增大；由于饱和砂中孔隙水压力的存在，其挤土应力相较于干砂中的挤土应力大。

超孔隙水压力与挤土应力沿深度和径向距离变化规律相似；超孔隙水压力随管径和振动频率的增大而上升。

（2）采用土塞增长率描述土塞闭塞程度的变化是可行的。管桩振动贯入过程中剪切面土体在反复剪切作用下，土体强度降低，导致土塞处于不完全闭塞程度；随着管径增大，管内土塞受到的管壁约束减弱，土塞闭塞程度降低；饱和砂土地基中的土塞闭塞程度相较于干砂地基中的土塞闭塞程度低。

（3）振动频率对土塞闭塞程度的影响存在一门槛值。当振动频率小于某一值时，土塞闭塞程度随振动频率增大而减小；当振动频率达到一定值之后，振动频率对土塞闭塞程度的影响较小。

（4）管桩在饱和砂土地基中的贯入速度远比在干砂地基中的贯入速度大。可通过增强振动频率或降低管桩直径来提高贯入速度。

（5）选取合适的参数，有限元-无限元耦合模型能有效模拟管桩贯入过程。数值结果表明，管桩端部土塞形成环形土拱，导致内侧摩阻力显著增大，此段土塞承担了内侧摩阻力的主要部分。

4 高频振动沉桩数值模拟理论

4.1 概　　述

ABAQUS 是一种功能强大的有限元软件，可用于计算非线性问题，尤其在材料的弹塑性分析、大变形分析方面十分优异。对于岩土工程而言，其具有不同于其他领域的特点，而 ABAQUS 程序很好地契合岩土工程的特点：(1)ABAQUS 提供的无限元单元，能够很好地处理岩土工程数值分析中的边界问题。(2)ABAQUS 有大量本构模型可供选择，可真实描绘土体的应力应变特点。此外，ABAQUS 提供二次开发接口，用户可自由定义材料特性。(3)ABAQUS 具有强大的接触处理功能，能够模拟岩土工程中常涉及的土与结构的相互接触问题，如土与结构间的滑移或脱开等现象。(4)ABAQUS 处理复杂边界条件和载荷条件的能力完全满足岩土工程的要求，如其提供的无限元功能，就可模拟无穷远处的边界条件。(5)ABAQUS 提供专门的分析步处理岩土工程数值模拟中初始应力的作用，可准确灵活地建立初始应力状态。因此，采用 ABAQUS 能够解决大部分岩土工程问题，对岩土工程具有较强的适用性。

管桩高频振动贯入过程是一个非常复杂的岩土贯入问题，其涉及的初始地应力、边界条件、大变形等问题在岩土工程中都很重要，且不易解决。本章首先阐述了 ABAQUS 在岩土工程中应用的基础理论；接着介绍了岩土贯入的有限元处理思路；然后介绍了利用 ABAQUS/Explicit 建立管桩振动贯入三维数值分析模型的方法，以及利用 ABAQUS/Standard 建立砂土地基孔压数值分析模型的方法。

4.2 ABAQUS 基础

4.2.1 ABAQUS 软件产品

ABAQUS 软件体系主要由前后处理模块、通用分析模块、专用分析模块和与第三方软件的接口模块所组成。

4.2.1.1 前后处理模块

(1) ABAQUS/CAE

ABAQUS/CAE 提供了利用 ABAQUS 进行问题求解的交互式图形用户界面，具有强大的前、后处理功能，涵盖了有限元分析的各个步骤，如建立模型的几何形状、设定荷载及边界条件、考虑接触、网格划分、结果后处理。通过 ABAQUS/CAE 还可交互式提交任务进行计算，并可对计算过程进行监视和控制。计算结果可在后处理时用云图、曲线、动画等多种形式呈现，支持数据结果的输出。

(2) ABAQUS/Viewer

ABAQUS/Viewer 是 ABAQUS/CAE 的子模块，仅具有后处理功能，相当于 ABAQUS/CAE 中的 Visualization 功能模块。

4.2.1.2 通用分析模块

(1) ABAQUS/Standard

ABAQUS/Standard 是一个通用分析模块，可求解绝大多数线性和非线性问题，包括静力、动力、热传导、流体渗透/应力耦合分析等问题。

(2) ABAQUS/Explicit

ABAQUS/Explicit 采用显示动态有限元格式，适用于模拟短暂或瞬时动态问题，如冲击和爆炸荷载作用下的结构响应等。另外，ABAQUS/Explicit 在分析由于复杂接触条件导致的高度非线性问题时也十分有效，如板材锻压、冲压成型问题等。

4.2.1.3 专用分析模块

ABAQUS 提供了专用分析模块用于特定行业问题的分析，如专门用于模拟海岸结构的 ABAQUS/Aqua 模块(可模拟海上石油平台等遭受波浪荷载、风荷载和浮力荷载作用下的结构)，用于分析设计参数变化对结构相应影响的 ABAQUS/Design 模块等。

4.2.1.4 与第三方软件的接口模块

ABAQUS 提供的几何接口模块可与第三方 CAD 软件所生成的几何模型进行数据交换。目前支持的格式有 CATIA、Pro/ENGINEER、I-DEAS、Parasolid 等。

4.2.2 ABAQUS 的文件格式

在 ABAQUS 的前、后处理及运算过程中，ABAQUS 会产生一系列的文件。

(1) cae 文件

cae 文件是用户通过 ABAQUS/CAE 所生成的模型文件，只能通过 ABAQUS/CAE 打开。该文件包含了模型几何形状、材料特性、荷载条件、边界条件、网格划分等一系列数据。

(2) dat 文件

dat 文件通常包含了模型数据的检查信息，如边界条件设置有无重叠、网格质量是否满足要求、问题的计算规模、调用的内存大小等。另外，用户也可将计算结果输出到 dat 文件中。dat 文件可以用记事本或写字板等文本编辑工具打开。

(3) fil 文件

fil 文件是 ABAQUS 的计算结果文件，具体包含的结果数据可由用户自主控制。ABAQUS 用特定的格式对其进行读写操作，用户可以通过 ABAQUS 提供的实用程序获得相关信息。

(4) inp 文件

inp 文件是 ABAQUS 的计算输入文件,即任务文件,可以用记事本或写字板等文本编辑工具打开。它包含了计算所需的所有信息。

(5) lck 文件

lck 文件的存在是为了避免对结果数据库文件进行同时的写操作。当计算结束时或结果数据库文件关闭后,该文件自动消失。

(6) log 文件

log 文件是 ABAQUS 的日志文件,包含各模块的起始时间和终止时间信息。它可以用记事本和写字板等文本编辑工具打开。

(7) msg 文件

msg 文件包含了计算过程中的非常有用的信息,如各分析步的非线性计算收敛标准,各增量步的步长、迭代次数、迭代过程。

(8) odb 文件

odb 文件是 ABAQUS 的计算结果数据库文件。

(9) res 文件

res 文件是重启动文件。

(10) sta 文件

sta 文件是状态文件,可以用记事本或写字板等文本编辑工具打开。

(11) stt 文件

stt 文件是 ABAQUS 自动生成的临时文件,ABAQUS 会对其进行读写操作。

(12) rpy 文件

rpy 文件是 ABAQUS/CAE 建模过程中自动生成的文件,该文件包含了建模过程中的命令。

4.2.3 ABAQUS 的通用约定

(1) 自由度编号

除了轴对称单元,ABAQUS 中的自由度编号含义如下:

1:x 向位移。

2:y 向位移。

3:z 向位移。

4:绕 x 轴的转角,弧度。

5:绕 y 轴的转角,弧度。

6:绕 z 轴的转角,弧度。

8:孔隙压力。

对于轴对称单元,自由度变化含义如下:

1:r 向位移。

2：z 向位移。

5：绕 z 轴的转角，弧度。

6：r-z 平面内的转角，弧度。

8：孔隙压力。

(2) 坐标系

ABAQUS 中的默认坐标系是右手笛卡尔直角坐标系。

(3) 单位

在 ABAQUS 中，选择的单位是弧度，角度的单位是度。除此之外，ABAQUS 中并不限制物理量的具体单位。

(4) 时间

ABAQUS 中的时间度量有两种， 是分析步时间，从各分析步的起始开始计算；二是总的时间，起始为零，对除线性扰动分析之外的所有分析步进行累计。

(5) 应力

在定义材料本构关系时，ABAQUS 采用的是有效应力。

4.2.4　ABAQUS/CAE 基础

4.2.4.1　ABAQUS/CAE 的启动

在操作系统中，单击按钮“开始”“程序”“ABAQUS6.13-1”“ABAQUS/CAE”，即打开 ABAQUS/CAE 的启动界面，如图 4.1 所示。在启动界面上共有五个选项：

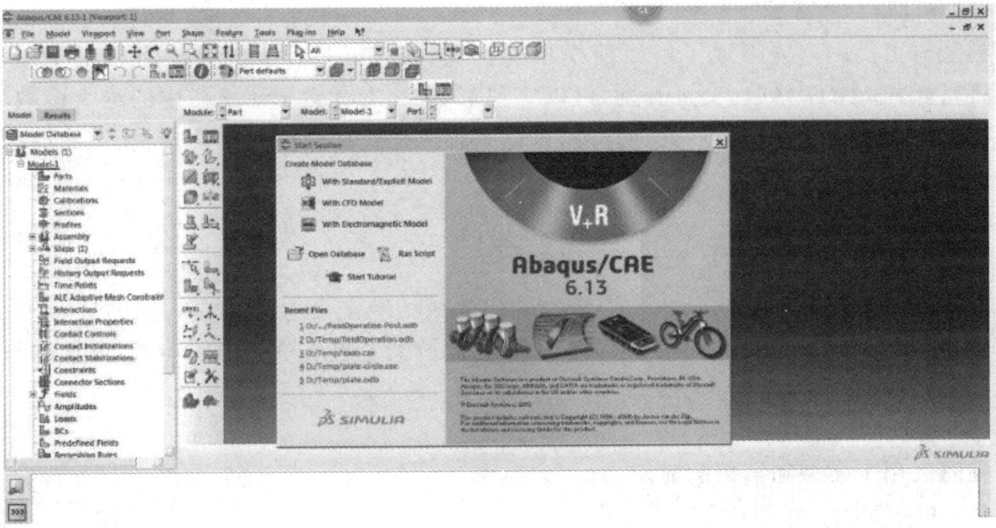

图 4.1　ABAQUS/CAE 的启动界面

(1) Create Model Database(创建模型数据库)：创建 ABAQUS/CAE 环境下的模型数据库，开始新的分析。创建模型数据库有三种类型：With Standard/Explicit Model 数据类型用于建立隐式或显式求解问题；With CFD Model 数据类型用于建立计算流体力学求解问题；With Electromagnetic Model 数据类型用于建立电磁场求解问题。

(2) Open Database(打开数据库)：打开已经存在的模型数据库文件或输出数据库文件。

(3) Run Script(打开手稿)：运行用 Python 脚本语言编写的包含 ABAQUS/CAE 命令的文件。

(4) Start Tutorial(开始指南)：启动在线帮助指南。

(5) Recent Files(最近文件)：直接进入最近使用过的文件。

4.2.4.2 ABAQUS/CAE 主界面的构成

启动 ABAQUS/CAE 后，即进入 ABAQUS/CAE 的用户界面(图 4.2)，该界面各构件介绍如下：

(1) 标题栏

标题栏显示当前的 ABAQUS/CAE 版本和模型数据库名称。

(2) 菜单栏

菜单栏与当前的模块功能相对应，包含该功能模块中的所有功能。

(3) 工具栏

工具栏提供了菜单功能的快捷访问方式。

(4) 环境栏

环境栏中包含 1～3 个列表，Module(模块)列表用于切换各功能模块；其他的列表与当前的功能模块相对应，分别用于切换 Model(模型)、Part(部件)、Step(分析步)、Odb(结果文件)和 Sketch(草图)。

(5) 模型树/结果树

模型树可使用户清晰地了解当前模型的构成，并且通过模型树功能可以对 ABAQUS 模型进行操作、创建/修改、交互查询，可以实现菜单栏、工具栏和环境栏中的绝大多数功能。结果树使用户能方便地进行后处理管理，可以实现可视化功能模块中菜单栏、工具栏和环境栏的绝大多数功能。

(6) 画布

画布用于摆放视图。

(7) 工具区

工具区列出与各功能模块相对应的工具，包含了大多数菜单栏中的功能，方便用户选择使用。

(8) 视图区

视图区用于模型和结果的显示。

(9) 提示区

在用户进行某一具体操作时，提示区会显示相应的提示信息。

(10) 信息区/命令行接口

信息区中会显示状态信息和警告。信息区和命令行接口共享同一位置。利用 ABAQUS/CAE 内置的 Python 编译器，用户可以使用命令行接口键入 Python 命令和数学计算表达式。

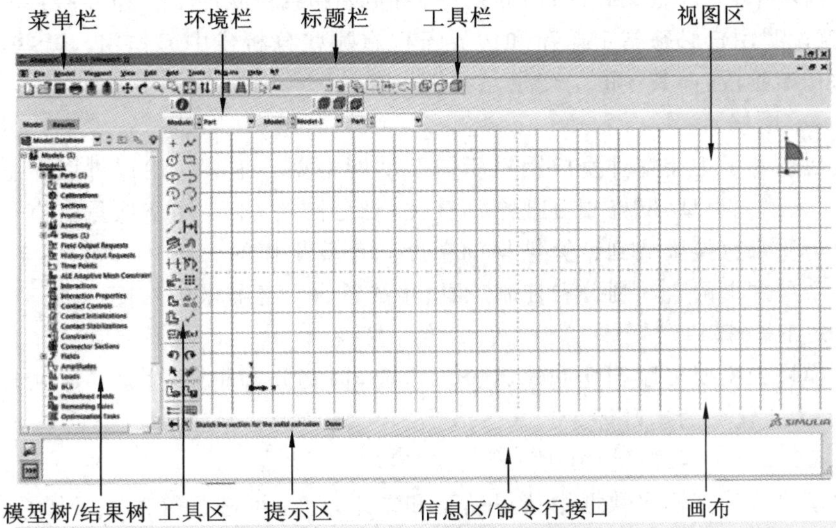

图 4.2 ABAQUS/CAE **的用户界面**

4.2.4.3 ABAQUS/CAE 的功能模块

有限元分析流程一般包括前处理、计算、后处理等几个步骤,ABAQUS/CAE 通过相应的功能模块实现相关操作。

(1) Part(部件)模块

部件是 ABAQUS/CAE 创建几何模型的"积木",用户在 Part 模块中创建部件后,可在 Assembly 模块中把它们组装起来生成实体。ABAQUS/CAE 中的有限元模型由一个或多个部件组成。

(2) Property(性质)模块

整个部件中的任意一个部分的特征,如与该部分有关的材料性质定义和截面几何形状,包含在截面定义中。在该模块下,用户可以定义截面和材料,并将它们赋予部件的某一部分。

(3) Assembly(装配)模块

用户需应用装配模块创建部件的实体,并将一个或多个实体按照一定的规则装配在总体坐标系中,从而构成配件。

(4) Step(分析步)模块

用户可以应用分析步模块生成和构建分析步,并与输出需求联系起来。分析步序列给模拟过程的变化提供了方便的途径。可以根据需要,在分析步之间更改输出变量。

(5) Interaction(相互作用)模块

在该模块中,用户可指定模型各区域之间或者模型的一个区域与周围环境之间的热力学或者力学方面的相互作用,如两个物体的接触等。相互作用不仅指接触,还包括各种约束,如绑定约束、刚体约束。

(6) Load(载荷)模块

在载荷模块中,可以定义载荷、边界条件、场变量和载荷状况等。边界条件和载荷、分析步有关,这就说明用户必须指定载荷和边界条件在哪些分析步中起作用。某些场变量仅作用于分析的初始阶段,而其他的场变量与分析步有关。

(7) Mesh(网格)模块

网格模块包含了为装配件生成网格所需要的网格划分工具。用户可以布置网格种子;设置单元形状、单元类型、网格划分技术和算法;划分网格;检验网格质量。有限元计算中,网格的数目与质量直接影响到计算结果的精度和计算规模的大小。因此,用户要合理利用所提供的各个层次上的自动划分和控制工具,生成符合自己需求的网格。

(8) Job(任务)模块

在任务模块中主要可以创建和编辑分析作业,提交分析作业,生成 inp 文件,监控任务的运行状态,中止任务的运行等。

(9) Visualization(可视化)模块

可视化模块从计算输出数据中获得模型和结果信息,可进行等值线云图、矢量图、网格变形图、XY 曲线图等多种形式的结果后处理,并可将结果导出到外部数据文件中,供用户采用其他软件处理。

(10) Sketch(草图)模块

通过草图模块可以生成轮廓线或由外部文件导入生成二维轮廓线。草图可以直接用来定义一个二维部件,也可通过将其拉伸、扫掠或者旋转定义一个三维部件。

4.3 岩土工程常用单元

ABAQUS 单元库十分细化,也十分丰富,其为用户解决不同领域的问题提供了大量支撑。用户在划分有限元网格时可以有多种选择。由于不存在能够解决所有问题的完美网格,如何根据实际的工程问题和计算需求,选择合适的网格,是创建 ABAQUS 有限元模型的重要内容。

4.3.1 实体单元

实体单元可以看成是将物体在空间划分成若干小块区域,在有限元分析中,这些区域通过节点与实体的其他部分相连。一般而言,任何形状的物体都可以用实体单元进行网格划分。在 ABAQUS 中应力/位移实体单元的名字以字母“C”开头。随后的两个字母表示单元的维数。所有的实体单元必须赋予截面性质,它定义了材料性质和与单元相关的附加几何数据。三维单元和轴对称单元是不需要附加几何信息的,节点坐标就能够完整地定义单元的几何形状。而平面应力和平面应变单元则必须指定单元的厚度。

实体单元族有若干可选择的数学公式,主要包括非协调模式单元和杂交单元。(1)非协调模式单元。非协调模式单元在四边形或六面体一阶单元中引入了一个反映单元变形梯度的附加自由度,从而将原先在单元内部的常变形梯度提升为线性变化的变形梯度,可较好地模拟完全变形。仅在 ABAQUS/Standard 中有非协调模式单元，其目的在于克服线性完全积分单元中的剪切自锁问题。(2)杂交单元。不可压缩材料或近似不可压缩材料采用常规单元模式确定平均压应力的附加自由度。在 ABAQUS/Standard 中，除平面应力单元之外，其余实体单元都有相应的杂交单元，杂交单元在它的名字中含有字母“H”。

4.3.2 梁单元

如果一个构件横截面的尺寸远小于其轴向尺度，并且沿长度方向的应力是最重要的因素，就可以用梁单元进行模拟。在岩土工程中，梁单元可用来模拟桩或其他结构构件。在 ABAQUS 中梁单元的名字以字母“B”开头。下一个字符表示单元的维数：“2”指的是二维梁单元，“3”指的是三维梁单元。第三个字符表示插值的阶数：“1”表示线性插值，“2”表示二次插值，“3”则表示三次插值。

在 ABAQUS 中，梁单元是梁柱类单元，即可以产生轴向变形、弯曲变形和扭转变形。选择梁单元时应遵循以下原则：(1)在任何包含接触的问题中，应使用 B21 或 B31 单元。(2)如果横向剪切变形很重要，则应采用 B22 和 B32 单元。(3)在 ABAQUS/Standard 的几何非线性模拟中，如果结构非常刚硬或非常柔软，应使用杂交单元，如 B21H 和 B32H。(4)如果在 ABAQUS/Standard 中模拟具有开口薄壁横截面的结构，应使用基于横截面翘曲理论的梁单元，如 B31OS 和 B32OS。

4.3.3 杆单元

杆单元是只能承受拉、压轴向荷载的细长构件。它们不能承受弯矩，通常可以用来模拟桁架结构，也可以近似模拟线缆和弹簧等。岩土工程中可利用杆单元模拟锚索、锚杆和土钉等弯矩可以忽略的构件。所有杆单元的名字都以字母“T”开头。随后的两个字符表示单元的维数，如“2D”表示二维杆单元，“3D”表示三维杆单元。最后一个字符表示单元中的节点数。

4.3.4 管土相互作用单元

管土相互作用单元专门用于深埋管线和周围土体的相互作用问题，简化了管线与土体接触面的模拟，在实际应用中效果很好。管土相互作用单元(简称 PSI 单元)，是主要用来模拟地下管线与周围土体之间相互作用的一个特殊单元。PSI 单元的一侧与管线共用节点，而另一侧节点代表土体表面。管土相互作用单元将管土的接触面性质和土体的变形特性综合起来考虑，避免设置管、土之间的接触面，简化了分析过程。PSI 单元只负责模拟管线和土体之间的相互作用，管线本身还要划分单元，通常采用梁单元、管单元或弯管单元。另外，PSI 单元并不实际划分管线周围的土体，土体的范围通过管土相互作用单元的刚度来反映。PSI 单元中没有包括周围土体密度的影响。在实际分析中，用户可以在相应节点上布置集中质量来模拟土体的惯性效应。

4.4 土体本构模型

土体的应力应变关系是很复杂的，通常具有非线性、弹塑性、剪胀性和各向异性等。迄今为止，学者们所提出的土体本构模型都只能模拟某种加载条件下某类土的主要特性，没有一种本构模型能全面地、正确地表示任何加载条件下各类土体的本构特性。另一方面，经验表明有些模型理论上虽然很严密，但往往由于参数取值不当，从而使计算结果可能会出现一些不合理的现象；相反，有些模型尽管形式简单，但常由于参数物理意义明确，容易确定，计算结果反而较为合理。因此，在选择本构模型时，通常在精确性和可靠性之间找到一个平衡点，即本构模型既要能反映所关心的土体某方面的特征，又要便于测定参数，这两方面忽略哪一个都是不合适的。

4.4.1 土的应力应变特性

土是岩石风化而成的碎散矿物颗粒的集合体，它一般含有固、液、气三相。土在形成的漫长地质过程中，由于受风化、搬运、沉积、固结和地壳运动的影响，其应力应变关系十分复杂，并且与诸多因素有关。土的主要应力应变特性是非线性、弹塑性和剪胀性，主要的影响因素是应力水平、应力路径和应力历史。

4.4.1.1 土应力应变关系的非线性

由于土由碎散的固体颗粒组成，土的宏观变形主要不是土颗粒本身变形，而是颗粒间位置的变化。这样在不同应力水平下由相同应力增量而引起的应变增量就不会相同，亦即表现出非线性。常规三轴压缩试验表明，正常固结黏土和松砂的应力随应变增加而增加，但增加速率越来越慢，最后趋于稳定；而在密砂和超固结土的试验中，应力一般是开始时随应变增加而增加，达到一个峰值之后，应力随应变增加而下降，最后趋于稳定。在塑性理论中，前者称为应变硬化，后者称为应变软化。应变软化过程实际是一种不稳定过程，常伴随着应变的局部化——剪切带的出现，其应力应变曲线对一些影响因素比较敏感。而且其应力应变间不成单值函数关系，所以反映土的应变软化的数学模型一般形式比较复杂，也难以准确反映这种应力应变特点；此外，反映应变软化的数值计算方法也有较大难度。

4.4.1.2 土的剪胀性

由于土是碎散的颗粒集合，在各向等压或等比压缩时，孔隙总是减少的，从而可发生较大的体积压缩，这种体积压缩大部分是不可恢复的。在三轴试验中，对于密砂或超固结黏土，偏差应力的增加引起了轴应变的增加，但除开始时试样有少量体积压缩外，随后还发生明显的体胀。在常规三轴压缩试验中，平均主应力增量在加载过程中总是正的，所以不可能是体积的弹性回弹，只能是由剪应力引起的，这种由剪应力引起的体积变化称为剪胀性。广义的剪胀性指剪切引起的体积变化，既包括体胀，也包括体缩。土的剪胀性实质上是由于剪应力引起土颗粒间相互位置的变化，使其排列发生变化，加大颗粒间的孔隙，从而发生体积变化。

4.4.1.3 土体变形的弹塑性

对于结构性很强的原状土，如很硬的黏土，可能在一定的应力范围内，它的变形几乎是“弹性”的，只有到一定的应力水平时，它才会产生塑性变形。一般土在加载过程中弹性和塑性变形几乎是同时发生的，没有明显的屈服点，所以土亦称为弹塑性材料。土在应力循环过程中一般不会恢复到原来的应变状态，其中有部分应变是可恢复的，部分应变是不可恢复的塑性应变，并且后者往往占很大比例。因此，每一次应力循环都有可恢复的弹性应变和不可恢复的塑性应变。

4.4.1.4 土的流变性

对于黏性土，其应力应变强度关系与时间有关，这包括两个方面：一是土体的固结；二是其流变性。与土的流变性有关的现象是土的蠕变与应力松弛。所谓蠕变是指在应力状态不变的条件下，应变随时间逐渐增长的现象；应力松弛是指维持应变不变，材料内的应力随时间逐渐减小的现象。在侧限压缩条件下，由于土的流变性而发生的压缩称为次固结，长期的次固结可以使土体不断加密，而使正常固结土呈现出超固结土的特性。

4.4.2 Mohr-Coulomb 模型

ABAQUS 中对于土体材料弹塑性的定义，是通过弹性模型和塑性模型分别定义弹塑性本构关系的弹性和塑性部分。弹性模型包括线弹性模型和多孔介质弹性模型。而塑性模型则可分为修正剑桥模型、摩尔库伦模型、扩展的 Druker-Prager 模型和修正 Druker-Prager 盖帽模型等。

土体的应力应变关系非常复杂，选取的本构模型既要便于测定参数，同时还需保证其能充分反映土体的特性。ABAQUS 提供的 Mohr-Coulomb 模型参数取值容易，且与土体的物理性质明确相关，在岩土工程中应用非常广泛[215]。Mohr-Coulomb 模型可用来模拟岩土贯入过程中单调荷载作用下材料的特性，且其模型所需参数也便于得到。主要参数包括：摩擦角 φ、剪胀角 ψ、黏聚力 c、塑性应变 ε_{pl} 等。其中 π 平面上的离心率 e 和子午面上的偏心率 ε 一般无须变动。

4.4.2.1 屈服面

Mohr-Coulomb 模型的屈服面函数为

$$F = R_{mc}q - p\tan\varphi - c = 0 \tag{4.1}$$

式中 φ——p-$R_{mc}q$ 应力面上屈服面的倾斜角，取决于温度和预定义场变量，$0° \leqslant \varphi \leqslant 90°$；

c——材料的黏聚力；

p——等效压应力；

q——Mises 等效应力。

$R_{mc}(\theta,\varphi)$表达式为

$$R_{mc}(\theta,\varphi)=\frac{1}{\sqrt{3}\cos\varphi}\sin\left(\theta+\frac{\pi}{3}\right)+\frac{1}{3}\cos\left(\theta+\frac{\pi}{3}\right)\tan\varphi \tag{4.2}$$

式中 θ——极偏角。

图 4.3 为 Mohr-Coulomb 屈服面在子午面和 π 平面上的形状。从图中可以对比 Mohr-Coulomb 屈服面与 Tresca 屈服面、Drucker-Prager 屈服面、Mises 屈服面在子午面和 π 平面的相对关系。

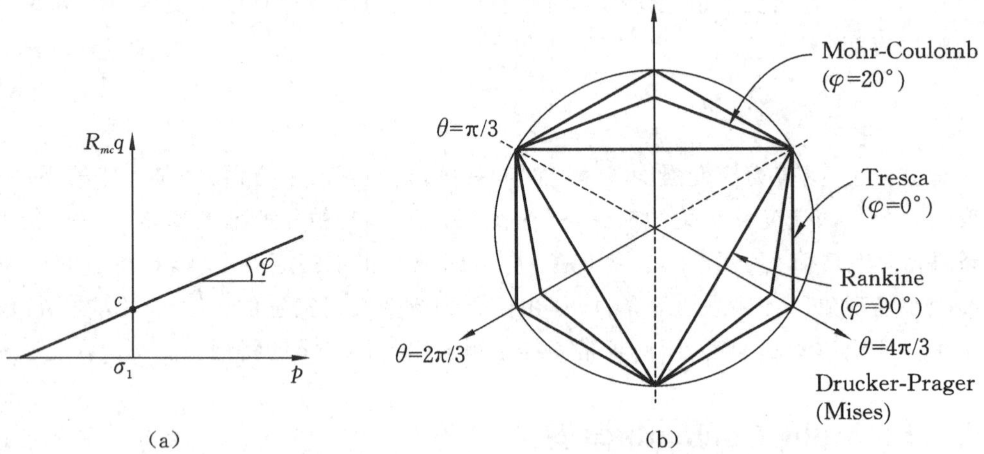

图 4.3 Mohr-Coulomb **模型中的屈服面**

(a) 子午面；(b) π 平面

4.4.2.2 塑性势面

图 4.4 可看出 Mohr-Coulomb 屈服面存在尖角，如果在数值建模过程中塑性势面与屈服面相同，将引起塑性流动方向不确定，从而导致数值求解过程复杂，甚至计算不收敛。采用非关联流动法则，能很好地处理屈服面存在尖角的问题，其形状在子午面上是双曲线，在 π 平面上是椭圆，其塑性势面函数为

$$G=\sqrt{(\varepsilon c|_0\tan\psi)^2+(R_{mw}q)^2}-p\tan\psi \tag{4.3}$$

其中

$$R_{mw}(\theta,e,\varphi)=R_{mc}\left(\frac{\pi}{3},\varphi\right)\cdot\frac{4(1-e^2)\cos^2\theta+(2e-1)^2}{2(1-e^2)\cos\theta+(2e-1)\sqrt{4(1-e^2)(\cos\theta)^2+5e^2-4e}} \tag{4.4}$$

$$R_{mc}\left(\frac{\pi}{3},\varphi\right)=\frac{3-\sin\varphi}{6\cos\varphi} \tag{4.5}$$

式中 ψ——剪胀角；

$c|_0$——初始黏聚力；

ε——子午线上的偏心率，一般取为 0.1；

e——π 平面上的偏心率。

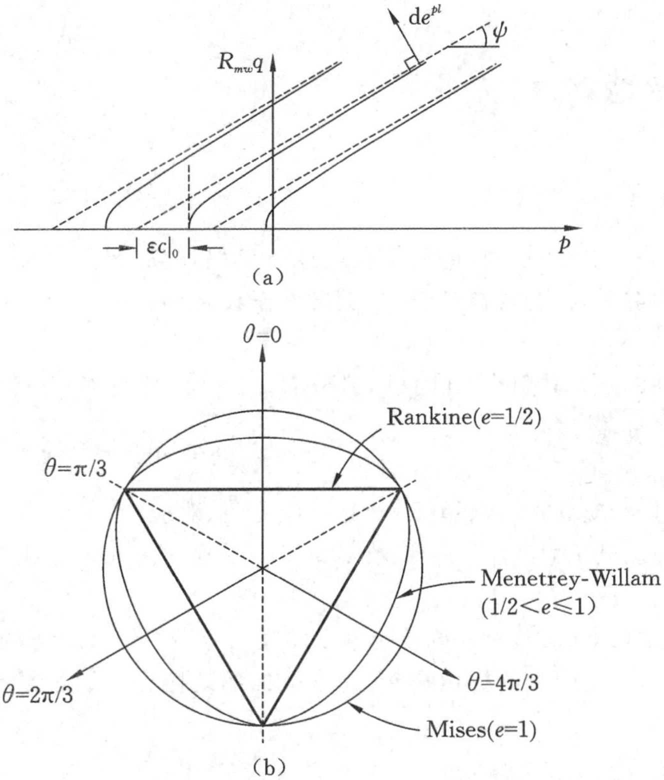

图 4.4 Mohr-Coulomb 模型中的塑性势面

(a) 子午面；(b) π 平面

4.4.2.3 Mohr-Coulomb 模型的使用注意事项

(1) ABAQUS 中的 Mohr-Coulomb 模型可以考虑硬化和软化，通过控制黏聚力的大小来实现，但是在运用过程中必须指定好黏聚力与等效塑性应变之间的变化关系。

(2) Mohr-Coulomb 模型需要和线弹性模型联合使用，而且在计算的过程中必须采用非对称求解器(因为其采用了非关联的流动法则)，否则计算结果可能不收敛。

(3) 除了一维单元和平面应力类单元外，Mohr-Coulomb 模型可用于 ABAQUS/Standard 中的任何具有位移自由度的单元。

(4) Mohr-Coulomb 模型中的黏聚力必须大于 0，而对于砂土等材料，由于 ABAQUS 中规定必须设置黏聚力，因此计算砂土模型时适当的选取一较小值即可。

(5) 剪胀角的取值必须慎重，一些分析人员喜欢将其选为与摩擦角相同，这意味着在剪切过程中会产生无限制的体积膨胀现象，与土体实际性状并不吻合。

4.5 岩土贯入问题的理论基础

4.5.1 初始地应力

4.5.1.1 初始地应力设定

岩土工程数值分析中，构筑物(地面工程或地下工程)的稳定性以及工程构筑区域的稳定性(地震及近期构造活动)能否得到解决，关键在于设定的初始地应力场是否符合实际工程地质情况[216]。

如果地表水平、土体材料各向同性，ABAQUS 中初始地应力的设定可通过 Edit keywords 编辑关键词语句

* initial conditions，type＝stress，geostatic

在接下来的数据行应分别给出单元号、起点应力值、对应坐标、终点应力值、对应坐标、侧压力的第一个系数、侧压力的第二个系数。为每个单独的单元编号或单元集合都应输入这样的一个数据行。

初始地应力就是自重应力，只需要给定两点的竖向应力值及其对应的坐标值，其他部位的竖向应力值就可以通过两点的插值得到，而水平向的地应力则通过竖向应力乘以侧压力系数得到。

4.5.1.2 平衡初始地应力

在模拟岩土贯入问题时，平衡初始地应力应符合以下条件：(1)平衡条件——外荷载与等效节点荷载平衡；(2)屈服条件——高斯点的应力不能位于屈服面外。

在 ABAQUS/Standard 中平衡初始地应力的方法：采用 Geostatic 分析步作为平衡分析步，任何对初始地应力有影响的荷载都应该通过该分析步定义。在 Geostatic 分析步中，初始时间增量和总时间是相同的。如果初始地应力能够实现平衡，该分析步将在一个增量步中收敛，计算值能够符合平衡条件和屈服条件，可以保证各节点的初始位移近似为 0。

在 ABAQUS/Explicit 中平衡初始地应力的方法：首先，设置一个时间很短的初始分析步，在该分析步中定义对初始地应力有影响的荷载；然后，所有节点上设置固定约束；最后，在平衡初始地应力分析步中，为保证模型边界条件符合实际情况，解除节点上的多余约束。

4.5.2 边界问题

在岩土工程中，常常会遇到在无限大的地基上计算某一结构变形与应力的问题。此时就需要把有限元与无限元结合起来处理这类近场与远场同时存在的问题。与边界元、半解析法等方法比较，无限元方法的突出优点是无需涉及解析解表达式，使无限元成为有限元的一部分，可以给出统一的求解格式。实际问题的边界条件往往较复杂，难以给出解析解或基

本解，所以无限元与有限元的结合成为岩土工程计算中最有效的方法之一。

管桩高频振动贯入可归结为近场波动问题。管桩及近场地基土层中波动是我们所关心的；至于远场地基土层中波动，我们对其细节不感兴趣。因此，采用有限元与无限元耦合模型模拟管桩高频振动贯入过程是十分合适的方法[217]。

4.5.2.1 无限元基本原理

虽然远场地基土层中的波动具有非线性，但针对岩土工程问题而言，我们主要研究的是波动对近场地基土层的影响，故采用线性假定是合理的。事实上，真正的无限大并不存在，无限元本身也是一种抽象。比如在分析结构响应时，常常把距结构一定距离之外的地球简化为水平或成层弹性半空间，这一简化显然与实际情况相距甚远。但是我们却认为这一简化是合理的，因为就所研究的结构尺寸及其动力反应的量值而言，无需去考虑地球的有限性；同时，远场介质所激发的返回近场的散射波，因为几何扩散和介质吸收的效应，对近场的波动所产生的影响微乎其微，可以忽略不计。应当讲，无限元与有限元的结合模型是抓住了外部环境影响近场波动的主要方面，从而使问题获得简化和合理的数学表述，无限元与有限元的结合，使我们对岩土工程中动力响应问题的提法为：在结构和无限域构成的系统中，研究结构及其邻近地基介质中由给定的动载产生的波动。动载荷可以直接作用在结构上，也可以是来自地基无限域中的入射波。

一旦用无限元与有限元的方案建立了结构与外部无限域的力学模型，近场波动问题就归结为偏微分方程的初始值问题，为运用有限元法求解创造了条件。

在用直接积分法进行动力响应分析和用频域分析进行动力响应分析时，无限元都提供了有限元的“静态”边界。这意味着无限元保留了有限元/无限元交界上分析开始时的静力状态。但实际上，在动力分析过程中，有限元/无限元交界不可能保持不变，所以无限元应当提供交界面上法向与切向的变化规律，可行的办法是这些变化与交界上的速度相关。即无限元的动力响应与穿越交界的平面波相关，这个想法并不复杂。

在动力分析中假定无限元材料为线性，得到平衡方程为

$$-\rho\ddot{u}+E\frac{\partial^2 u}{\partial x^2}=0 \tag{4.6}$$

式中 ρ——密度；

E——弹性模量；

x——轴向坐标。

上式解答为

$$u=f(x\pm ct) \tag{4.7}$$

式中 $c=\sqrt{E/\rho}$——波速；

t——时间。

假设无限元与有限元的分界处为 $x=L$，但波传导至分界位置时，波的形式为 $u=f_1(x-ct)$；反射波的形式则为 $u=f_2(x+ct)$。则边界上的应力为

$$\sigma=E\frac{\partial u}{\partial x}=E(f_1'+f_2') \tag{4.8}$$

在边界上设置一个阻尼边界条件

$$\sigma=-d\frac{\partial u}{\partial t}=-d(-cf_1'+cf_2') \tag{4.9}$$

为了避免在边界上产生反射现象，则有

$$E(f_1'+f_2')+d(-cf_1'+cf_2')=0 \tag{4.10}$$

由于不存在反射波，所以 $f_2=0,f_2'=0$，从上式可解得

$$d=\rho c \tag{4.11}$$

选择恰当的边界阻尼器参数，能够把传播至有限元与无限元分界面上的波吸收掉，实现无放射波的数值模拟。

随后，Lysmet 与 Kuhlemeyer 把吸收边界波的方法应用于三维有限元模型中，将法向阻尼 d_p 和切向阻尼 d_s 设置在边界上，其表达式为

$$d_p=\rho\sqrt{\frac{\lambda+2G}{\rho}} \tag{4.12}$$

$$d_s=\rho\sqrt{\frac{\lambda}{\rho}} \tag{4.13}$$

式中 ρ——密度；

λ,G——介质的拉梅常数。

4.5.2.2 无限元使用方法

ABAQUS/CAE 中只能定义声学无限元截面，其他无限元截面只能在 inp 文件中进行。定义截面特性的关键词语句为

* solid section，elset＝name，material＝name

由于 ABAQUS/Explicit 中无限元的材料属性必须与其相邻的有限元材料的线性特性相同。关键词 material 指定的无限元材料，只能为线性材料。同时无限元设置初始应力时，必须将第一个分析步设置为 Geostatic 类型。

4.5.3 岩土贯入大变形问题

4.5.3.1 ALE 方法的发展

管桩高频振动贯入过程是一个非常复杂的结构与土体相互作用的力学过程，不仅涉及高频振动与挤压对周围土层的强烈扰动作用，还涉及桩壁与土体间的高频反复剪切与滑移，管桩周围土体产生大变形。采用常规有限元模拟管桩高频振动贯入过程时，容易出现桩周附近土体大变形、网格高度扭曲和边界条件改变明显等数值计算问题，导致计算结果不精确，甚至计算不收敛[202]。

许多学者针对岩土贯入大变形问题进行了研究。Van[218]较早采用 Eulerian 有限元法模拟桩贯入土体。但 Eulerian 单元在处理移动边界和桩土相互作用的问题上受到较大限制。Feng[184]利用 FLAC 有限差分程序建立桩振动贯入的二维模型，分析了土体条件、振动

锤参数和桩体参数对振动沉桩过程的影响。有限差分单元材料可以采用线性或非线性本构模型，当材料发生屈服流动后，网格能够相应发生变形和移动，从而避免了网格扭曲问题。由于有限差分法无需反复迭代实现非线性本构关系，其在分析大变形问题时比有限元更具优势。但 FLAC 有限差分程序的前处理功能较弱，建立复杂三维模型较为困难。

近年来，任意拉格朗日-欧拉方法（Arbitrary Lagrangian-Eulerian，ALE）被发现是处理大变形网格扭曲问题的有效方法。ALE 方法最早是由 Noh[219] 根据“混合欧拉-拉格朗日”方法提出的，并用于模拟流体力学的自由面和边界条件运动。随后，该法被分别应用于解决二维和三维流体问题[220,221]。Belytschko 等[222]首次将 ALE 方法嵌入有限元程序中，解决了核安全分析中常见的流固耦合问题。Hughes 等[223]结合运动学理论，提出了适用于考虑黏性不可压缩流体的有限元程序。随着 ALE 理论不断发展，ALE 方法逐渐应用于固体力学的大变形问题。近年来，ALE 方法普遍用于解决岩土工程问题。Hu 等[224]提出了 ALE 方法的土体大变形数值程序，该程序结合了传统小应变有限元方法与自动网格划分技术。Walker 等[225]采用 ALE 有限元方法，对静力触探试验（CPT）进行数值分析。结果表明，ALE 方法能真实地反映圆锥贯入时土体的变形情况，可用于分析岩土贯入问题。Nazem 等[226,227]基于 ALE 有限元原理，提出了一种新的网格优化技术，并成功地应用于求解土体固结、渗透问题。Henke 等[141]利用 ALE 有限元方法，对开口管桩振动贯入过程中土塞效应进行研究。Sheng 等[228]分别采用 ALE 法和拉格朗日（Updated Lagrangian，UL）法分析桩的贯入过程。与 UL 法相比，ALE 法对于处理桩贯入过程土体单元网格畸变问题更加有效，计算成本也相对较低。Ekanayake 等[98]采用 ALE 有限元方法，研究了振动打桩过程中地面振动规律。由于 ALE 方法吸取了拉格朗日法和欧拉法的优点，并且避免了常规有限元中拉格朗日法的网格畸变问题，能更好地模拟管桩高频振动贯入过程。

4.5.3.2　ALE 方法的原理

任意拉格朗日-欧拉（ALE）法是基于算子分裂技术建立的[228]，并通过更新的拉格朗日步建立基本平衡方程。

(1) 更新的拉格朗日解

根据虚功原理，如果虚位移 δu 满足位移边界条件，建立平衡方程

$$\sum_{\alpha}\Big(-\int_{V_\alpha}\sigma_{ij}\delta\varepsilon_{ij}\,\mathrm{d}V+\int_{V_\alpha}\delta u_i b_i\,\mathrm{d}V+\int_{S_\alpha}\delta u_i q_i\,\mathrm{d}S\Big)+\int_{S_c}(t_N\delta g_N+t_T\delta g_T)\,\mathrm{d}S=0 \tag{4.14}$$

式中　$\delta\varepsilon$——虚位移引起的应变张量的变量；

σ——Cauchy 应力张量；

b——体力矢量；

q——施加在体积 V_α 边界 S_α 上的分布力；

t_N，t_T——接触面 S_c 上的法向力和切向力；

δg_N，δg_T——虚法向间隙和虚切向间隙。

对于非线性问题，假设分析从 0 时刻开始，t 时刻所有的状态变量都满足增量形式的平衡方程

$$\sum_{\alpha}\int_{V_\alpha^{t+\Delta t}}\sigma_{ij}^{t+\Delta t}\delta\varepsilon_{ij}\,\mathrm{d}V=R^{t+\Delta t}+C^{t+\Delta t} \tag{4.15}$$

式中　R——体力对体积 $V^{t+\Delta t}$ 积分和面力对面积 $S^{t+\Delta t}$ 积分产生的虚功；

C——接触力对接触面 $S_c^{t+\Delta t}$ 积分产生的虚功；

$t+\Delta t$——代表测量的时间。

式(4.15)中的组态($V^{t+\Delta t}$和 $S^{t+\Delta t}$)是未知的，需转换为一个已知的组态，通常采用第二 Piola-Kirchhoff 应力 σ 和 Green-Lagrangian 应变 ε 来消除刚体运动对 Cauchy 应力张量的影响。对于大滑移接触问题，接触约束是采用当前的组态来描述，更新的拉格朗日方程更适合该类接触问题。然而，在岩土材料本构关系中，第二 Piola-Kirchhoff 应力 σ 和 Green-Lagrangian 应变 ε 的应力-应变关系难以实现，则将 Cauchy 应力率分解为一个与应变有关的构架独立的应力率(Jaumann 应力率)和一个与刚体运动有关的应力率，即

$$\mathrm{d}\sigma_{ij}^{J}=\mathrm{d}\sigma_{ij}-\sigma_{ik}\mathrm{d}\Omega_{kj}-\sigma_{jk}\mathrm{d}\Omega_{ki}=C_{ijkl}\mathrm{d}\varepsilon_{kl} \tag{4.16}$$

$$\Omega_{ij}=\frac{1}{2}\left(\frac{\partial u_i}{\partial X_j}-\frac{\partial u_j}{\partial X_i}\right) \tag{4.17}$$

式中　C_{ijkl}——Cauchy 应力和线性应变组成的应力应变张量；

Ω——旋转张量。

将式(4.16)代入式(4.15)，则基于 Jaumann 应力率的 UL 法平衡方程为

$$\begin{aligned}&\int_{V^t}C_{ijkl}\mathrm{d}\varepsilon_{kl}\delta(\mathrm{d}\varepsilon_{ij})\mathrm{d}V^t+\int_{V^t}\sigma_{ij}^{t}\delta(\mathrm{d}\eta_{ij})\mathrm{d}V^t+\int_{V^t}(\sigma_{ik}^{t}\mathrm{d}\Omega_{kj}+\sigma_{jk}^{t}\mathrm{d}\Omega_{ki})\delta(\mathrm{d}\varepsilon_{ij})\mathrm{d}V^t\\&=R^{t+\Delta t}+C^{t+\Delta t}-\int_{V^t}\sigma_{ij}^{t}\delta(\mathrm{d}\varepsilon_{ij})\mathrm{d}V^t\end{aligned} \tag{4.18}$$

式中　$\delta(\mathrm{d}\eta)$——增量 Green-Lagrangian 应变张量非线性部分的变量。

公式左边第一项为材料非线性，第二项和第三项为几何非线性。

(2) ALE 求解步骤

UL 步结束后，因网格与材料一起移动而产生畸变。若将网格和材料的位移分离，使网格独立于材料移动，可避免这种畸变的发生。在这种假设的前提下，可在每一个 UL 步后加入欧拉步，从而构成 ALE 解。

在欧拉分析步中，生成了一个新网格的变形区域，根据网格导数与材料导数的关系，将所有旧网格上的变量转移到新网格上，即

$$\dot{f}=\dot{f}^{r}+(v_i-v_i^{r})\frac{\partial f}{\partial X_i} \tag{4.19}$$

式中　f——任意函数；

$\dot{f}$——材料坐标下的 f 对时间的导数；

$\dot{f}^{r}$——网格坐标下的 f 对时间的导数；

v_i——材料矢量；

v_i^{r}——网格矢量；

$v_i-v_i^{r}$——对流矢量。

由于网格位移是材料位移的耦合，故欧拉步中生成的新网格可以是任意的，但需满足两个基本条件：(1)新的网格要符合区域和材料的变形边界；(2)新旧网格的拓扑结构和连通性要保持一致。

欧拉分析步的第一个目标是将经 UL 步后得到的材料和区域边界进行理想分割，把重新分割后所得节点与初始网格节点对比，获得节点位移，以此对初始网格建立一个弹性分析，来获得内部节点位移，实现理想分割网格的目的。由于边界节点位移是指定的，则分析所用弹性参数可以是任意的，这种情况下仍可得到与旧网格有相同连通性和拓扑结构的新网格，再将状态变量从旧网格映射到新网格，则 ALE 方法完成。综上，ALE 方法的主要步骤为：(1)执行 UL 步获得材料位移；(2)重新分配区域和材料边界的节点；(3)执行弹性分析实现网格理想分割；(4)将历史变量从旧网格映射到新网格。

4.5.3.3　ABAQUS 中的 ALE 方法

ABAQUS 中的 ALE 网格划分是根据相邻单元和节点的位置按照一定的网格光滑化方法来确定节点新的位置。网格光滑化方法有：体积光滑法、拉普拉斯算子平滑法、等势光滑法[229]。

体积光滑法首先计算围绕节点的周边单元中心的体积加权平均值，以此为依据对节点进行移动，如图 4.5 所示。M 点的新位置由周边四个单元中心点 C 的体积加权平均确定。加权量会试图将 M 点朝远离 C_1 指向 C_3 的方向推动，从而减少单元的扭曲。这种方法非常有效，是 ABAQUS 的默认方法。

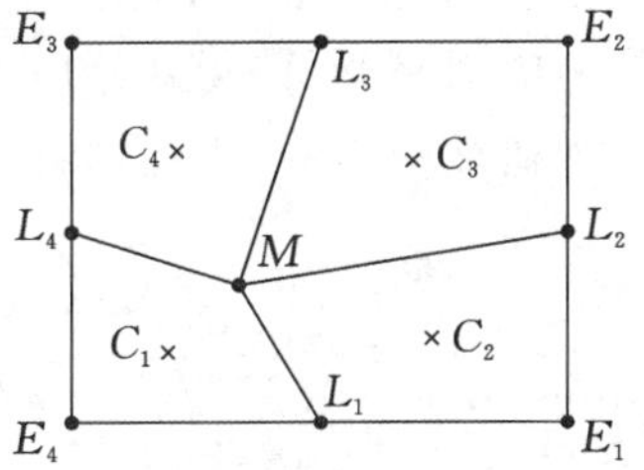

图 4.5　网格光滑化方法示意图

拉普拉斯算子平滑法通过计算相邻节点的平均位置来重新定位节点位置。图 4.5 中 M 的新位置由相邻的四个 L 节点的平均位置来确定。节点 L_2 和 L_3 的位置会使得 M 向上和向右移动，从而减少单元的扭曲。拉普拉斯算子平滑法是计算成本最低的方法，对低到中度扭曲的网格网域，其结果类似体积光滑化的结果。对于复杂边界条件的情况，体积光滑化得到的网格更为平衡。

等势光滑是一个高阶方法，通过计算相邻最近的 8 个节点平均位置来移动节点。图 4.5 中 M 点的新位置由 L 和 E 共同确定。该方法加权计算是比较复杂的，对轻微弯曲的区域非常有效，但对于高度变形局部弯曲非常明确的情况，应用受到限制。

4.5.4　黏性土地基孔压分析技术

由于 ABAQUS/Explicit 不提供孔压单元，只能进行总应力分析。假设管桩贯入过程中黏性土处于不排水状态，分别定义土体骨架有效应力-应变矩阵 D' 和孔隙水应力-应变矩阵 D_w，总应力-应变矩阵 D_t 为有效应力-应变矩阵 D' 与孔隙水应力-应变矩阵 D_w 之和，则不排水总应力-应变关系表达式为

$$\begin{bmatrix}\sigma_x\\\sigma_y\\\sigma_z\\\tau_{xy}\\\tau_{yz}\\\tau_{zx}\end{bmatrix}=D_t\begin{bmatrix}\varepsilon_x\\\varepsilon_y\\\varepsilon_z\\\gamma_{xy}\\\gamma_{yz}\\\gamma_{zx}\end{bmatrix}=D'\begin{bmatrix}\varepsilon_x\\\varepsilon_y\\\varepsilon_z\\\gamma_{xy}\\\gamma_{yz}\\\gamma_{zx}\end{bmatrix}+D_w\begin{bmatrix}\varepsilon_x\\\varepsilon_y\\\varepsilon_z\\\gamma_{xy}\\\gamma_{yz}\\\gamma_{zx}\end{bmatrix}\tag{4.20}$$

$$D_w=\begin{bmatrix} \frac{k_w}{n} & \frac{k_w}{n} & \frac{k_w}{n} & 0 & 0 & 0 \\ \frac{k_w}{n} & \frac{k_w}{n} & \frac{k_w}{n} & 0 & 0 & 0 \\ \frac{k_w}{n} & \frac{k_w}{n} & \frac{k_w}{n} & 0 & 0 & 0 \\ 0 & 0 & 0 & 0 & 0 & 0 \\ 0 & 0 & 0 & 0 & 0 & 0 \\ 0 & 0 & 0 & 0 & 0 & 0 \end{bmatrix} \tag{4.21}$$

式中 k_w——孔隙水的体积弹性模量，一般取值为 2.2 GPa；

n——土的孔隙率。

推导出孔隙水压力公式，如式(4.22)所示。采用 ABAQUS/Explicit 进行分析时，需要进行地应力平衡，使得初始应变为 0，即土体和孔隙水自重未引起应变。计算中得到的应变是由外荷载引起的，因此，式(4.22)的孔隙水压力即为超孔隙水压力。

$$\Delta u=\begin{bmatrix} \frac{k_w}{n} & \frac{k_w}{n} & \frac{k_w}{n} & 0 & 0 & 0 \\ \frac{k_w}{n} & \frac{k_w}{n} & \frac{k_w}{n} & 0 & 0 & 0 \\ \frac{k_w}{n} & \frac{k_w}{n} & \frac{k_w}{n} & 0 & 0 & 0 \\ 0 & 0 & 0 & 0 & 0 & 0 \\ 0 & 0 & 0 & 0 & 0 & 0 \\ 0 & 0 & 0 & 0 & 0 & 0 \end{bmatrix} \begin{bmatrix} \varepsilon_x \\ \varepsilon_y \\ \varepsilon_z \\ \gamma_{xy} \\ \gamma_{yz} \\ \gamma_{zx} \end{bmatrix} \tag{4.22}$$

4.6 三维数值分析方法

4.6.1 模型简化

利用 ABAQUS/Explicit 建立三维有限元分析模型前，应根据模型的对称性，选取实际模型的 1/2、1/4、1/8 大小进行建模。利用对称性进行模型简化的优点：(1)通过对称面设置边界对称条件，可避免刚体位移问题；(2)施加对称边界条件后，位移状态大大减少，令复杂的非线性分析更易收敛，模型更为稳固；(3)减少接触面上节点，接触分析更易于收敛；(4)显著降低模型单元，减少计算时间和资源的占用。

研究管桩在自由场中的贯入问题，因整个模型的几何条件、边界条件、接触、荷载等方面均是关于管桩中心轴对称，故选取 1/4 模型进行研究。

钢管桩长 $L=20$ m，外径 $D=1$ m，壁厚为 2 cm。管桩与近场域土体采用有限元模拟，有限元土体采用 8 节点实体减缩积分单元 C3D8R。为了消除振动波反射的影响，远场域土体采用无限元，无限元采用 8 节点实体无限元单元 CIN3D8。打入的管桩采用离散刚体单元

R3D4,不考虑管桩变形。

管桩振动贯入过程中,桩周围土体被挤压,且桩内外侧壁与土体间的反复剪切与滑移,导致桩周围土体网格高度畸变。为解决管桩振动贯入过程中桩周围土体大变形问题,管桩附近 1 m 范围内的土体单元采用任意拉格朗日-欧拉(ALE)自适应网格划分技术。

4.6.2 “zipper-type”分析技术

近年来,有限元方法被广泛应用于模拟桩贯入过程。Mabsout 等[183]最先应用轴对称有限元模型模拟桩打入硬黏土中。在该分析模型中,桩预先打入 18 m,仅剩下的锤击数目被模拟。随后,Mabsout 等将一种称为“zipper-type”的有限元分析技术应用于桩贯入土体,约为桩径 1%的预留孔洞在贯入的轴向被模拟。桩贯入过程中,预留孔洞能够扩展以便建立土和桩的接触,如图 4.6 所示。这种“zipper-type”分析技术也适用于管桩的振动贯入,即沿管桩壁建一个壁厚 1 mm 的刚体管[141]。管桩贯入前,刚体管与周围土体设为无摩擦;管桩贯入过程中,管桩沿刚体管滑动,土与刚体管分开。采用这种方法,即可建立贯入管桩与周围土体之间的接触。管桩壁与土体的接触采用 Coulomb 摩擦接触模型,刚体管和土设为光滑硬接触。

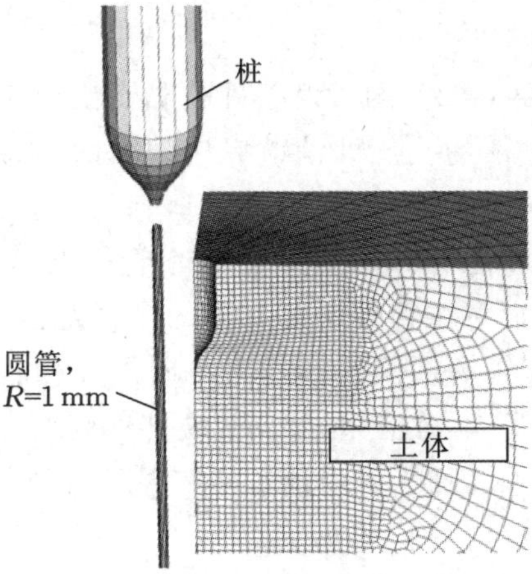

图 4.6 Mabsout **提出的桩贯入模型**

4.6.3 ALE 网格划分

管桩高频振动贯入过程中,桩周围土体被挤压,且管桩内外侧壁与土体间的反复剪切与滑移,导致管桩周围土体网格高度畸变。为解决管桩高频振动贯入过程中周围土体大变形问题,管桩附近区域的土体单元采用任意拉格朗日-欧拉(ALE)自适应网格划分技术。

黄茂生[230]认为管桩振动贯入过程中,管桩周围土体可分为四个区,如图 4.7 所示。A 区紧靠管桩,挤压最为强烈,产生瞬时的超孔隙水压力,且产生竖向和水平向的裂缝,土体结构遭到破坏。管桩振动贯入过程中 A 区的影响范围为距管桩中心一倍管径。因此,在管桩振动贯入有限元模型中，可选取距管桩中心一倍管径范围的土体单元采用ALE网格划分。

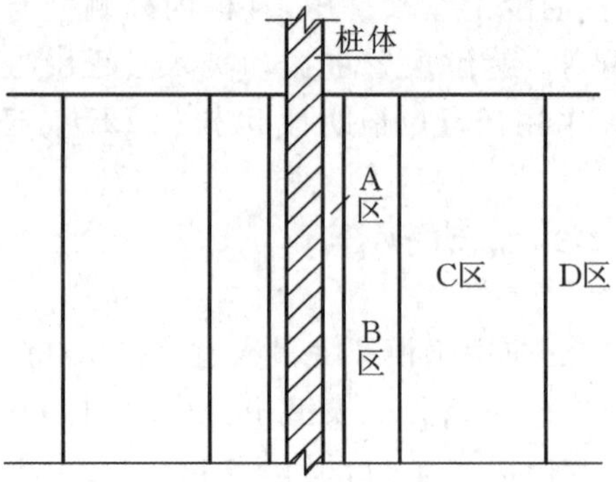

图 4.7　沉桩对周围土体的影响范围

4.7　砂土地基孔压数值分析方法

4.7.1　模型假定

黏性土地基孔压计算公式(4.22)的假设条件是黏性土处于不排水状态。由于砂土透水性强，极短时间内管桩周围土体的孔压即消散完毕。因此，采用ABAQUS/Explicit建立的三维有限元分析模型，不能利用式(4.22)计算砂土地基孔隙水压力。

管桩振动贯入砂土地基过程中，孔压主要出现在管桩端部。因此，有限元分析管桩振动贯入过程所关心的区域主要集中在管桩端部有限的半径范围内。另外，对于受到轴向振动荷载作用的管桩，假设管桩和管桩周围土体均为各向同性材料，其几何形状、约束条件以及作用的荷载都对称于管桩轴线，所有应力、应变和位移都与 θ 方向无关，只是 r 和 z 的函数，为典型的轴对称应力问题[231]。因此，采用轴对称有限元模型研究管桩高频振动贯入过程中的超孔隙水压力。

采用文献[200]方法，管桩已贯入一定深度，用位移函数 $U=-U_a+U_a\cos(2\pi ft)$ 模拟管桩的振动过程。利用ABAQUS/Standard建立管桩振动贯入不同深度的数值模型，定性分析管桩振动贯入过程中砂土地基孔压性状。

4.7.2　边界条件与分析时间

管桩近场域土体采用有限元模拟，有限元区域顶部设置为排水边界；远场域土体采用无限元模拟，无限元区域无须设置边界条件。考虑地下水存在条件下振动沉桩的响应，简单假设地下水位与地面齐平。

由于在砂土中管桩高频振动贯入速度快[40]，设置管桩振动贯入时间为10T，然后停止输入振动荷载，设置孔压消散时间为360 s。

4.8 小 结

(1) 利用 ABAQUS/Explicit 建立的管桩振动贯入三维数值分析模型,适用于分析管桩振动贯入过程中的环境效应、土塞效应、挤土位移;结合黏性土地基孔压分析技术,该模型还可用于计算管桩贯入黏性土地基引起的超孔隙水压力。

(2) 针对黏性土地基孔压分析技术不适用于砂土地基的问题,通过模型假定,利用 ABAQUS/Standard 建立的砂土地基孔压数值分析模型,可用于定性分析管桩振动贯入砂土地基的孔压性状。

5 高频振动沉桩过程中的环境效应

5.1 概　　述

管桩高频振动贯入过程中地面振动除向深层传递外，还以应力波的形式向四周传递，引起四周岩土介质的振动。当地面振动超过一定的限度时，不仅会干扰周围居民的正常工作和生活，甚至危及周围建筑物及地下管线的安全。同时，由于管桩施工振动造成周边房屋损坏引发的民事纠纷也屡见不鲜。为减少管桩施工振动的影响，除了选用一定的激振力、振动频率等参数外，必要时也常在需要保护的设施前采用隔振沟处理，以减轻振动带来的影响。

本章利用 ABAQUS/Explicit 建立管桩振动贯入黏性土地基的三维数值分析模型，研究管桩高频振动贯入全过程，揭示管桩振动贯入引起的地面振动规律及管桩施工安全距离；将正交试验设计方法与有限元数值模拟有机结合，应用于评价振动频率、动力荷载幅值、接触面摩擦系数、土体模量与施工安全距离的关系；研究隔振沟的填充材料、深度、宽度、形状和位置对隔振效果的影响。

5.2 三维分析模型

5.2.1 几何模型

根据第 4 章三维数值分析方法，采用 ABAQUS/Explicit 建立管桩高频振动贯入黏性土地基的有限元模型(图 5.1)。

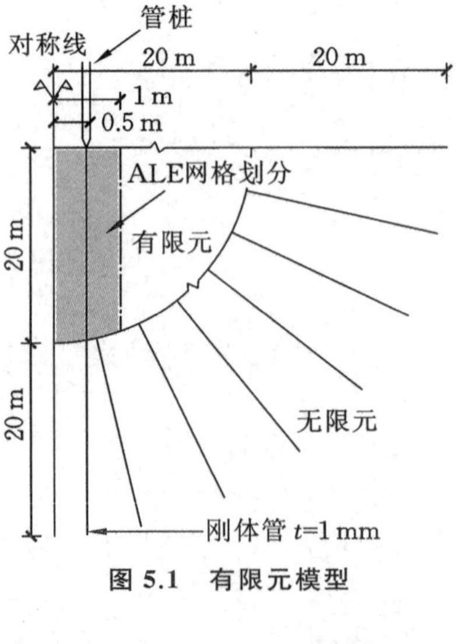

图 5.1　有限元模型

钢管桩长 $L=20$ m,外径 $D=1$ m,壁厚为 2 cm,弹性模量为 210 GPa,泊松比为 0.26。管桩与近场域土体采用有限元模拟,有限元土体单元采用 C3D8R。为了消除振动波反射的影响,远场域土体采用无限元,无限元土体单元采用 CIN3D8。打入的管桩采用离散刚体单元 R3D4,不考虑管桩变形[232]。为解决管桩振动贯入过程中管桩周围土体大变形问题,管桩附近 1 m 范围内的土体单元采用任意拉格朗日-欧拉(ALE)自适应网格划分技术。有限元分析模型网格如图 5.2 所示。

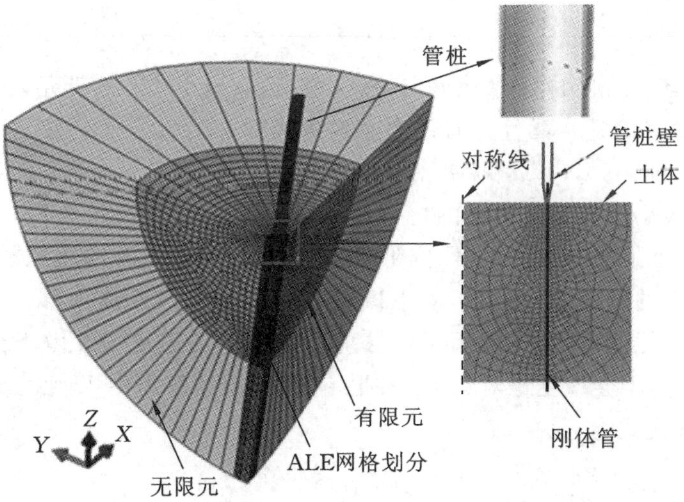

图 5.2 有限元网格及"zipper-type"分析技术示意图

彩图 5.2

5.2.2 荷载及计算参数

振动锤可以按其所能产生的最高频率大小分为低频、中频、高频和超高频 4 种类型[233],详细参数见表 5.1。

表 5.1 振动锤的分类

低频振动锤	中频振动锤	高频振动锤	超高频振动锤
$f \leqslant 15$ Hz	15 Hz $< f \leqslant$ 25 Hz	25 Hz $< f \leqslant$ 60 Hz	$f > 60$ Hz

管桩振动贯入的激振力采用力控制模拟,振动锤参数参照美国 APE200-6 高频液压振动锤的参数,其振动频率 $f=27.5$ Hz,静态荷载 $F_0=100$ kN,动力荷载幅值 $F_c=2700$ kN,激振力 $F_d=F_0+F_c\sin(2\pi ft)$。

土体有限元部分采用 Mohr-Coulomb 弹塑性模型参数。由于 ABAQUS/Explicit 采用总应力分析方法,土体参数选用不排水指标,具体参数见表 5.2。采用广义 Gibson 地基[234],土体模量随深度线性增加,即

$$E_z=E_0+nz \tag{5.1}$$

式中 E_z——深度 z 处的土体模量;

E_0——地表处土体模量;

z——土体深度；

n——Gibson 地基参数，根据文献[235]取 $n=7.3\ \text{kN}\cdot\text{m}^{-3}$。

表 5.2　黏性土参数

材料	天然重度 $\gamma/(\text{kN}\cdot\text{m}^{-3})$	模量 E_0/MPa	泊松比 ν	黏聚力 S_u/kPa
黏性土	18	10	0.49	28

对于管桩壁与土的接触面摩擦角 δ 的取值，Potyondy[236] 的研究表明，对于黏性土取 $\delta/\varphi'=0.6\sim0.7$ 比较合适。黏性土有效内摩擦角范围 $\varphi'=20°\sim32°$，则 $\delta=12°\sim22°$，即接触面摩擦系数 $\mu=\tan\delta=0.2\sim0.4$，取摩擦系数 $\mu=0.25$。

材料阻尼的大小会影响振动波的传播过程，阻尼越低，衰减得越慢。Abaqus 提供瑞利材料阻尼，包含两个阻尼参数：质量比例阻尼 α_β 是关于质量矩阵的比例系数，主要用于计算模型绝对运动引起的阻尼力，或用于模拟模型在静态的黏性流体中移动；刚度比例阻尼 β_R 是关于刚度矩阵的比例系数，主要用于计算应变率引起的阻尼力。由于土体有限元区域施加了边界约束条件，不会产生绝对运动，因此，有限元模型只需引入刚度比例阻尼 β_R。刚度比例阻尼 β_R 的表达式为

$$\beta_R=2\xi/\omega_1 \tag{5.2}$$

式中　ξ——阻尼系数；

ω_1——第一阶固有频率。

采用 ABAQUS/Standard 提取土体模型的固有频率，其中第一阶固有频率为 1.28 Hz。阻尼系数选用 Ekanayake[98] 的推荐值 $\xi=2\%$。根据式(5.2)计算刚度比例阻尼 β_R 为 0.031。

5.3　地面振动

5.3.1　地面振动机理

当振动锤作用在管桩时，振动能量沿管桩向下传递。由于管桩壁与土体之间的摩擦以及管桩端部土体的压缩导致能量损失一部分，剩余的能量以应力波的形式向四周传递。应力波的能量主要由激振力、管桩尺寸和土体类型决定。

管桩贯入过程中受侧摩阻力和端阻力作用，这两种作用机理产生了相应的应力波：剪切波(S 波)和压缩波(P 波)，如图 5.3 所示。管桩壁与周围土体相互作用产生柱面形式的 S 波，管桩端部产生球面形式的 P 波。传播至地面的 P 波和 S 波，一部分能量由于两种波相互干涉形成瑞利波(R 波)，另一部分能量以反射波的形式消散。R 波的能量占总激振能量的 67%，沿地面水平向传播。因此，地面会经历三种不同类型的振动波：P 波、S 波和 R 波。振动波引起地面振动，对周围建筑物产生不利影响。

P 波和 S 波的传播速度分别如式(5.3)和式(5.4)所示[97]：

$$V_P = \sqrt{\frac{(1-\nu)E}{(1+\nu)(1-2\nu)\rho}} \tag{5.3}$$

$$V_S = \sqrt{\frac{E}{2(1+\nu)\rho}} \tag{5.4}$$

式中　E——土层模量；

ν——土体泊松比；

ρ——土体天然密度。

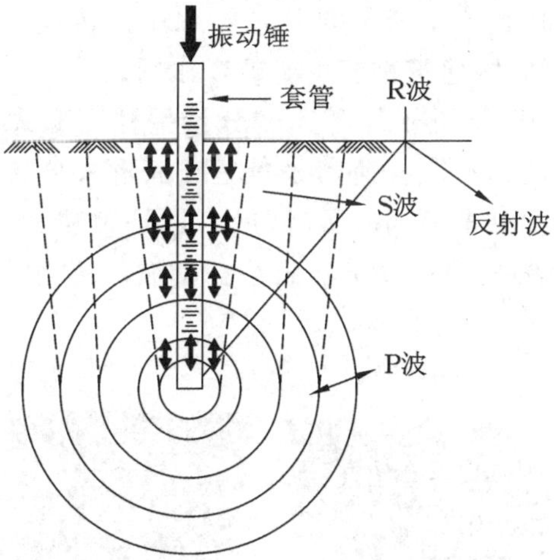

图 5.3　管桩贯入过程波的传播[237]

P 波、S 波和 R 波在连续介质中的传播如图 5.4 所示。P 波的传播方向与介质颗粒的运动方向一致；S 波的传播方向与介质颗粒的运动方向垂直；R 波是介质颗粒竖向和水平向运动产生的混合波[237]。

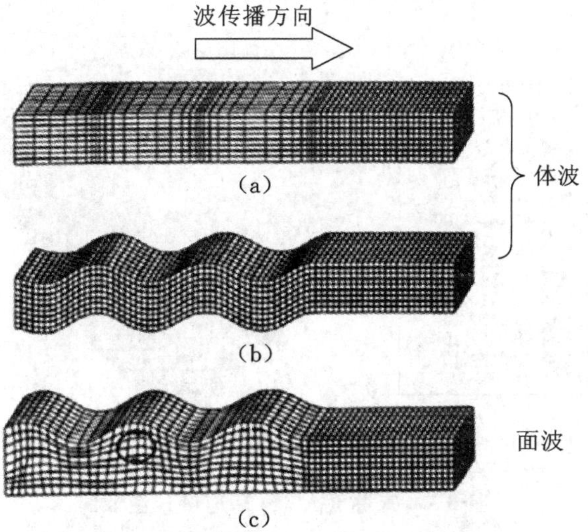

图 5.4　三种类型波在连续介质中的传播

(a) P 波；(b) S 波；(c) R 波

5.3.2 地面振动规律

图 5.5 为管桩振动贯入 4D 后速度分量云图。计算结果表明：(1)x 方向和 y 方向速度相近，符合对称性模型的特性；(2)由于物质阻尼和几何阻尼的存在，水平向速度 $V_h=\sqrt{V_x^2+V_y^2}$ 和竖直向速度 V_z 分别沿水平方向、竖直方向逐渐衰减，且在有限元与无限元交界处速度为零，说明无限元边界很好地消除了边界上反射波的影响；(3)竖直向速度 V_z 小于水平向速度 V_h，这是因为占振动能量 67%的 R 波沿水平向传播。由此可知，地面振动主要沿水平向，亦即水平向振动对周围建筑物起主要破坏作用。

图 5.5 还显示：(1)管桩壁周围土体各速度分量呈柱面形式分布，管桩壁周围土体速度主要由 S 波控制；(2)管桩端部土体各速度分量呈球面形式分布，管桩端部土体速度主要由 P 波控制；(3)地面点各速度分量呈同心圆环分布，这是 S 波和 P 波相互干涉的结果。管桩高频振动贯入过程中，土体各速度分量分布符合振动波的传播规律，证明数值模拟结果的准确性。

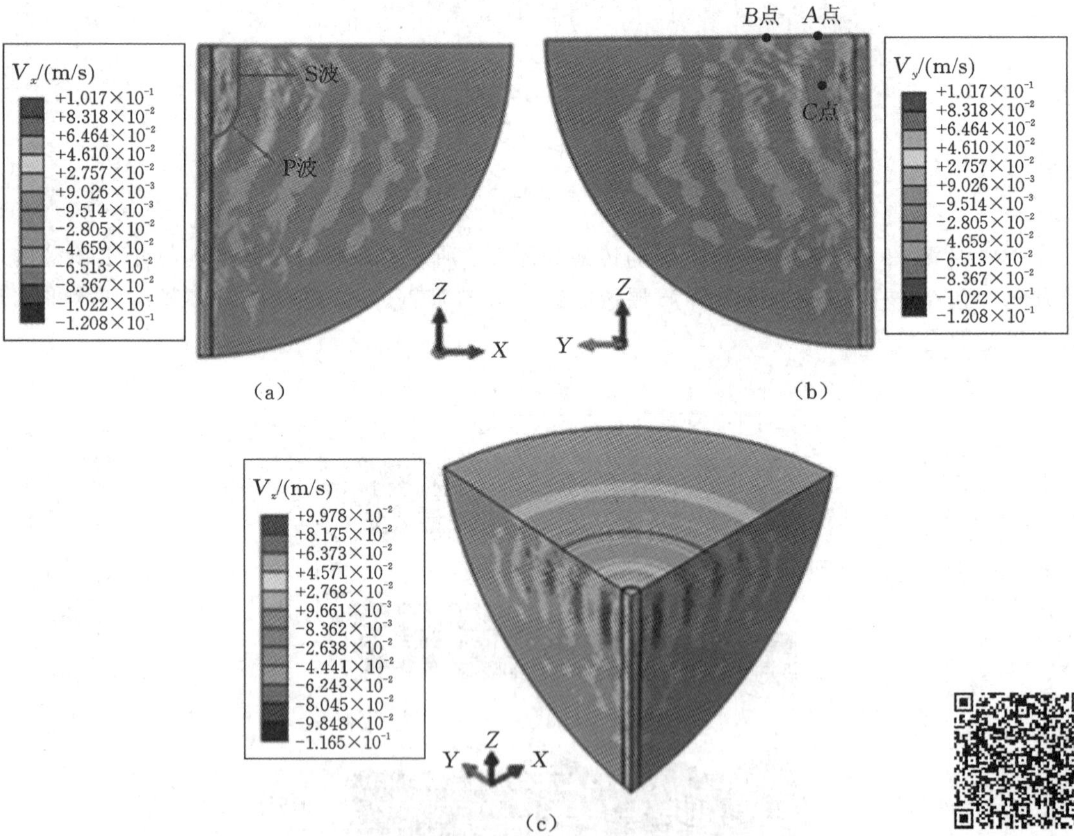

图 5.5 管桩贯入 4D 后速度分量云图

(a) x 方向速度；(b) y 方向速度；(c) z 方向速度

彩图 5.5

选取地表距管桩中心线 3 m 处的 A 点、地表距管桩中心线 6 m 处的 B 点和深度 3 m 距管桩中心线 3 m 处的 C 点(图 5.5),分析沉桩过程中各点的水平向速度如图 5.6 所示。从图中可看出:(1)B 点的速度比其他两点的速度小很多,这是水平向速度随径向距离增大而衰减的缘故;(2)C 点的速度一开始比其他两点的速度小,随后慢慢增大,这是由于随着管桩贯入深度的增大,C 点距管桩端部距离越来越近,管桩端部产生的 P 波对 C 点作用效应越来越大导致的。

沉桩过程中各点水平向速度最大值称为该点的水平向峰值速度 $V_{h,\max}$。研究表明:(1)管桩贯入初始阶段,各点的水平向速度随着贯入深度开始逐渐增大,当管桩贯入 3.8D、4.0D、4.1D 时,A 点、B 点、C 点依次产生水平向峰值速度。随着管桩继续贯入,各点水平向速度逐渐减小,并在某一数值上波动。Thandavamoorthy[81] 通过现场试验观测到地面点速度存在相似规律,这是由于土体侧摩阻力随着贯入深度发生变化,传递到土中的振动能量也随之改变,导致地面点速度随贯入深度波动。(2)A 点和 C 点水平向峰值速度相近,且大于 B 点的水平向峰值速度,说明水平向峰值速度主要沿径向衰减。

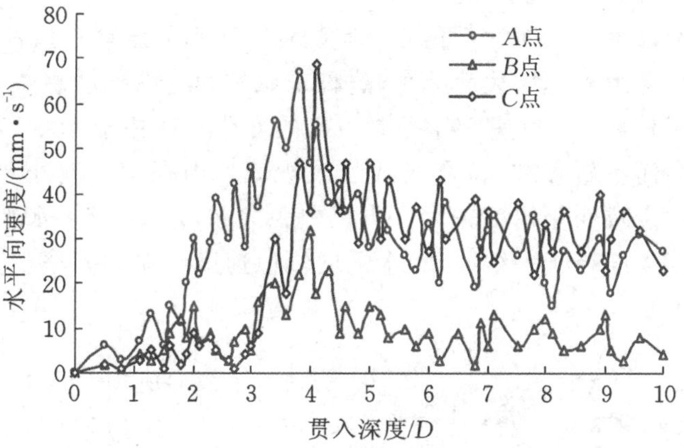

图 5.6　沉桩过程中各点的水平向速度

彩图 5.6

地面点产生水平向峰值速度时,管桩贯入深度定义为振动临界深度。图 5.7 给出了振动临界深度随径向距离的变化情况。振动临界深度随径向距离变化而变化,振动临界深度在 3.7D～5.0D 范围内,振动频率 f 和动力荷载幅值 F_c 对振动临界深度的影响不明显。Khoubani[97] 和 Ekanayake[98] 分别研究了不同振动频率和桩径条件下振动临界深度的变化规律,结果表明振动频率和桩径对振动临界深度的影响不显著。因此,当管桩在黏性土场地施工时,要特别注意管桩振动贯入至 3.7D～5.0D 时对周围建筑物产生的破坏。

图 5.7 对比国外研究结果[81,97] 发现,数值分析结果相比国外研究结果略小。结果存在差异的原因之一是土层条件略有不同。本书和 Khoubani[97] 数值模拟的地质为均质黏性土层;而 Thandavamoorthy[81] 试验场地地质深度 0～6 m 为松散砂、6～18 m 为中密砂,钢管桩在松散砂层中极易贯入,当贯入到中密砂层时贯入阻力增大,地面振动也相应增强,因此其振动临界深度相对较大。沉桩方式则为另一原因,与锤击沉桩方法相比,管桩振动贯入过程是一个非常复杂的结构与土体相互作用的力学过程,不仅涉及管端与土体的相互作用(产生球面形式的 P 波),还涉及管桩内外侧壁与土体间的反复剪切与滑移(产生柱面形式的 S 波)。由于 S 波的存在,管桩振动贯入过程中地面点水平向速度能更快达到峰值,因此振动沉

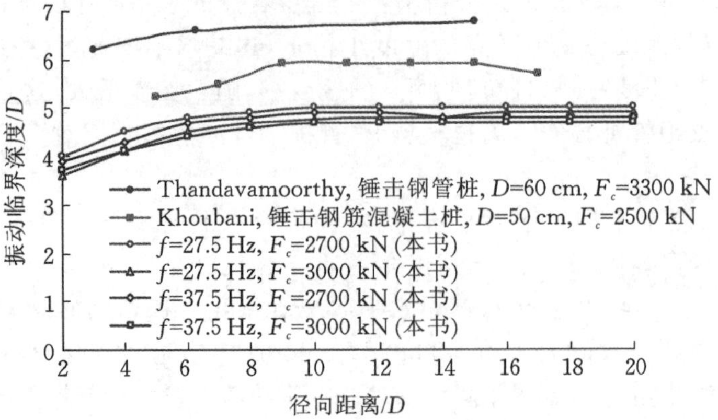

图 5.7　振动临界深度随径向距离的变化

彩图 5.7

桩法的振动临界深度相对较小。

水平向峰值速度取决于地面振动能量，峰值速度反映了振动强度的变化情况。地面点水平向峰值速度随径向距离的增大而减小，这种现象称为地面振动衰减。

图 5.8 为地面点水平向峰值速度随径向距离的变化。图中显示：(1)地面点水平向峰值速度随径向距离增大而不断衰减，符合指数衰减规律。当径向距离小于 $12D$ 时，水平向峰值速度随径向距离的衰减变化幅度较大。当径向距离超过 $12D$ 时，水平向峰值速度随径向距离的衰减变化幅度逐渐趋于平缓。(2)水平向峰值速度随振动频率 f 增大而减小，随动力荷载幅值 F_c 增大而增大。

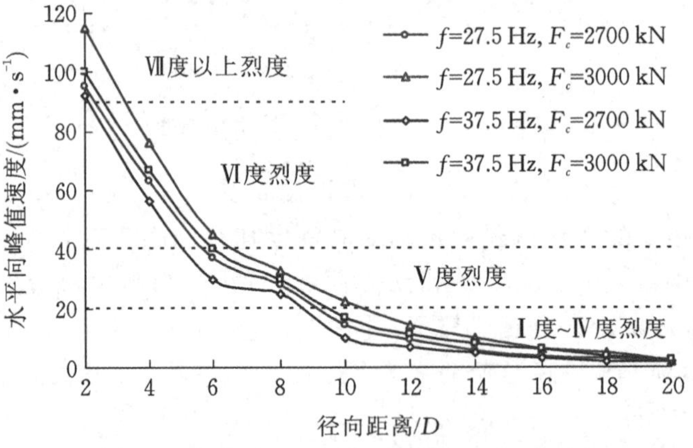

图 5.8　地面点水平向峰值速度随径向距离的变化

5.3.3　施工安全距离

采用国家标准《中国地震烈度表》[238]中的水平向峰值速度 $V_{h,\max}$ 作为评价指标(表 5.3)，对管桩振动贯入的施工安全距离进行评价。

图 5.8 显示，在径向距离为 $4D$ 范围以内，地面振动达到Ⅶ度以上烈度，房屋振害表现为

少数中等破坏，多数轻微破坏；在径向距离为 $4D \sim 6D$ 范围内，地面振动达到Ⅵ度烈度，房屋振害表现为个别中等破坏，多数人站立不稳；在径向距离为 $6D \sim 10D$ 范围内，地面振动达到Ⅴ度烈度，房屋振害表现为墙体灰土掉落，室内绝大多数人有感觉；在径向距离为 $10D$ 范围以外，地面振动在Ⅰ度～Ⅳ度烈度之间，房屋振害不明显，主要以房屋中人的感觉为主。基于上述分析可以判定：当振动频率 $f > 27.5$ Hz，动力荷载幅值 $F_c < 3000$ kN 时，管桩振动贯入的施工安全距离小于 $10D$。因此，对于管桩贯入处附近 $10D$ 内有比较重要的建筑物时，要采取相应的保护措施。

表 5.3 地面振动评价标准

烈度	振动程度	$V_{h,\max}$/(mm/s)
Ⅰ	无感	
Ⅱ	室内个别静止中的人有感觉	
Ⅲ	室内少数静止中的人有感觉	
Ⅳ	室内多数人有感觉，门窗作响	
Ⅴ	室内绝大多数人有感觉，灰土掉落	20～40
Ⅵ	多数人站立不稳，房屋个别中等破坏	40～90
Ⅶ	房屋少数中等破坏，多数轻微破坏	90～180

5.4 影响因素正交分析

5.4.1 方案设计

地面振动效应受多因素制约而变化，如振动能量、管桩与土的接触面粗糙度、土层条件，要作全面的因素分析是很困难的。“正交试验设计”能有效解决多因素试验的难题，它使用一种规格化的表格——“正交表”合理安排试验。结合以往管桩施工经验，本试验主要考虑振动频率、动力荷载幅值、接触面摩擦系数和土体模量 4 个因素，分别用 A、B、C、D 表示，每个因素选取 3 个水平，如表 5.4 所示。

表 5.4 因素水平表

水平	A/Hz	B/kN	C	D/MPa
1	27.5	2700	0.25	10
2	37.5	3000	0.30	20
3	47.5	3300	0.35	30

管桩高频振动贯入引起地面振动的分析重点是施工安全距离，可为编制管桩贯入施工方案及设置隔振沟提供技术资料，因此，选取施工安全距离作为评价指标。选取 $L_9(3^4)$ 正

交表设计数值试验方案，并按 4 因素 3 水平正交表进行 9 次有限元分析，正交有限元试验方案如表 5.5 所示。

表 5.5 正交有限元试验方案与计算结果

方案	A/Hz	B/kN	C	D/MPa	安全距离/d
1	27.5	2700	0.25	10	8.8
2	27.5	3000	0.30	20	9.5
3	27.5	3300	0.35	30	9.8
4	37.5	2700	0.30	30	8.4
5	37.5	3000	0.35	10	9.7
6	37.5	3300	0.25	20	9.3
7	47.5	2700	0.35	20	8.9
8	47.5	3000	0.25	30	8.5
9	47.5	3300	0.30	10	9.3

5.4.2 结果分析

根据表 5.5 提供的计算结果，按照正交试验方法，对施工安全距离计算结果进行极差分析如表 5.6 所示。由表中极差大小可知，施工安全距离影响因素的主次为：动力荷载幅值＞接触面摩擦系数＞振动频率＞土体变形模量，即动力荷载幅值对施工安全距离影响最大，其次是接触面摩擦系数。

表 5.6 施工安全距离的极差分析表

	A/Hz	B/kN	C	D/MPa
k_1	9.4	8.7	8.9	9.3
k_2	9.1	9.2	9.1	9.2
k_3	8.9	9.5	9.5	8.9
极差 R	0.5	0.8	0.6	0.4

各影响因素与施工安全距离关系曲线见图 5.9。施工安全距离随振动频率的增大而减小，与 Mahutka[239] 的研究结论一致，这是由于振动频率越大，振动波的能量越小。实际工程中可通过提高振动频率，实现几乎无振感施工。

图 5.9 表明，施工安全距离随着动力荷载幅值增大而增大。分析其原因，振动锤的振动能量由静态荷载 F_0 和动力荷载幅值 F_c 控制。在静态荷载 F_0 不变的情况下，增大动力荷载幅值 F_c，使得振动锤的振动能量增大，传播至地面的 P 波和 S 波的能量增大，导致地面振动程度增强，施工安全所需的距离也相应增大。

柱面形式的 S 波是引起地面振动的振动波之一。S 波是由管桩壁与土体的反复剪切作用产生的。管桩壁与土体的接触面摩擦系数越大，S 波的能量越大。因此，接触面摩擦系数越大，地面振动程度越强，施工安全距离也越大，如图 5.9 所示。

当土体模量增大(假设土体其他参数不变)，传播到地面的 P 波和 S 波对土体产生的变形减小，导致地面振动程度降低，施工安全距离也随之减小(图 5.9)，符合 Khoubani[97] 的结论。

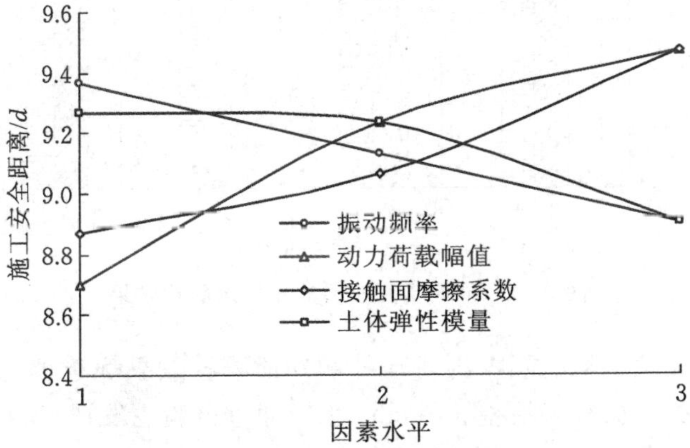

图 5.9　各影响因素与施工安全距离的关系

5.5　隔振沟隔振效果分析

距建筑物较近的施工场地，在不满足最小施工安全距离条件下，通过设置合理的隔振沟，可有效降低管桩贯入施工造成的振动影响。本节将分析隔振沟的填充材料、深度、宽度、形状和位置五个主要参数对隔振效果的影响。

5.5.1　隔振沟填充材料的影响

在距管桩径向距离 $R=5D$ 处挖一条宽 0.5 m、深 1 m 的矩形截面隔振沟，沟中填充不同的材料，如图 5.10 所示。计算相应条件下距管桩径向距离 $2D$、$4D$、$6D$、$8D$ 处地表各点的水平向峰值速度 V，将其与未设置隔振沟的水平向峰值速度 V_0 作比较，结果如图 5.11 所示。

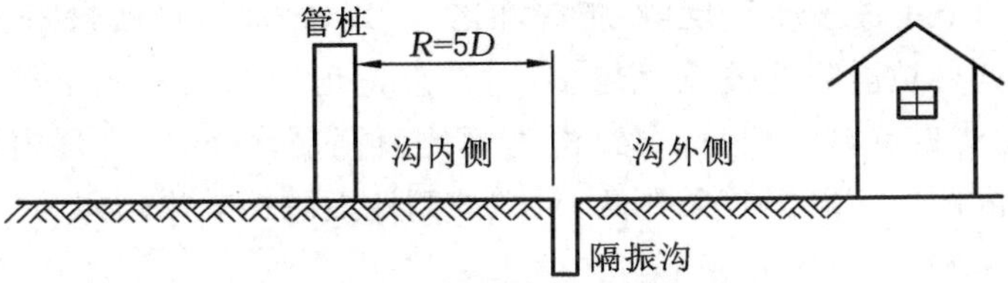

图 5.10　隔振沟设置示意图

图 5.11 显示，设置隔振沟后，沟内侧地面水平向峰值速度增大，沟外侧地面水平向峰值速度减小。说明隔振沟是通过把振动能量封闭在沟内侧的原理对沟外侧地面隔振的。

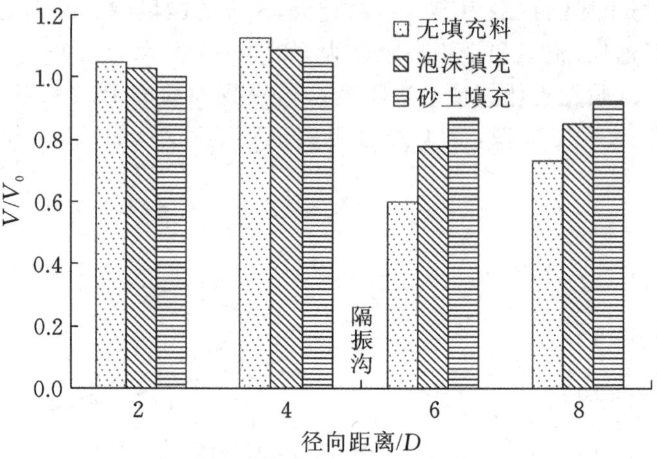

图 5.11　不同填充材料的隔振沟隔振效果

分析结果表明，无填充料的隔振沟对沟外侧地面隔振效果优于填充泡沫或砂土的隔振沟，其对沟内侧地面的隔振效果最差。Çelebi 等[86]通过试验也发现了相似规律：空沟的隔振效果优于填充料隔振沟；隔振沟的填充料孔隙率越大，其隔振效果越好。这是由于孔隙是最有效的波障，剪切波和瑞利波不能穿过固体与孔隙的分界面。隔振沟填充材料的孔隙率越大，封闭在沟内侧的振动能量越大，导致对沟内侧地面的隔振效果降低，对沟外侧地面的隔振效果增强[240]。在保证隔振沟稳定的条件下，无填充料隔振沟的隔振效果最佳；采用泡沫材料填充既可起到隔振效果又能维持隔振沟的稳定。

5.5.2　隔振沟深度的影响

为了研究隔振沟深度对隔振效果的影响，在距管桩径向距离 $R=5D$ 处设置一条宽 0.5 m、深度逐渐变化的无填充料矩形截面隔振沟，如图 5.10 所示。计算相应条件下距管桩径向距离 $4D$ 处（沟内侧）、$6D$ 处（沟外侧）地表各点的水平向峰值速度 V，将其与未设置隔振沟的水平向峰值速度 V_0 作比较，结果如图 5.12 所示。

图 5.12 表明：(1)隔振沟对沟外侧地面隔振效果明显，且隔振沟深度越大隔振效果越好，与 Alzawi 等[87]试验结果吻合。这是由于管桩高频振动贯入过程中产生的应力波在土体中传播至隔振沟后，应力波发生了反射、折射和衍射[241]，振动能量被封闭在沟内侧。又因为隔振沟深度越大，这种被屏障的波能就越多，对沟外侧地面的隔振效果越明显。(2)封闭在沟内侧的部分振动能量反射回地面，导致沟内侧地面振动增强。(3)随着动力荷载幅值 F_c 增大，隔振沟对沟内侧地面隔振效果降低，对沟外侧地面隔振效果增强。

5.5.3　隔振沟宽度的影响

为了研究隔振沟宽度对隔振效果的影响，在距管桩径向距离 $R=5D$ 处设置一条深度 1 m、宽度逐渐变化的无填充料矩形截面隔振沟，如图 5.10 所示。计算相应条件下距管桩径

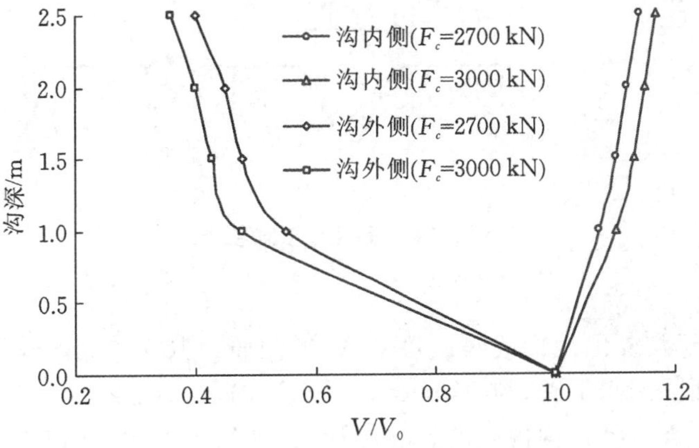

图 5.12 不同沟深的地面水平向峰值速度

向距离 $4D$ 处(沟内侧)、$6D$ 处(沟外侧)地表各点的水平向峰值速度 V,将其与未设置隔振沟的水平向峰值速度 V_0 作比较,结果如图 5.13 所示。

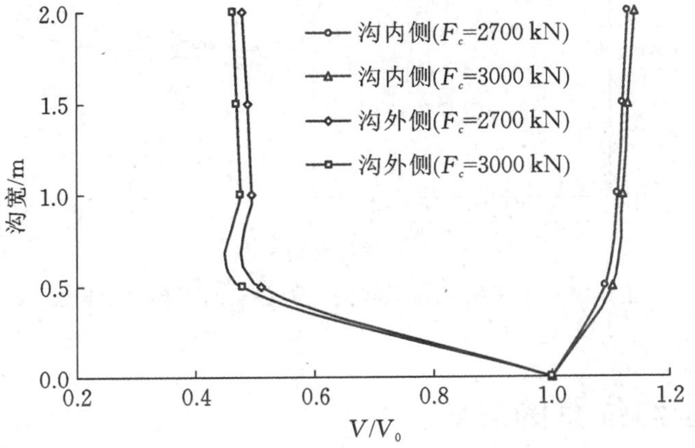

图 5.13 不同沟宽的地面水平向峰值速度

由图 5.13 可看出:(1)随着动力荷载幅值 F_c 增大,隔振沟对沟内侧地面隔振效果降低,对沟外侧地面隔振效果增强;(2)当沟宽增加时,地面各点水平向峰值速度只发生微小变化,说明隔振效果受沟宽影响不明显,与 Woods[237] 的研究结论一致。Adam 等[99] 通过数值分析也发现,沟宽对隔振效果影响很小,隔振沟宽度可依据施工要求确定[242]。

5.5.4 隔振沟形状的影响

为了研究隔振沟形状对隔振效果的影响,在距管桩径向距离 $R=5D$ 处设置一条深度 1 m、宽度 1 m 的隔振沟,隔振沟形状分别采用矩形截面、V 形截面和 U 形截面,如图 5.14 所示。计算地面各点水平向峰值速度 V,将其与未设置隔振沟的水平向峰值速度 V_0 作比较,结果如图 5.15 所示。

图 5.15 表明:(1)隔振沟对沟外侧一定范围内地面隔振效果明显,随径向距离增大,隔

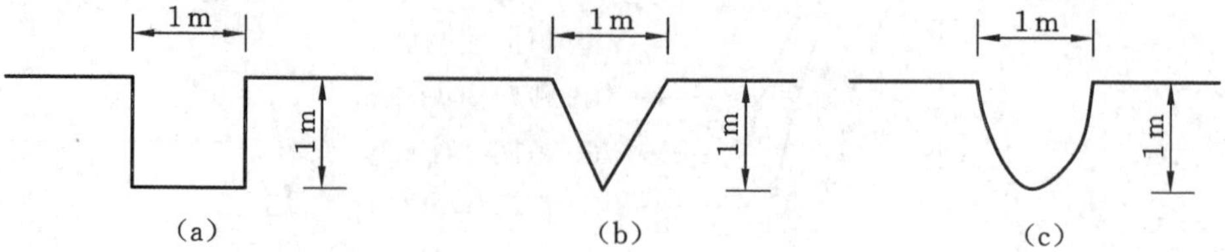

图 5.14　隔振沟几何形状

(a) 矩形截面;(b) V 形截面;(c) U 形截面

振效果减弱;(2)对于沟外侧地面的隔振效果,U 形截面隔振沟的隔振效果最佳,V 形截面隔振沟次之,矩形截面隔振沟最差,与 Younesian 等[102]的研究结论一致;(3)由于 U 形截面隔振沟的隔振效果好,被封闭在沟内侧的振动能量大,导致沟内侧地面振动强度高于 V 形截面和矩形截面隔振沟内侧的地面振动强度。

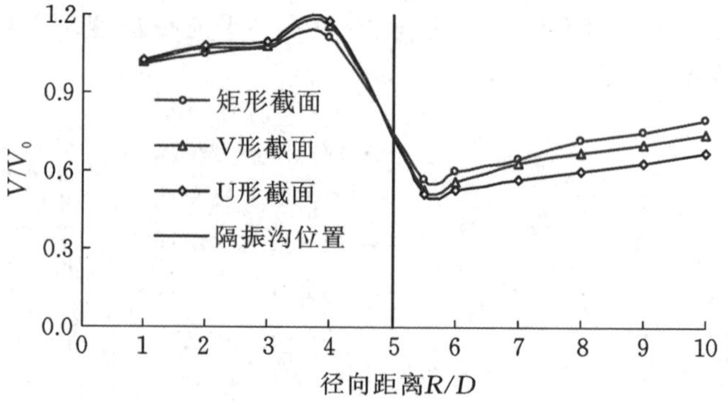

图 5.15　不同隔振沟形状的地面各点水平向峰值速度

5.5.5　隔振沟位置的影响

为分析隔振沟位置对减振效果的影响,取沟深 1 m、沟宽 1 m,距管桩径向距离分别为 $2.5D$、$5.5D$,计算不同贯入深度处地面各点水平向速度 V,将其与未设置隔振沟的水平向速度 V_0 作比较,结果如图 5.16 所示。

研究发现,对于固定位置的隔振沟,当管桩贯入深度小于隔振沟深度时,隔振沟外侧地面点水平向速度 V/V_0 值明显降低,且随径向距离增大,V/V_0 值缓慢增加。由于贯入深度小于隔振沟深度时,管桩振动贯入产生的大部分振动能量被封闭在沟内侧,对沟外侧各点的隔振效果显著。

当管桩贯入深度超过隔振沟深度时,沟外侧地面点水平向速度 V/V_0 值显著增大,相较于贯入深度小于隔振沟深度时的 V/V_0 值大,且随径向距离增大,V/V_0 值迅速增加。说明隔振沟对沟外侧土体的影响区域与贯入深度有关,即贯入深度越大,隔振沟的隔振影响区域越小。这主要与管桩振动贯入过程中应力波的传播路径有关(图 5.17),当管桩贯入深度较大时,管桩端部产生的 P 波传播至隔振沟,受隔振沟的屏蔽作用减弱,导致隔振沟的隔振影响区域相应降低,即管桩贯入深度较浅时,隔振沟后的影响区域相对较大。

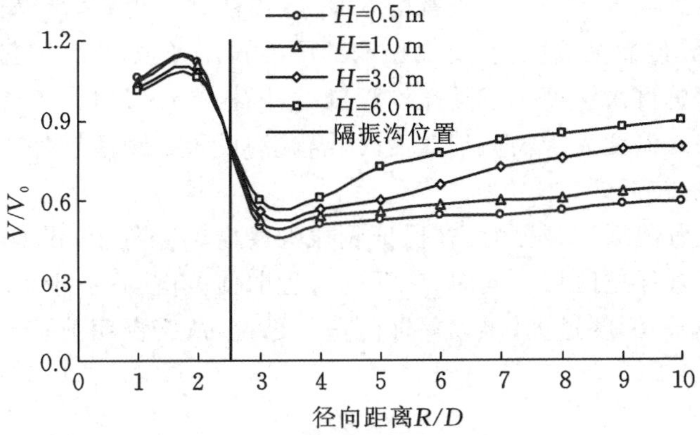

(a)

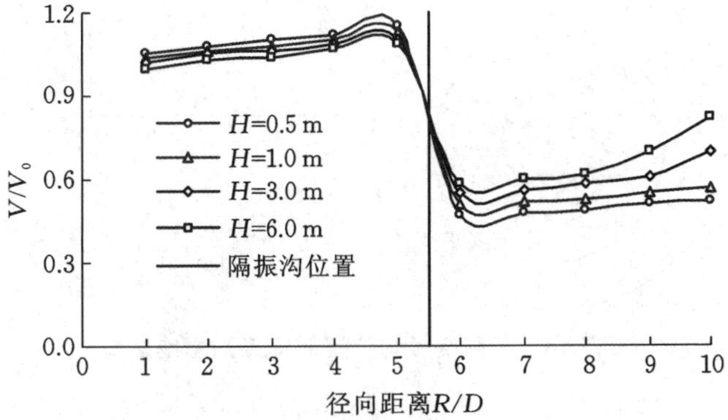

(b)

图 5.16　不同隔振沟位置的地面各点水平向速度

(a) 隔振沟位置 $R=2.5D$；(b) 隔振沟位置 $R=5.5D$

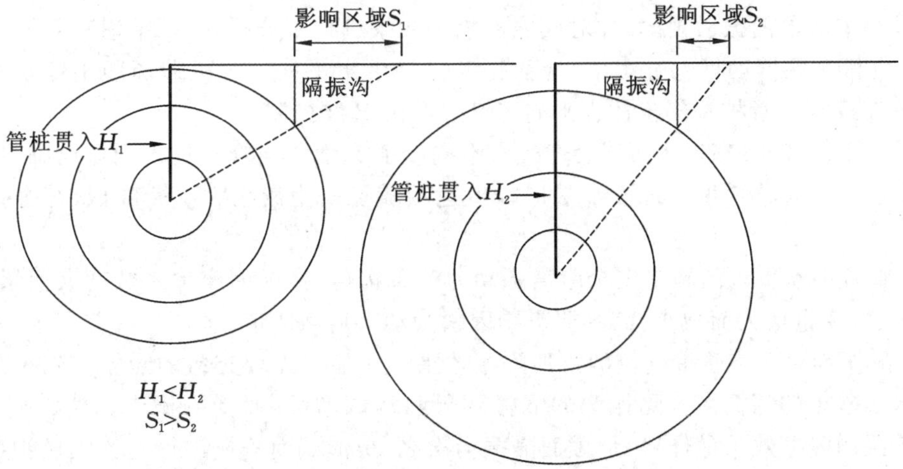

图 5.17　不同贯入深度时隔振沟影响区域

图 5.16 还显示：(1)隔振沟位置对隔振沟的隔振影响区域存在很大影响。对于同一贯入深度处，当隔振沟与管桩距离增加时，隔振沟外侧地面点水平向速度 V/V_0 曲线的斜率降

低，即隔振沟的隔振影响区域增加。根据图 5.18 可解释这一现象，当隔振沟距管桩较远时，管桩端部产生的 P 波传播至隔振沟，受隔振沟的屏蔽作用增强，导致隔振沟的隔振影响区域相应增加。(2)当管桩贯入深度小于隔振沟深度时，隔振沟位置对沟外侧地面点的隔振效果影响较小；当管桩贯入深度大于隔振沟深度时，隔振沟设置在距离被保护区域近时的减振效果优于设置在离管桩较近处。

因此，当需要设置隔振沟减振时，在保证隔振沟稳定的条件下，设置 U 形截面无填充料隔振沟，并尽量靠近被保护区域。同时，沟深的合理取值范围为 1～1.5 m，沟深过浅，减振效果不明显。如果隔振沟深度过大，难以保证侧壁的稳定，危害更明显；若设置支撑，则施工成本增加。

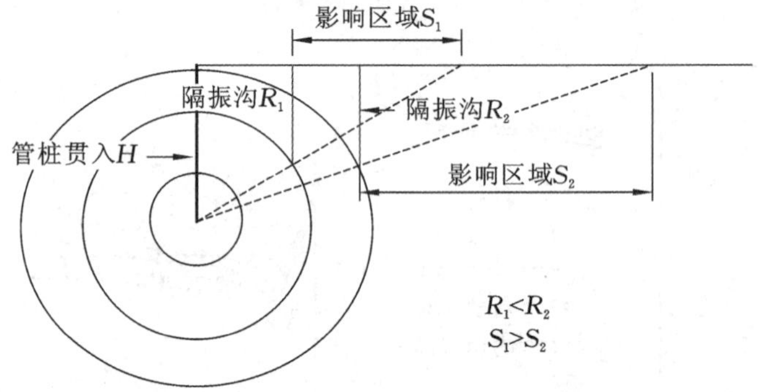

图 5.18　不同隔振沟位置时隔振沟影响区域

5.6　小　　结

本章利用 ABAQUS/Explicit 建立的三维数值分析模型，分析了管桩高频振动贯入黏性土地基过程中的地面振动规律，并对隔振沟隔振效果进行了分析，主要结论有：

(1) 管桩高频振动贯入过程中，地面振动主要沿水平向。管桩壁周围土体水平向速度主要由 S 波控制。管桩端部土体水平向速度主要由 P 波控制。

(2) 在管桩贯入初期，地面不会产生水平向峰值速度。当管桩贯入到振动临界深度时，地面产生水平向峰值速度。地面水平向峰值速度随径向距离增大不断降低，符合指数衰减规律。

(3) 管桩振动贯入的施工安全距离随动力荷载幅值、接触面摩擦系数增大而增大，随振动频率、土体模量增大而减小，其主要影响因素为动力荷载幅值。

(4) 隔振沟对于与管桩同侧的土体隔振效果不明显。无填充料的隔振沟隔振效果优于填充泡沫或砂土的隔振沟。隔振沟的隔振效果随沟深增强，而受隔振沟宽度影响较小。U 形截面隔振沟隔振效果最佳，V 形截面隔振沟次之，矩形截面隔振沟最差。隔振沟位置对隔振沟的隔振影响区域存在很大影响。

6 高频振动沉桩过程中的土塞效应

6.1 概　　述

管桩高频振动贯入过程中，管桩端部土体挤入管桩内，形成的土柱称为土塞。由于管桩直径大、桩壁薄，管桩贯入过程产生的土塞具有显著差异。同时，相较于静压贯入法和锤击贯入法，管桩采用振动贯入法时，管桩内外侧壁与土体间的反复剪切与滑移对土塞性状的发挥至关重要。

利用第 5 章建立的管桩高频振动贯入黏性土地基的三维数值分析模型，研究管桩高频振动贯入过程中土塞孔隙比变化规律、管桩内外侧摩阻力分布、土塞闭塞程度及土拱效应，同时讨论各因素振动频率、管桩直径、土层性质对土塞的影响。

6.2 孔隙比变化

由于 ABAQUS/Explicit 不能输出孔隙比数据，为研究管桩贯入过程中土体孔隙比的变化规律，现通过应变-孔隙比间关系推导出孔隙比。

由弹塑性理论可知，土体体应变 ε_v 由下式而得

$$\varepsilon_v=\varepsilon_x+\varepsilon_y+\varepsilon_z \tag{6.1}$$

土体孔隙比由 e_1 变为 e_2 所引起土体的体应变为[243]

$$\varepsilon_v=\frac{e_1-e_2}{1+e_1} \tag{6.2}$$

由以上公式可以求得孔隙比增量 Δe 为

$$\Delta e=-(1+e_0)(\varepsilon_x+\varepsilon_y+\varepsilon_z) \tag{6.3}$$

式中　Δe——孔隙比增量，$\Delta e=e-e_0$；

　　e——变化后孔隙比；

　　e_0——初始孔隙比。

若 Δe 为正，则孔隙比较初始孔隙比增大，土体变松；若 Δe 为负，则孔隙比较初始孔隙比减小，土体变密实。

图 6.1 为管桩高频振动贯入过程中管桩中心处土体孔隙比增量变化规律，图中归一化土塞高度的 0 代表土塞顶部，1 代表土塞底部。图中表明：(1)土塞底部土体孔隙比减小，土体挤压密实。土塞顶部土体受到扰动作用，土体孔隙比增大，土体变松。(2)随着管桩贯入深度增加，管内土体颗粒向下移动，导致管桩端部土体变密实；而土塞顶部土体受到扰动，土体变得越来越松散。

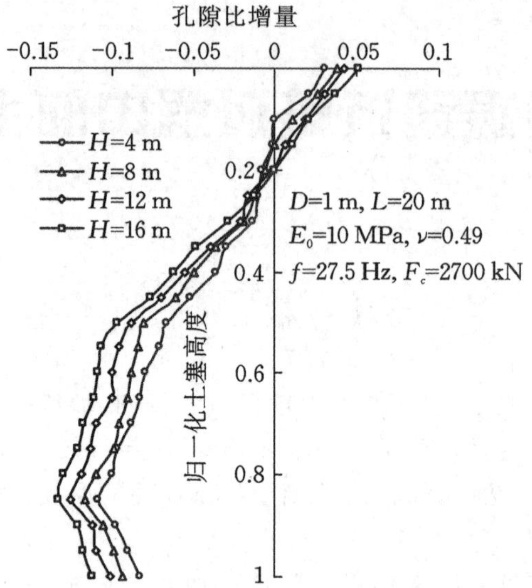

图 6.1　管桩中心处孔隙比增量

6.3　内外侧摩阻力

图 6.2 为管桩高频振动贯入过程中内侧摩阻力沿管长的分布，图中对土体深度 z 进行归一化处理，即纵坐标为 z/H。

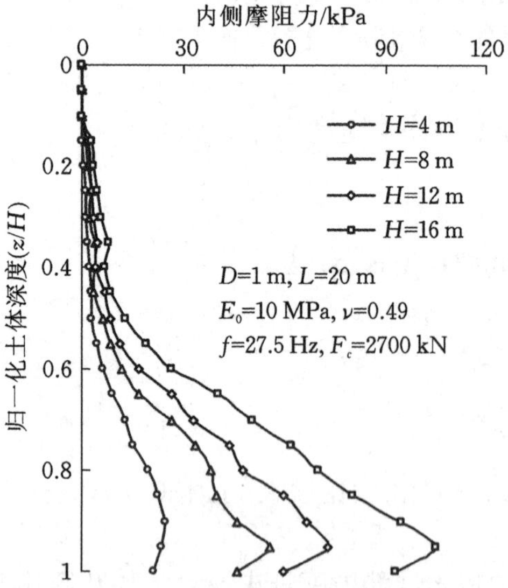

图 6.2　内侧摩阻力沿管长分布

从图 6.2 中可看出：(1)土塞底部与管桩壁间产生滑移变形，内侧摩阻力达到最大值，而土塞顶部与管壁之间的内侧摩阻力接近为 0。(2)内侧摩阻力随贯入深度增加呈明显增大趋势。土塞底部内侧摩阻力随贯入深度的增加有较大提高，可解释为随着贯入深度的增加，土

塞 K_0 状态下的径向应力增加，同时土塞底部的土拱效应增强，侧向变形受到管桩的限制，导致水平应力增加，内侧摩阻力也相应提高。

图 6.3 给出了管桩高频振动贯入过程中外侧摩阻力沿桩长分布情况。外侧摩阻力沿管长由上而下呈逐渐增大趋势。内外侧摩阻力分布差异是由于土塞与管桩外侧土体的不同边界条件造成的[138]。管内土塞相当于一个一维土柱，土塞底部形成土拱，产生明显的压缩变形；而土塞顶部土体主要以弹性变形为主。内侧摩阻力发挥范围有限，土塞顶部内侧摩阻力没有发挥，只有在土塞底部内侧摩阻力局部增大，其分布图形近似为喇叭形。与管内土塞相比，管桩高频振动贯入过程中，管桩外侧无限大土体与管壁间的剪切变形由上往下发展。外侧摩阻力随管土间的相对位移增大呈非线性增大。

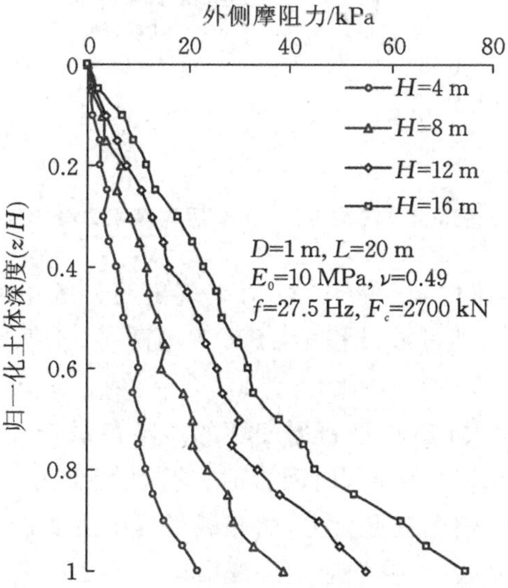

图 6.3 外侧摩阻力沿桩长分布

6.4 土塞闭塞程度

管桩高频振动贯入过程中土塞闭塞程度分为三种情况：完全非闭塞、部分闭塞和完全闭塞[244]。所谓完全闭塞即土塞所起作用完全像闭口桩那样，反之为不完全闭塞（完全非闭塞或部分闭塞）[245,246]。当管桩内土塞达到完全闭塞程度时，管桩内土体水平应力增大，此时管桩内侧摩阻力明显大于管桩外侧摩阻力。

管桩静压贯入和高频振动贯入 10 m 后侧摩阻力分布如图 6.4 所示。研究发现：(1)管桩高频振动贯入管桩端部内侧摩阻力明显低于静压贯入的内侧摩阻力，说明管桩高频振动贯入过程中土塞达到完全闭塞程度的概率很小[141]。(2)高频振动贯入时内侧摩阻力有效高度（即大于外侧摩阻力的区间段）大于静压贯入时的内侧摩阻力有效高度，说明内侧摩阻力有效高度与土塞闭塞程度相关。但进一步研究发现，高频振动贯入时管端阻力小于静压贯入时的管端阻力。

图 6.5 给出了管桩贯入过程中 *IFR* 变化情况。管桩贯入浅层时，*IFR* 值是比较大的。

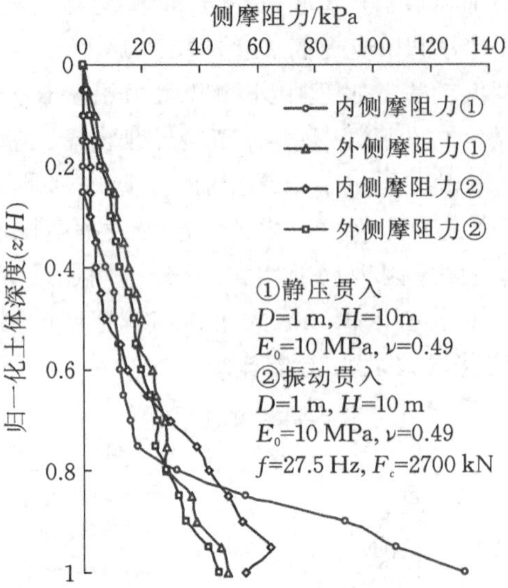

图 6.4　管桩贯入 10 m 后侧摩阻力分布

随着贯入深度增加，管桩静压贯入过程中 *IFR* 表现出明显减小的趋势，完全闭塞现象出现于 8 m 深度处。管桩高频振动贯入过程中 *IFR* 逐渐降低，土塞闭塞程度逐渐增强，但土塞始终处于不完全闭塞状态。

管桩高频振动贯入过程中，管桩壁将周期性的振动荷载传递于管桩周围土体[98]。管桩下沉时土体产生弹性变形和塑性变形，而回程时以弹性变形为主。在加载过程中土体会产生弹性变形和塑性变形且以塑性变形为主，而卸载过程中主要产生弹性变形，造成土体的滞回特性不对称。如此周而复始，土体的应力应变滞回曲线逐渐向应变增大的方向移动，破坏了土体的结构强度[40]。管桩周围土体在高频振动荷载作用下，应变不断增大，土体黏聚力降低，其抗剪强度逐渐减弱。相对于管桩外侧无限大的土体，管桩内土塞受到桩壁的循环剪切作用更加强烈，导致内侧摩阻力相比外侧摩阻力表现出更为明显的波动。因此，管桩高频振动贯入过程中剪切面土体在反复剪切作用下，土体强度和胶结力降低，导致土塞处于不完全闭塞状态，贯入阻力也比其他贯入方式的阻力要小。

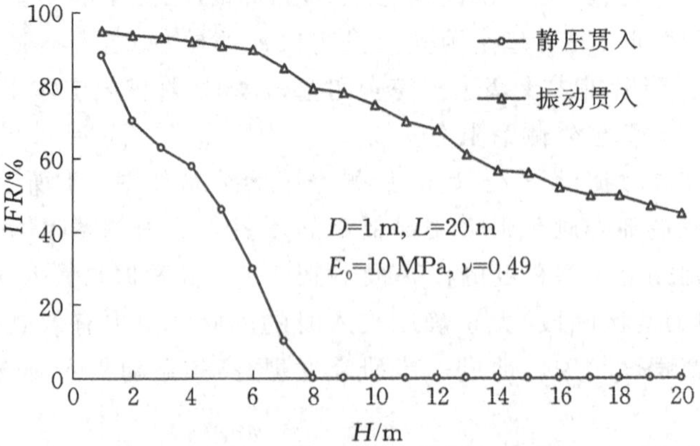

图 6.5　管桩贯入过程中 *IFR* 变化情况

6.5　土拱效应

图 6.6 为管桩高频振动贯入不同深度时，土塞底部土体竖向位移等值线。从图中可看出：(1)管桩贯入初期，土塞底部土体竖向位移未产生明显的土拱现象。这是由于管桩浅层贯入时，侧摩阻力较小，仅靠近桩壁附近的土体受侧摩阻力作用，产生剪切位移，但管桩内土体并没有随着管桩向下发生较大的移动。(2)随着管桩继续贯入，内侧摩阻力增大，导致靠近管桩内壁的土塞沉降较大，产生环形位移拱，即管桩中心部分的土塞隆起量不是最大。而 Nicola 等[120]通过试验发现，管桩静压贯入过程中管端处土塞形成凸形拱。不同的是，管桩高频振动贯入过程中，管桩下沉时桩壁拖带桩壁周围土体下沉，管桩回程时桩壁拖带桩壁周围土体上升。管桩中心部分的土体受桩壁拖带效应较弱，在管桩高频振动作用下产生沉降，其隆起量相对周围土体较小。进一步研究发现，随着桩径增加，管桩端部的环形位移拱趋于平缓，这是由于桩径增大土拱效应减弱。(3)土塞底部土体竖向位移随贯入深度增加而增大，说明土拱效应随贯入深度增加而逐渐增强。

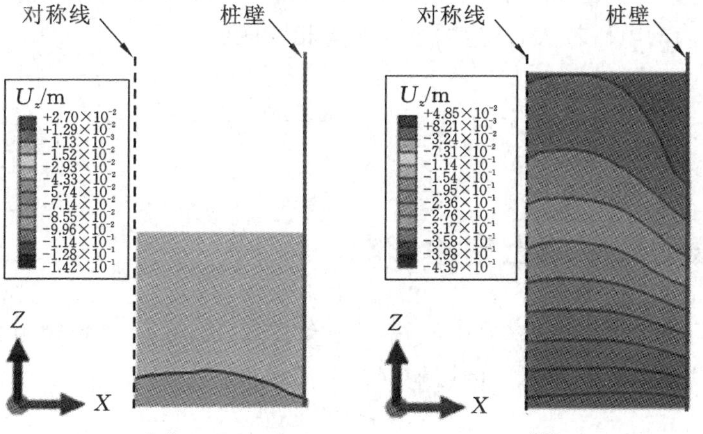

(a)　　　　(b)

图 6.6　土塞底部土体竖向位移等值线

(a) 贯入 0.5 m；(b) 贯入 6 m

彩图 6.6

图 6.7 为管桩高频振动贯入不同深度时，土塞底部土体主应力等值面。从图中可看出：(1)管桩贯入初始阶段，土塞底部土体主应力等值面基本呈平面分布，并没有产生明显的土拱现象。(2)随着管桩的不断贯入，土塞颗粒随管桩贯入而向下移动，下部土体变得越来越密实，并受到管桩端部土体的挤压和桩壁摩擦阻力的作用，产生环形应力拱，此现象是因为桩壁内侧对涌入的土体所形成的巨大摩阻力所致。(3)在距离桩端一定范围内的应力拱最为显著，此段土塞承担了内侧摩阻力的主要部分，且应力值随着贯入深度的增加而增大，与文献[214]基本符合，即接触应力主要集中在桩端部下方，并且传递到距离桩端部较短距离的桩内侧。

管桩高频振动贯入产生的土拱效应与张忠苗等[247]研究的静压管桩土拱效应相比，管桩高频振动贯入的土拱效应较弱。管桩静压贯入过程中，管壁与土体间的单调剪切，导致土体

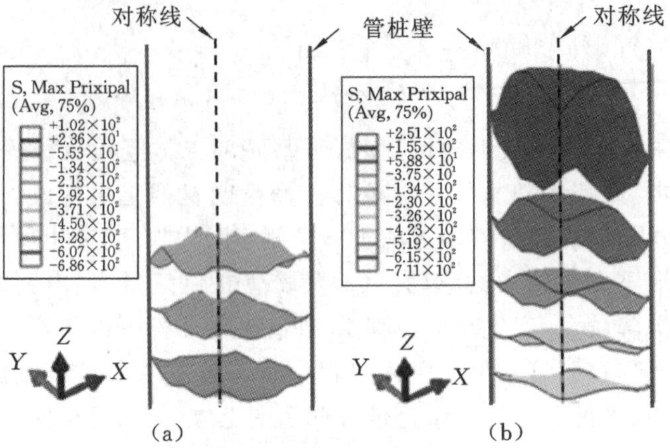

图 6.7　土塞底部土体主应力等值面

(a) 贯入 0.5 m;(b) 贯入 6 m

彩图 6.7

孔隙比稍微低于 K_0 状态的孔隙比;而管桩高频振动贯入过程中,桩壁与土体间的反复剪切,导致土体孔隙比降低至最小孔隙比[141]。由于管桩高频振动造成土塞振动密实,对管桩端部土体涌入桩内的阻碍较大,产生的土拱效应相对较弱。

6.6　土塞影响因素分析

6.6.1　振动频率对土塞的影响

图 6.8 给出了不同振动频率时管桩高频振动贯入 10 m 后内侧摩阻力沿桩长的分布。研究表明,振动频率对内侧摩阻力的影响存在一门槛值。

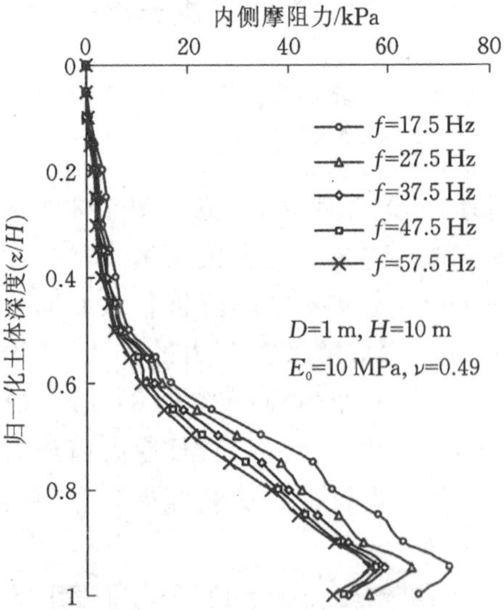

图 6.8　不同振动频率时内侧摩阻力沿桩长的分布

图 6.8 显示，当振动频率小于某一值时，内侧摩阻力随振动频率增大而减小；当振动频率达到一定值之后，振动频率对内侧摩阻力的影响不明显。Rodger[31]通过试验验证了振动频率门槛值的存在。管桩振动贯入过程中产生的应力波传播至周围土层，致使土体扰动，并产生超孔隙水压力。由于黏性土的渗透系数小，孔隙水不能迅速排出，从而使管桩周围黏性土的超孔隙水压力迅速上升，致使黏性土产生应变软化[233]。同时在管桩高频振动作用下，土体主应力不断改变，土体结构发生重塑，引起黏性土软化。当黏性土软化到一定程度后，其软化程度变化将很小，即黏性土软化程度受振动频率影响减弱。由于土体的软化，管桩与土体间摩擦阻力显著减小甚至丧失。

不同振动频率时 IFR 随贯入深度的变化如图 6.9 所示。从图中可看出，管桩高频振动贯入过程中 IFR 值始终大于 0，土塞处于不完全闭塞程度；振动频率对 IFR 的影响同样存在一门槛值。当振动频率小于某一值时，IFR 随振动频率增大而增大，土塞闭塞程度相应减弱；当振动频率达到一定值之后，振动频率对 IFR 的影响不明显，此时，土塞闭塞程度受振动频率影响较小。

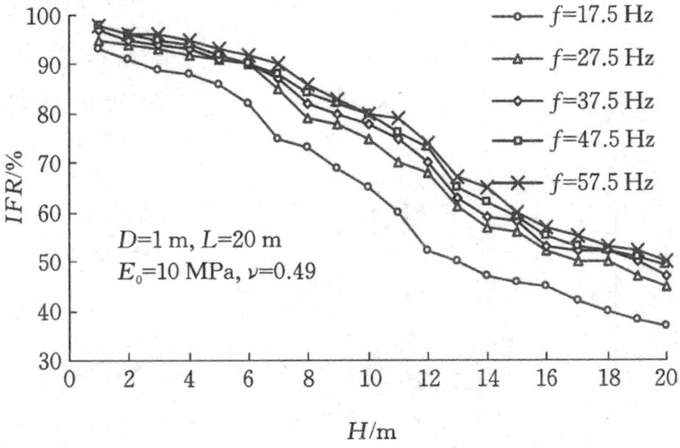

图 6.9　不同振动频率时 IFR 随贯入深度的变化

6.6.2　桩径对土塞的影响

图 6.10 描述了不同桩径时管桩高频振动贯入 10 m 后内侧摩阻力沿桩长的分布。从图中可知，在距离管桩端部 $0.3H \sim 0.4H$ 范围内，内侧摩阻力随着桩径增大而逐渐降低；在距管桩端部 $0.4H$ 以上，内侧摩阻力随桩径增大而增大。在不同贯入深度、振动频率的工况条件下，观察到同样的现象。

桩径对土塞的影响原因可从以下方面进行解释：随着桩径增大，管桩端部土塞受到桩壁的约束降低，土拱效应减弱，导致内侧摩阻力降低；管桩上部土塞（未形成土拱）在高频振动荷载作用下，土体黏聚力降低，抗剪强度逐渐减弱。相对于管桩外侧无限大的土体，管桩内土塞受到桩壁的循环剪切作用更加强烈，导致内侧摩阻力比外侧摩阻力低。当桩径趋于无穷大时，土塞边界条件由“一维土柱”边界转变为“无侧限”边界，管桩可简化为一块钢板。显然，钢板贯入过程中两侧摩阻力是相同的。因此，随着桩径增大，管桩上部内侧摩阻力逐渐增大，并接近于外侧摩阻力。

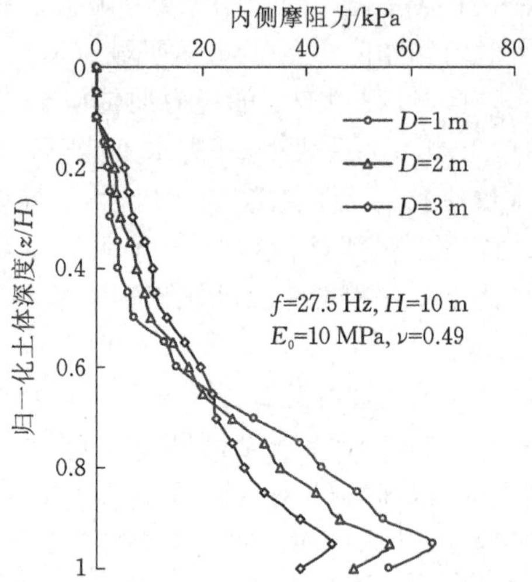

图 6.10　不同桩径时内侧摩阻力沿桩长的分布

不同桩径时 *IFR* 随贯入深度的变化见图 6.11。管桩高频振动贯入过程中土塞始终处于不完全闭塞程度；*IFR* 随着桩径增大而逐渐增大，土塞闭塞程度随桩径增大而逐渐减弱。

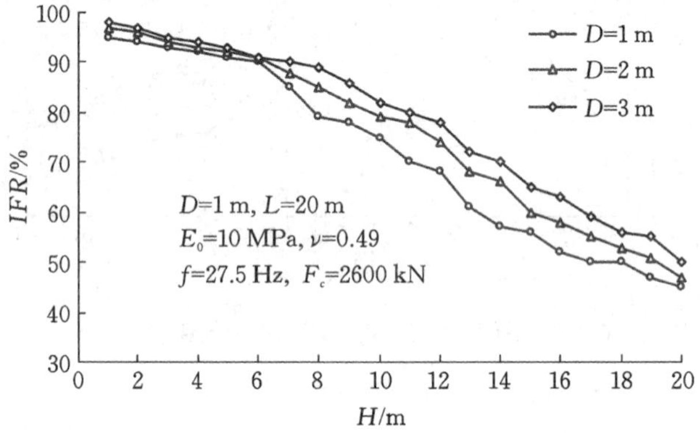

图 6.11　不同桩径时 *IFR* 随贯入深度的变化

6.6.3　土层对土塞的影响

图 6.12 为不同土体时管桩贯入 10 m 后内侧摩阻力沿桩长的分布，其中砂土参数如表 6.1 所示。土体条件对内侧摩阻力的影响显著，且黏性土中内侧摩阻力相较于砂土小。这是由于黏性土具有结构性，管桩高频振动贯入对黏性土产生的扰动明显大于砂土。

表 6.1　砂土参数

密实度	天然重度 $\gamma/(\mathrm{kN\cdot m^{-3}})$	模量 E/MPa	泊松比 ν	黏聚力 c/kPa	内摩擦角 $\varphi/(^\circ)$
密实	20	40	0.25	0	40

续表6.1

密实度	天然重度 $\gamma/(\mathrm{kN\cdot m^{-3}})$	模量 E/MPa	泊松比 ν	黏聚力 c/kPa	内摩擦角 $\varphi/(°)$
中密	19	30	0.27	0	36
松散	18	25	0.30	0	30

图 6.12 还显示，管桩内侧摩阻力随砂土密实度增大而减小。管桩高频振动贯入能有效地使桩内松散砂土变得中密，致使内侧摩阻力增加；而密实砂土在高频振动作用下会产生剪胀效应，即孔隙比增加，导致内侧摩阻力降低。

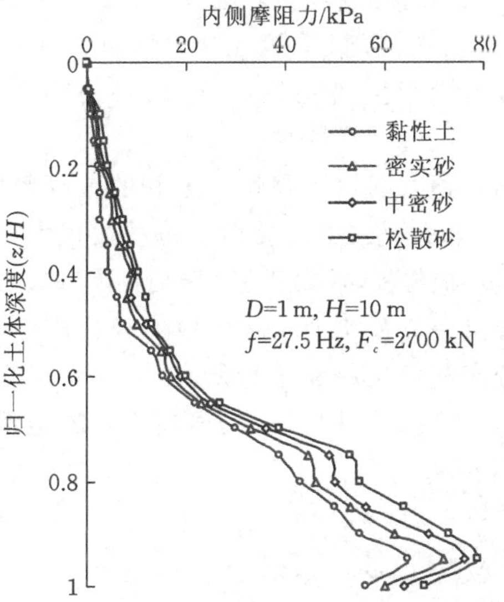

图 6.12　不同土体时管桩贯入 10 m 后内侧摩阻力沿桩长的分布

6.7　小　　结

本章采用第 5 章建立的管桩高频振动贯入黏性土地基的三维数值分析模型，进一步研究管桩贯入黏性土地基过程中的土塞效应，主要结论有：

(1) 管桩高频振动贯入过程中剪切面土体在反复剪切作用下，土体强度和胶结力降低，导致土塞处于不完全闭塞状态，贯入阻力相较于其他贯入方式的阻力小。

(2) 管桩高频振动贯入过程中管桩端部土体挤压密实，形成环形土拱，导致管桩内侧摩阻力显著增大，此段土塞承担了内侧摩阻力的主要部分。

(3) 振动频率对内侧摩阻力的影响存在一门槛值。当振动频率小于某一值时，内侧摩阻力随振动频率增大而减小，土塞闭塞程度相应减弱；当振动频率达到一定值之后，振动频率对内侧摩阻力的影响不明显，此时，土塞闭塞程度受振动频率的影响较小。

(4) 管桩端部内侧摩阻力随着桩径增大而逐渐降低；管桩上部内侧摩阻力随桩径增大而增大。土塞闭塞程度随桩径增大而逐渐减弱。内侧摩阻力与土体条件密切相关。

7 高频振动沉桩过程中的挤土效应

7.1 概　　述

管桩振动施工不仅产生振动引起的环境效应，以及土体涌入桩内形成的土塞效应，还会产生明显的挤土效应，主要表现在：管桩周围土体产生水平和竖向位移，可能使邻近桩体上浮或桩位偏移；管桩周围土体产生超孔隙水压力，对周围构筑物或工程管线产生不良影响。

通过第 5 章建立的管桩高频振动贯入黏性土地基的三维数值分析模型，研究管桩高频振动贯入过程中的挤土效应，揭示管桩贯入黏性土地基过程中挤土位移和超孔隙水压力的变化规律，并讨论了土体模量、泊松比、摩擦系数、振动频率和桩径对挤土位移的影响。

采用 ABAQUS/Standard 建立砂土地基孔压数值分析模型，对管桩高频振动贯入砂土地基引起的超孔隙水压力分布和变化趋势进行研究；同时将正交试验设计方法与有限元数值模拟有机地结合，分析贯入深度、管桩外径、位移幅值和渗透系数对超孔隙水压力幅值及消散时间的影响程度。

7.2 挤 土 位 移

7.2.1 地表土体位移

图 7.1 为管桩高频振动贯入过程中地表水平位移随径向距离的变化。

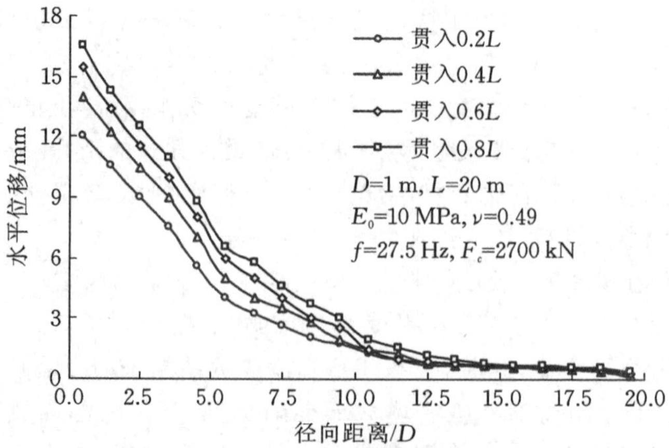

图 7.1　地表水平位移随径向距离的变化

图 7.1 表明:(1)管桩高频振动贯入引起的地表水平挤土位移沿径向距离呈指数型衰减,且水平挤土位移的影响区域主要在径向距离 10D 内;(2)地表水平位移随管桩贯入深度增加逐渐增大,这是管桩贯入过程中持续产生的应力波对地表土体作用的缘故[98]。

图 7.2 给出了管桩高频振动贯入过程中地表竖向位移随径向距离的变化。显示:(1)管桩贯入过程中管桩壁周围形成深约 8 mm 的孔缝。这是由于管桩的拖带效应将管桩壁周围的浅层土体拖带下沉,导致管桩壁周围出现沉陷区。刘俊伟[248]的开口混凝土管桩静压贯入试验也发现孔缝的存在。(2)在径向距离 1.5D 处,地表竖向位移达到峰值。在径向距离 1.5D范围以外,地表竖向位移逐渐减小,且影响位移为 10D;(3)管桩贯入至浅层土体时,地表土体产生较大竖向位移,随着管桩继续贯入,地表竖向位移基本保持不变。这是由于深层土体受到上覆土压力的作用。

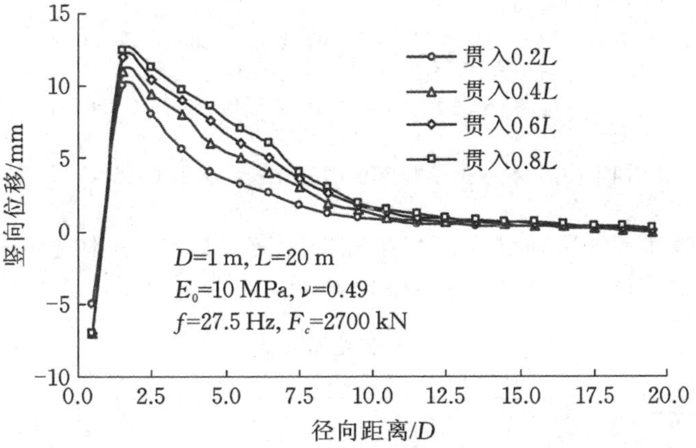

图 7.2 地表竖向位移随径向距离的变化

7.2.2 深层土体位移

图 7.3 描述了管桩高频振动贯入过程中径向距离 1.5D 处的土体水平位移变化。图中归一化深度的 0 代表地表,1 代表 L 深度处的土层。管桩贯入过程中地表、深层土体水平位移较小,而中部土体水平位移较大。地表土体水平位移较小是由于地表土体竖向无约束,管桩贯入引起的侧向挤土位移由水平向挤土变为竖向隆起;中部土体受到上覆土压力的作用导致土体水平位移增大;管桩高频振动贯入过程中产生的振动能量以应力波的形式向深层土体传递[97],因几何阻尼和物质阻尼的存在,振动能量随土层深度的增大而逐渐衰减,导致深层土体水平位移逐渐减小。

图 7.3 还显示,管桩贯入过程中管桩端部土体并未达到水平位移峰值,而是管桩端部以上约 2D 处土体达到水平位移峰值,且在深层土体中水平位移峰值基本保持不变。然而,随着管桩继续贯入,扰动土层的土体发生回弹,土体水平位移稍有减小。由于某一深度处土体水平位移与管桩的贯入深度存在累积效应,当管桩施工场地周围有需要保护的管线时,不能误认为管桩贯入管线埋置深度时挤土位移对管线的影响最大,更应注意随后管桩贯入深度超过管线埋置深度时挤土位移对管线的破坏更大[147]。

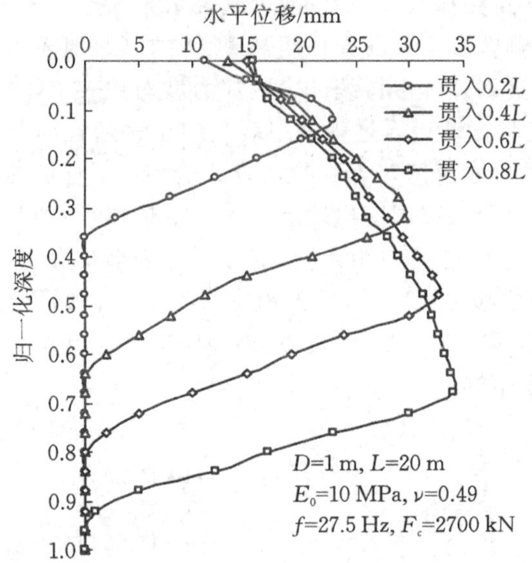

图 7.3　水平位移随深度的变化(**径向距离** $1.5D$)

图 7.4 给出了管桩高频振动贯入过程中径向距离 $1.5D$ 处土体竖向位移随深度的变化情况。图中竖向位移正值代表隆起，竖向位移负值代表下沉。

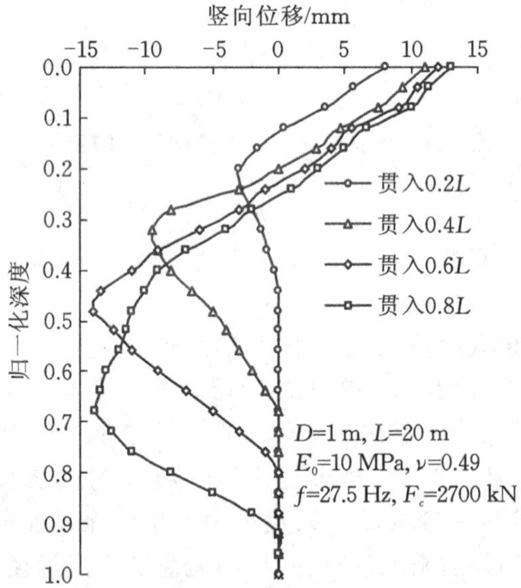

图 7.4　竖向位移随深度的变化(**径向距离** $1.5D$)

图 7.4 表明：(1)浅层土体(0～$4D$ 范围内土层)竖向位移为正值，呈现为地表隆起。深层土体($4D$～$20D$ 范围内土层)竖向位移为负值，表现为竖向的压缩变形。(2)浅层土体的隆起量和深层土体的下沉量均随着管桩贯入深度的增大而增大。(3)竖向位移峰值的变化规律与水平位移峰值的变化规律一致。管桩贯入过程中管桩端部土体并未达到竖向位移峰值，而是管桩端部以上约 $2D$ 处土体达到竖向位移峰值，且在深层土体中竖向位移峰值基本

保持不变。

管桩高频振动贯入引起浅层土体隆起的主要原因是土体应力场的改变。浅层土体初始应力场如图 7.5(a)所示，其竖向应力和径向应力表示为

$$\sigma_1=\gamma h \tag{7.1}$$

$$\sigma_3=k_0\gamma h \tag{7.2}$$

式中 γ——土体重度；

h——土层深度；

k_0——静止土压力系数。

管桩高频振动贯入过程中产生的应力波和扩孔挤土应力使径向应力增加 $\Delta\sigma_3$，从而产生竖向应力增量 $\Delta\sigma_1$，如图 7.5(b)所示。当竖向应力增量 $\Delta\sigma_1$ 大于上覆土体自重 σ_1 时，则土体将产生隆起；相反，当竖向应力增量 $\Delta\sigma_1$ 小于上覆土体自重 σ_1 时，则土体将产生径向位移。

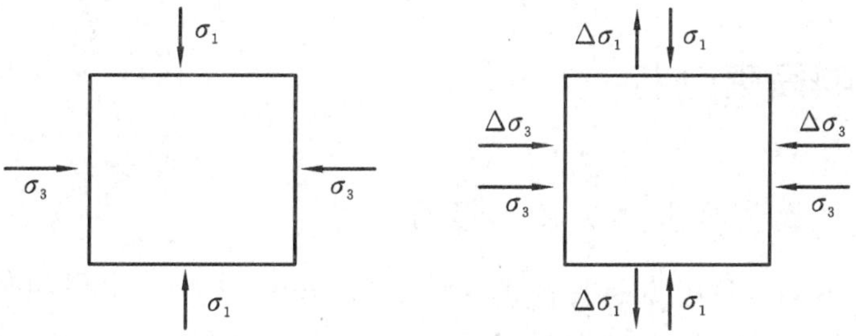

图 7.5 土体应力分布

(a) 管桩贯入前；(b) 管桩贯入后

浅层土体的隆起分界面如图 7.6 所示。从图中可看出：(1)在径向距离 0.5D～0.8D 范围内，浅层土体隆起分界面深度为 0。这是管桩贯入过程中管桩的拖带效应导致该范围内土体下沉的缘故(图 7.2)。(2)在径向距离 0.8D～1.5D 范围内，管桩对管桩壁周围土体的拖带效应减弱，浅层土体隆起分界面深度逐渐增大。(3)在径向距离 1.5D～20D 范围内，浅层土体隆起分界面深度随着径向距离增大而逐渐减小。在径向距离 10D 处，隆起分界面深度降至 0.18 m，该深度小于工程管线的最小覆土深度[249]。因此，管桩高频振动贯入黏土地基时，管桩施工处对工程管线的影响范围约可取为 10D。

图 7.6 还表明：(1)浅层土体隆起分界面深度随着动力荷载幅值 F_c 增大而增大。分析认为，振动锤的振动能量主要由动力荷载幅值 F_c 和静态荷载 F_0 控制。在静态荷载 F_0 不变的条件下，增大动力荷载幅值 F_c，径向传播的应力波能量将增大。随着径向应力波能量增大，径向应力增量 $\Delta\sigma_3$ 和竖向应力增量 $\Delta\sigma_1$ 均显著增加(图 7.5)，从而导致浅层土体隆起分界面深度增大。(2)浅层土体隆起分界面深度随振动频率 f 增大而减小。这是振动频率 f 越大，应力波能量越小的缘故[250]。

因此，当管桩高频振动贯入施工场地有需要保护的管线时，可通过降低动力荷载幅值 F_c 或提高振动频率 f，降低浅层土体隆起分界面深度，从而避免工程事故的发生。

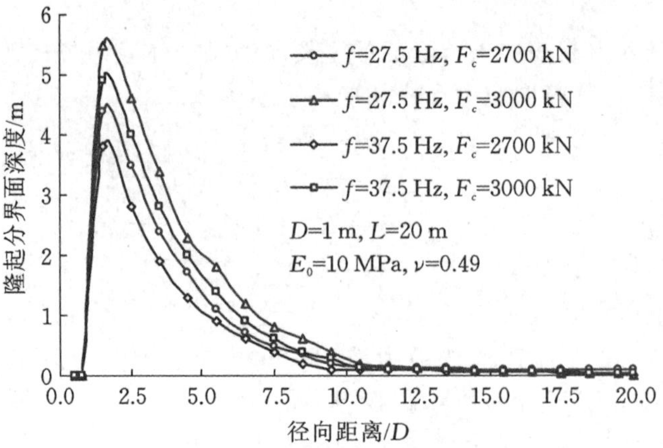

图 7.6 浅层土体的隆起分界面

7.2.3 影响因素分析

7.2.3.1 土体模量对土体位移的影响

图 7.7 给出了不同土体模量时管桩贯入 $0.6L$ 后径向距离 $1.5D$ 处土体水平、竖向位移随深度的变化情况。在不同土体模量情况下，土体水平位移呈现相同的变化规律，即土体水平位移随土体模量增大而减小，且表层、深层土体水平位移相较于中部土体水平位移小；不同深度处土体竖向位移受土体模量的影响不同。当土体模量较小时，浅层土体竖向位移较大，即浅层土体产生隆起现象。而深层土体竖向位移较小，即深层土体产生下沉现象。这是由于土体模量降低时，土体会产生较大的压缩[202]。

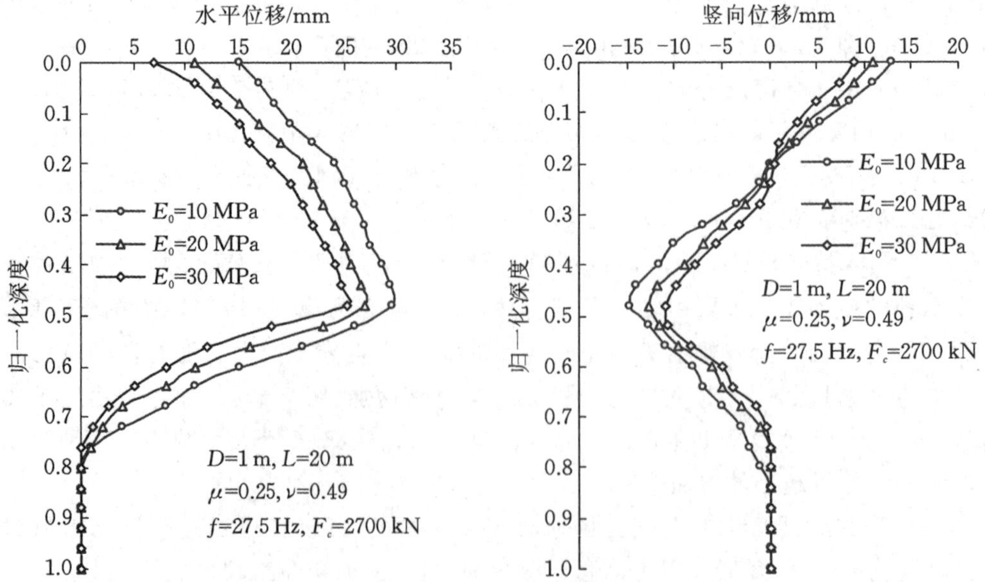

图 7.7 不同土体模量时水平及竖向位移随深度的变化

7.2.3.2 泊松比对土体位移的影响

图 7.8 描述了不同泊松比时管桩贯入 0.6L 后径向距离 1.5D 处土体水平、竖向位移随深度的变化情况。泊松比越大，土体挤土位移越大。这是由于管桩贯入过程中，会对管桩周围土体产生挤压以容纳管桩的体积，同时土体的体积变化较小，导致水平与竖向位移均产生增大的趋势。

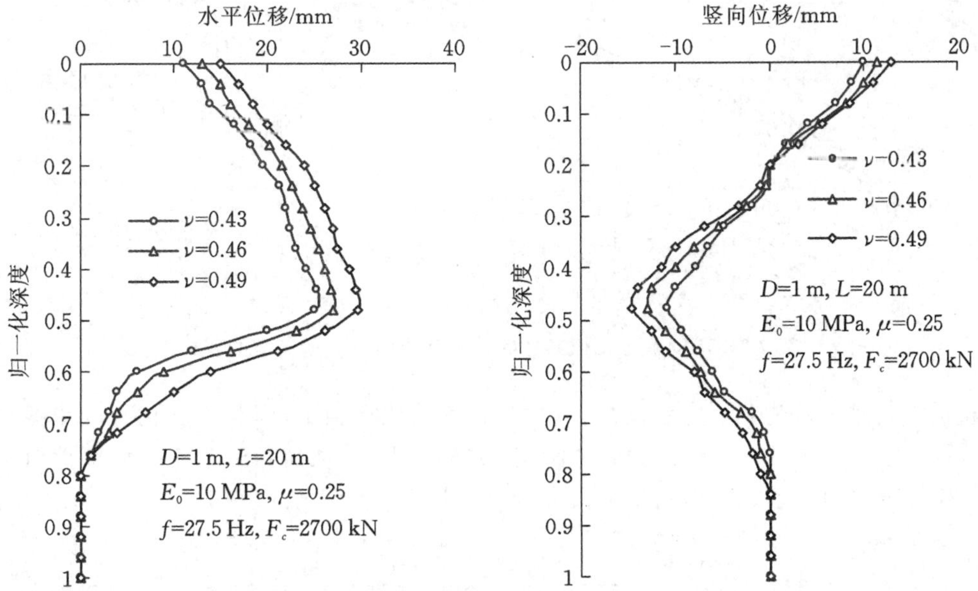

图 7.8 不同泊松比时水平及竖向位移随深度的变化

7.2.3.3 管土界面摩擦系数对土体位移的影响

图 7.9 给出了不同摩擦系数时管桩贯入 0.6L 后径向距离 1.5D 处土体水平、竖向位移随深度的变化情况。从图中可看出：(1) 土体水平位移随管土界面摩擦系数增大而逐渐增大；(2) 浅层土体的隆起量随管土界面摩擦系数增大而减小，而深层土体的下沉量随管土界面摩擦系数增大而增大。分析认为，当管土界面摩擦系数增大时，管桩高频振动贯入过程中产生的拖带效应变明显，导致管桩周围土体竖向沉降明显增大，同时径向水平位移也相应增大。

7.2.3.4 振动频率对土体位移的影响

图 7.10 为不同振动频率时管桩贯入 0.6L 后径向距离 1.5D 处土体水平、竖向位移随深度的变化情况。图中表明，振动频率对土体水平位移和竖向位移的影响存在一门槛值。土体水平位移和竖向位移随着振动频率增大而逐渐增大，当振动频率增大到某一值后，土体水平位移和竖向位移受振动频率的影响不明显。分析认为，管桩高频振动贯入过程中产生的应力波传播至周围土层，致使土体扰动，并产生超孔隙水压力。由于黏土的渗透系数小，孔隙水不能迅速排出，管桩周围黏土的超孔隙水压力迅速上升，致使黏土产生应变软化。同时在管桩高频振动循环荷载作用下，土体主应力不断改变，导致土体结构重塑，也引起了黏土

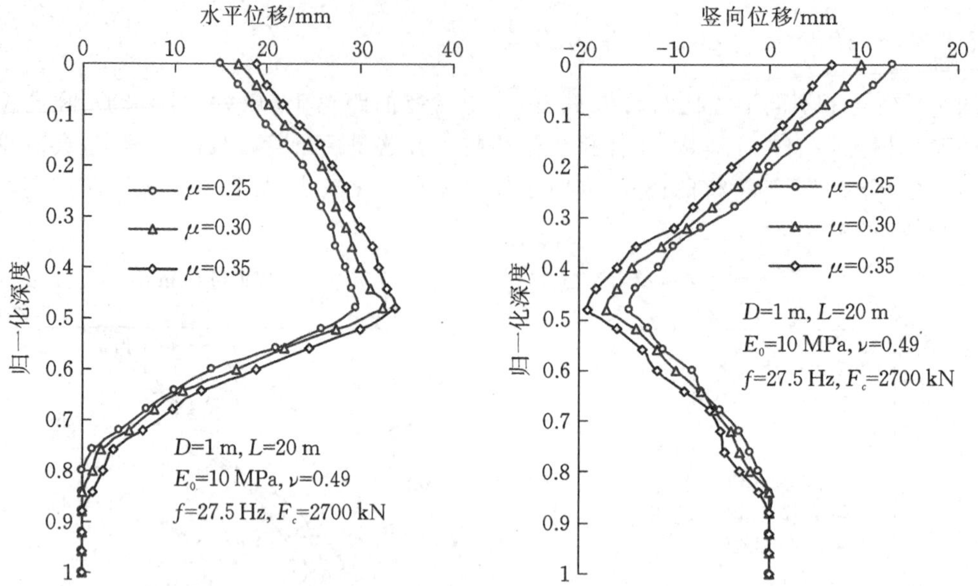

图 7.9　不同桩土摩擦系数时水平及竖向位移随深度的变化

应变软化。当黏土软化到一定程度后，其软化程度变化将很小，即黏土软化程度受振动频率影响减弱。土体的软化，降低了管桩与土体间的摩擦阻力，从而导致管土界面摩擦对土体的拖拽效应减弱，土体位移也相应减小。

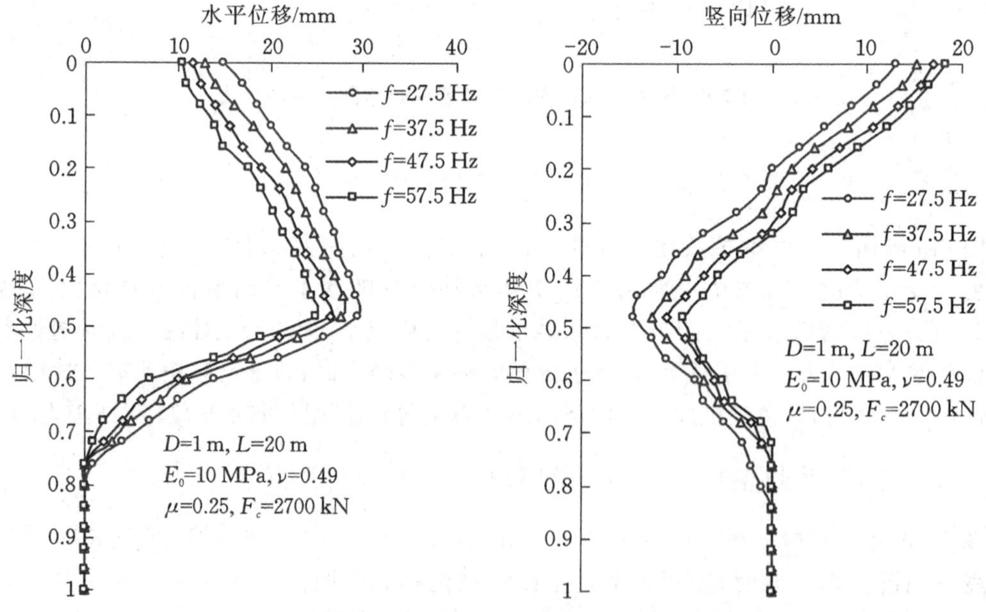

图 7.10　不同振动频率时水平及竖向位移随深度的变化

7.2.3.5　桩径对土体位移的影响

图 7.11 给出了不同管桩直径时管桩贯入 $0.6L$ 后径向距离 $1.5D$ 处土体水平、竖向位移

随深度的变化情况。从图中可看出：(1)对于土体水平位移，在不同管桩直径情况下，土体水平位移呈现相同的变化规律，即土体水平位移随管桩直径增大而增大，且表层、深层土体水平位移比中部土体水平位移小；(2)对于土体竖向位移，当管桩直径增大时，浅层土体隆起现象更为明显，而深层土体产生更大的下沉量。这是管桩直径增大，管桩挤土效应增强的缘故。

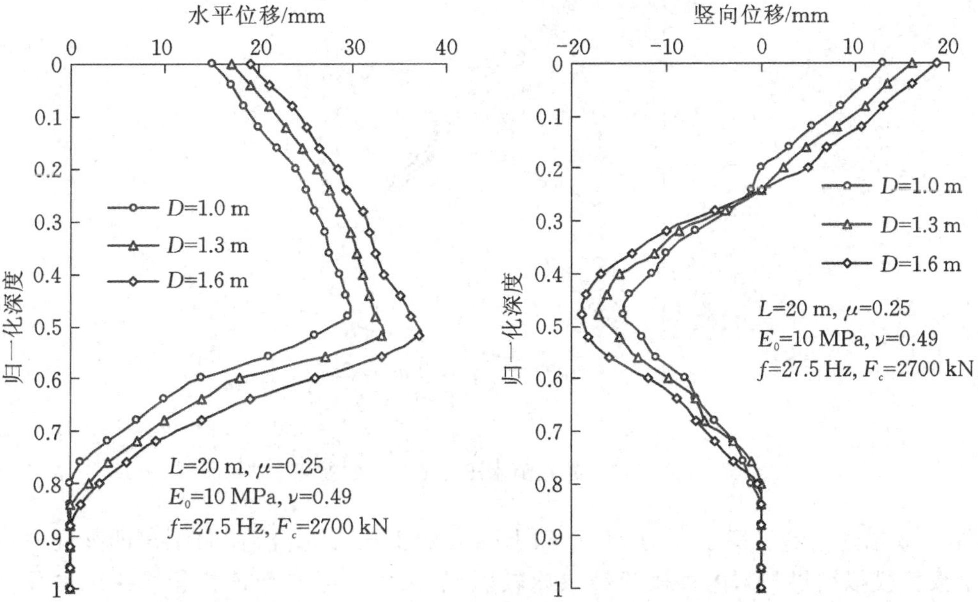

图 7.11　不同桩径时水平及竖向位移随深度的变化

7.3　黏土地基孔压性状分析

图 7.12 为管桩高频振动贯入过程中径向距离 1.5D 处超孔隙水压力随深度的变化情况。图中显示：(1)在管桩贯入深度以上部位，超孔隙水压力随土层深度增加而增大。在管桩贯入深度以下部位，超孔隙水压力随土层深度增加而减小。(2)管桩贯入过程中管端处超孔隙水压力达到峰值，与挤土位移的峰值变化规律不同。分析认为，未扰动土层(贯入深度以下土层)某一位置处的土体随着管桩贯入受到越来越大的挤压，因此，该处的超孔隙水压力也随着管桩贯入而逐渐积累。当管桩端部到达该位置时，超孔隙水压力达到峰值。然而，当管桩端部穿过该位置后，该处土体受到管桩壁的拖拽作用，形成渗流通道，超孔隙水压力开始消散。(3)随着管桩贯入深度增加，浅层土体中负孔压逐渐趋于 0。分析认为，浅层土体中不仅产生水平挤土位移，而且产生竖向隆起位移，能够形成较好的排水条件，致使浅层土体中孔压消散到 0。(4)超孔隙水压力沿土层深度变化规律是，先从负孔压状态逐渐消散到 0，而后随着土层深度逐渐增大，在管端处达到峰值。在管端 2D～3D 处孔隙水完全消散，即超孔隙水压力影响范围为管端下 2D～3D。

由超孔隙水压力沿土层深度分布特征和挤土位移沿土层深度分布特征(如图 7.3、图 7.4 所示)比较发现，两者的变化规律十分相近。说明管桩贯入过程中引起的超孔隙水压力和挤土位移是相互关联的，是同一施工效应(挤土效应)的两种不同表现[147]。

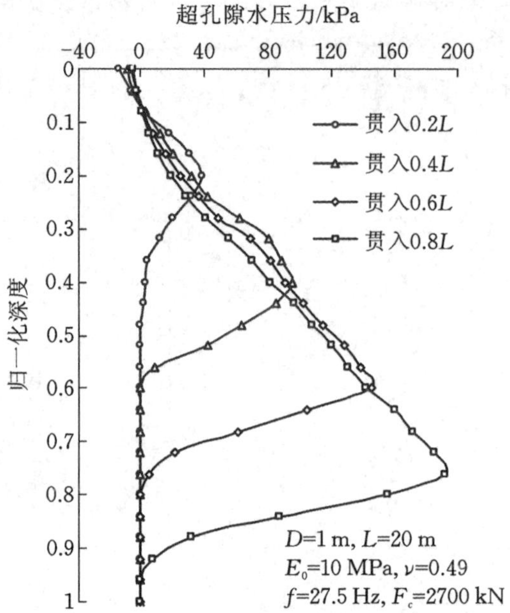

图 7.12　超孔隙水压力随深度的变化

图 7.13 描述了超孔隙水压力 $\Delta u_{\max}$ 和上覆有效土压力 σ'_{v0} 沿径向距离的变化规律。通过本书数值模拟结果与国内外试验结果比较发现，试验结果与数值模拟结果的数据点基本位于一条对数型分布的带状区域内，说明管桩振动贯入过程中超孔隙水压力沿径向距离呈对数型衰减规律。试验结果与数值结果的数据点存在一定的离散性，这主要是由于不同土层条件、桩身壁厚和沉桩方式产生的。

数值结果数据点位移对数型分布的带状区域下部，相较其他试验结果小。可以从以下两方面进行分析：(1)桩身壁厚是原因之一。本书数值模拟的管桩壁厚为 2 cm，刘俊伟[248]现场试验的 PHC 管桩壁厚为 11 cm，Xu 等[156]试验用的钢管桩壁厚为 13.8 cm。由于管桩贯入引起的挤土量相较于钢管桩和 PHC 管桩要小很多，因此管桩贯入对周围土体的挤土效应较小。(2)沉桩方式为另一原因。高频振动锤产生的振动能量沿着管桩向周围土体传递[98]。管桩向下贯入时，管桩周围土体会产生弹性变化和塑性变形，且以塑性变形为主；管桩向上回程时，管桩周围土体主要产生弹性变形。管桩向下贯入过程中土体以塑性变形为主，而管桩向上回程时土体以弹性变形为主，导致土体的滞回特性不对称。管桩周围土体在高频振动荷载反复循环的作用下，土体应变不断增大，应力-应变滞回曲线沿着应变增大方向移动，其抗剪强度逐渐减弱，有利于管桩下沉[40]。而静压沉桩法或锤击沉桩法通过挤压桩侧土体，实现桩体下沉。由于采用高频振动贯入法可降低管桩与土体间的摩阻力，克服了静压贯入法与锤击贯入法难以避免的挤土问题，因此，管桩高频振动贯入引起的超孔隙水压力也相应较小。

图 7.13 还显示，在径向距离 10D 范围以内，超孔隙水压力沿径向距离衰减比较快；在径向距离 10D 范围以外，超孔隙水压力沿径向距离的变化趋于平缓。

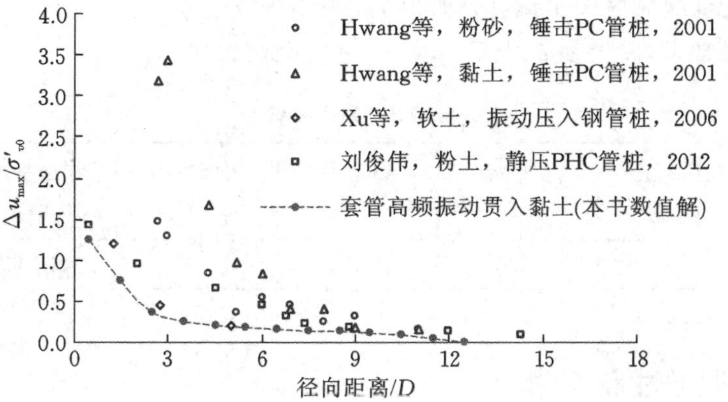

图 7.13　归一化的超孔隙水压力随径向距离的变化

7.4　砂土地基孔压性状分析

7.4.1　数值分析模型

根据第 4 章砂土地基孔压数值分析方法，利用 ABAQUS/Standard 模拟管桩高频振动贯入砂土地基引起的超孔隙水压力(图 7.14)。管桩贯入深度 $H=8$ m，外径 $D=1$ m，壁厚为 2 cm，振动频率 $f=27.5$ Hz(振动周期 $T=0.036$ s)，位移幅值 $U_a=2$ mm。管桩与近场土体采用有限元模拟，有限元网格采用 4 节点轴对称孔压单元。为消除振动波反弹的影响，远场域土体采用无限元，无限元网格采用 4 节点轴对称无限元单元。在接触面设置中，管桩外侧与管桩外土、管桩内侧与管桩内土、管桩端部与管桩端土均采用 Coulomb 摩擦接触模型[194]。

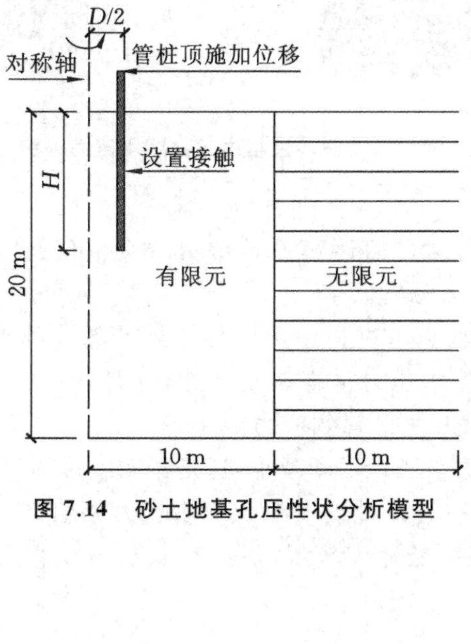

图 7.14　砂土地基孔压性状分析模型

因只研究管桩端部周围土体孔压性状，故采用均质土层，土体有限元部分采用 Mohr-Coulomb 弹塑性模型，砂土参数见表 7.1。

表 7.1　砂土参数

天然重度 $\gamma/(\mathrm{kN\cdot m^{-3}})$	杨氏模量 E/MPa	泊松比 ν	黏聚力 c'/kPa	内摩擦角 $\varphi'/(°)$	渗透系数 $k/(\mathrm{m\cdot s^{-1}})$	孔隙比 e
18.5	20	0.28	0.1	30	5×10^{-5}	1.3

7.4.2　孔压性状分析

图 7.15 为管桩振动贯入过程中超孔隙水压力云图。从图中可看出：(1)靠近管桩端上部的土体，由于下部土体受压后有向上滑动的趋势，因而产生了负的超孔隙水压力。(2)管桩端下部“半球”形区域内土体由于受到振动荷载作用，产生了正的超孔隙水压力，其影响范围随时间不断向外扩张。(3)在管桩振动贯入过程中，超孔隙水压力幅值始终位于桩内侧，且随着距管桩端部距离的增大而逐渐减小。实际上，砂土地基中孔压性状的变化是由于管桩高频振动贯入对周围土体的挤土位移以及循环变化的振动应力波对周围土体的反复剪切扰动引起的，而后者是十分重要的因素[181]。

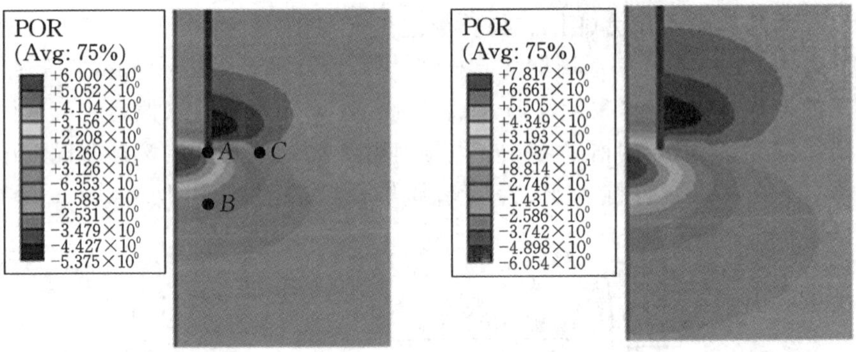

(a)　　　　(b)

图 7.15　管桩振动贯入过程中超孔隙水压力云图

(a) $t=1T$；(b) $t=10T$

彩图 7.15

选取管端处 A 点、距管端垂直距离 0.5 m 处 B 点和距管端水平距离 0.5 m 处 C 点(图 7.15)，进行超孔隙水压力分析。

图 7.16 给出了管桩振动贯入过程中不同位置处的超孔隙水压力分布情况。从图中可看出：(1)不同位置的超孔隙水压力呈现波动变化，这是管桩受谐和振动荷载作用的缘故；(2)A 点产生的超孔隙水压力使得有效应力减小，有利于管桩的贯入；(3)随距桩端垂直距离、水平距离的增大，超孔隙水压力逐渐减小，这是振动波传播过程中逐渐衰退的缘故。

图 7.17 描述了管桩振动贯入过程中超孔隙水压力幅值产生过程。管桩振动贯入过程中，超孔隙水压力幅值前期增长速度较快，后期增长速度变得平缓，但总体趋势是上升的。

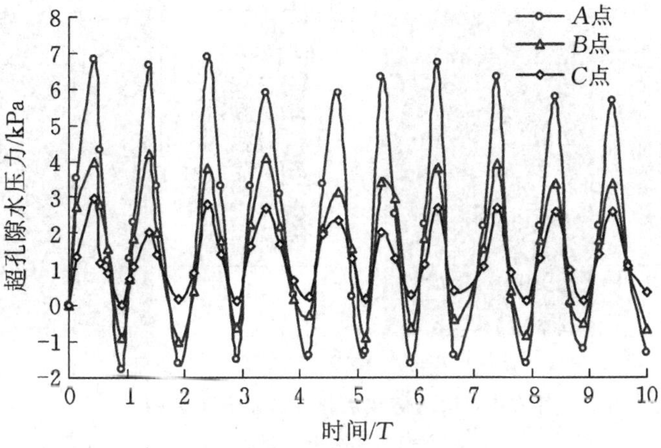

图 7.16 沉桩过程中不同点的超孔隙水压力分布

分析其原因，管桩振动贯入初始阶段土体受到挤压，土体中超孔隙水压力主要往管桩内侧集中(图 7.15)，导致超孔隙水压力幅值快速增长；随着管桩的继续贯入，超孔隙水压力开始消散，但后续振动贯入也产生新的超孔隙水压力，二者叠加导致超孔隙水压力幅值增长速度变得平缓。当然，随着时间增长，超孔隙水压力将逐渐开始消散。

图 7.17 表明，超孔隙水压力随振动频率增大而减小。这是振动频率越大，振动波能量越小，对土体的扰动强度减小的缘故[250]。因此，当管桩贯入过程中桩端处附近有需要保护的工程管线时，可通过提高振动锤的振动频率，减小超孔隙水压力，避免工程事故的发生。

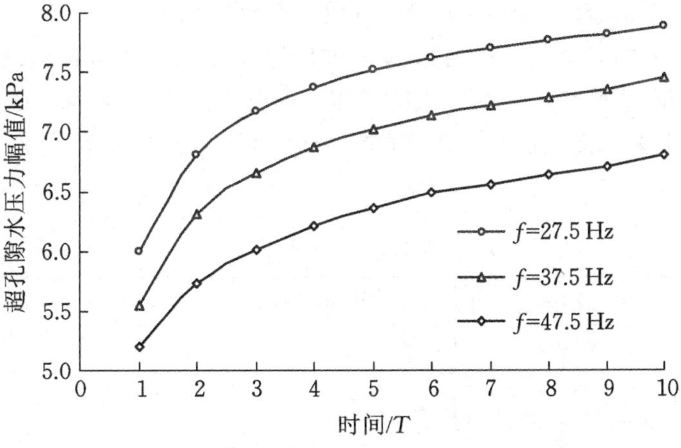

图 7.17 沉桩过程中超孔隙水压力幅值产生过程

图 7.18 为管桩振动贯入结束后超孔隙水压力云图。图中显示：(1)桩端下部“半球”形区域内正的超孔隙水压力，随着时间推移，开始逐渐消散；(2)超孔隙水压力幅值始终位于管桩内侧，且主要沿管桩内侧路径消散；(3)管桩上部负的超孔隙水压力逐渐增长，最后达到初始静压状态。

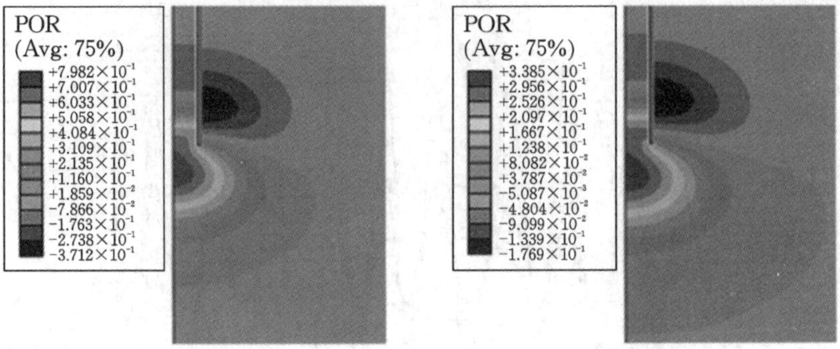

(a)　　　　(b)

图 7.18　沉桩结束后超孔隙水压力云图

(a) $t=100$ s;(b) $t=200$ s

彩图 7.18

7.4.3　影响因素分析

7.4.3.1　正交试验方案设计

影响管桩贯入砂土中孔压性状的因素很多,要作全面的因素分析是很困难的。“正交试验设计”能有效解决多因素试验的难题,它使用一种规格化的表格——“正交表”合理设计试验。

结合以往管桩施工的经验,本试验主要考虑贯入深度、管桩外径、位移幅值和渗透系数 4 个因素,分别用 A、B、C、D 表示,每个因素选取 3 个水平如表 7.2 所示。由于管桩振动贯入产生的超孔隙水压力幅值及其消散时间是管桩设计和施工主要考虑的问题,因此选取超孔隙水压力幅值 $u_{\max}$ 及消散时间 t 作为评价指标。选取 $L_9(3^4)$ 正交表安排数值试验的试验方案,并按 4 因素 3 水平正交表进行 9 次有限元分析,正交有限元试验方案及各模型的分析结果如表 7.3 所示。

表 7.2　因素水平表

水平	A/m	B/m	C/mm	D/(m·s^{-1})
1	8	1	2	5×10^{-5}
2	10	1.2	3	6×10^{-5}
3	12	1.4	4	7×10^{-5}

表 7.3　正交有限元试验方案与计算结果

方案	A/m	B/m	C/mm	D/(m·s^{-1})	$u_{\max}$/kPa	t/s
1	8	1	2	5×10^{-5}	7.4	335
2	8	1.2	3	6×10^{-5}	7.5	240

续表7.3

方案	A/m	B/m	C/mm	$D/(\mathrm{m}\cdot\mathrm{s}^{-1})$	$u_{\max}$/kPa	t/s
3	8	1.4	4	7×10^{-5}	6.5	212
4	10	1	3	7×10^{-5}	8.2	268
5	10	1.2	4	5×10^{-5}	11.2	364
6	10	1.4	2	6×10^{-5}	6.8	260
7	12	1	4	6×10^{-5}	11.2	312
8	12	1.2	2	7×10^{-5}	7.4	251
9	12	1.4	3	5×10^{-5}	10.2	366

7.4.3.2 各因素对超孔隙水压力幅值的影响

根据表 7.3 提供的计算结果，按照正交试验的方法，对超孔隙水压力幅值结果进行极差分析如表 7.4 所示。由表中极差大小可知，超孔隙水压力幅值的影响因素的主次为：贯入深度＞位移幅值＞渗透系数＞管桩外径，即贯入深度对超孔隙水压力幅值影响最大，其次是位移幅值。

表 7.4 超孔隙水压力幅值的极差分析表

	A/m	B/m	C/mm	$D/(\mathrm{m}\cdot\mathrm{s}^{-1})$
k_1	7.13	8.93	7.20	9.60
k_2	8.73	8.70	8.63	8.50
k_3	9.60	7.83	9.63	7.37
极差 R	2.47	1.10	2.43	2.23

图 7.19 为各影响因素与超孔隙水压力幅值的关系曲线。图中表明：(1)超孔隙水压力幅值随贯入深度的增大而增大。这是由于管桩贯入深度增大，土体初始应力随之增大。(2)超孔隙水压力幅值随管桩外径增大而减小。管桩振动贯入过程中，超孔隙水压力幅值始终位于管桩内侧(图 7.15)，管桩外径的增大使得管桩内侧超孔隙水压力的排水面积也相应增大，导致超孔隙水压力减小。(3)超孔隙水压力幅值随位移幅值增大而增大。因为位移幅值增大，土体受到的挤压力也增大，导致土体中的超孔隙水压力相应增大。(4)超孔隙水压力幅值随着渗透系数增大而减小。这是由于渗透系数越大，管桩振动贯入产生的超孔隙水压力能较快消散。

7.4.3.3 各因素对消散时间的影响

根据表 7.3 提供的计算结果，按照正交试验的方法，对超孔隙水压力消散时间结果进行极差分析如表 7.5 所示。由表中极差大小可知，孔压消散时间的影响因素的主次为：渗透系数＞贯入深度＞管桩外径＞位移幅值，即渗透系数对消散时间影响最大，其次是贯入深度。

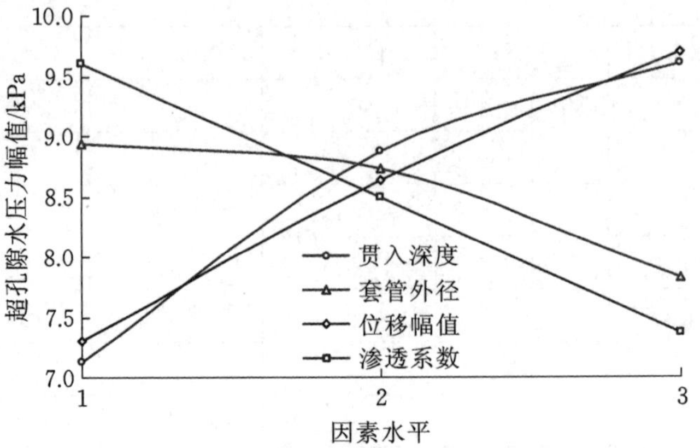

图 7.19　各影响因素与超孔隙水压力幅值关系

表 7.5　消散时间的极差分析表

	A/m	B/m	C/mm	$D/(\mathrm{m\cdot s^{-1}})$
k_1	262.3	305.0	282.0	355.0
k_2	297.3	285.0	291.3	270.7
k_3	309.7	279.3	296.0	243.7
极差 R	47.4	25.7	14.0	111.3

图 7.20 为各影响因素与孔压消散时间的关系曲线。从图中可看出：(1)孔压消散时间随贯入深度增大而增长。这是因为管桩振动贯入结束后，超孔隙水压力主要沿管桩内侧消散(图 7.18)，贯入深度增大，孔压消散路径也相应增长，导致孔压消散时间增长。(2)孔压消散时间随管桩外径增大而减小。这是因为管桩内侧超孔隙水压力排水面积增大。(3)孔压消散时间随位移幅值增大而略微增大，说明位移幅值的变化对孔压消散时间影响不大。(4)孔压消散时间随土体渗透系数增大而减小，即土体渗透系数越大，消散速度越快，这一现象符合达西定律。

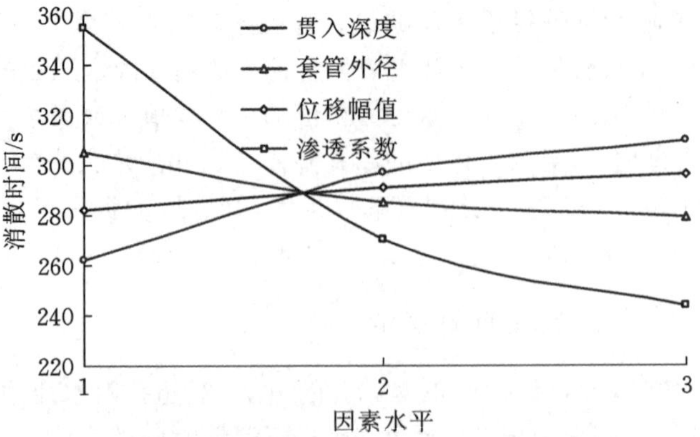

图 7.20　各影响因素与孔压消散时间的关系

7.5 小 结

(1) 本章利用第5章建立的管桩高频振动贯入黏性土地基的三维数值分析模型,研究管桩高频振动贯入黏性土地基过程中挤土位移和超孔隙水压力的变化规律,并进行了挤土位移影响因素分析,主要结论有:

① 管桩高频振动贯入过程中,地表水平挤土位移随径向距离增大呈指数型衰减,且随管桩贯入深度的增加逐渐增大。管桩贯入至浅层土体时,地表土体产生较大竖向位移,随着管桩继续贯入,地表竖向位移基本保持不变。

② 管桩贯入过程中地表、深层土体水平位移较小,而中部土体水平位移较大。浅层土体竖向位移呈现为地表隆起,深层土体竖向位移表现为竖向的压缩变形,且浅层土体的隆起量和深层土体的下沉量均随着管桩贯入深度的增大而增大。

③ 某一深度处最大挤土位移与管桩的贯入深度存在累积效应。管桩贯入过程中管桩端部土体并未达到挤土位移峰值,而在管桩端部以上约 $2D$ 处土体达到挤土位移峰值,且在深层土体中挤土位移峰值基本保持不变。

④ 管桩贯入深度以上部位,超孔隙水压力随土层深度增加而增大;管桩贯入深度以下部位,超孔隙水压力随土层深度增加而减小。管桩贯入过程中管端处超孔隙水压力达到峰值,与挤土位移的峰值变化规律不同。超孔隙水压力随径向距离增大呈指数型衰减。

⑤ 当土体模量较小时,浅层土体竖向位移较大,而深层土体竖向位移较小;土体水平位移随土体模量增大而减小。泊松比越大,土体挤土位移越大。管土界面摩擦系数增大,水平挤土位移和深层土体下沉量均增大,而浅层土体隆起量减小。挤土位移随着振动频率增大而逐渐增大,当振动频率增大到某一值后,挤土位移受振动频率的影响不明显。随管桩直径增大,土体水平位移随之增大,浅层土体隆起现象更为明显,而深层土体产生更大的下沉量。

(2) 利用 ABAQUS/Standard 建立管桩振动贯入砂土地基的孔压数值分析模型,研究管桩振动贯入砂土地基产生的超孔隙水压力分布和变化趋势,主要成果如下:

① 管桩振动贯入过程中,桩端下部“半球”形区域内产生超孔隙水压力;超孔隙水压力随距桩端垂直距离、水平距离的增大而减小;超孔隙水压力幅值随时间逐渐增大,而随振动频率增大而减小。

② 管桩振动贯入结束后,土体中超孔隙水压力开始逐渐消散,且主要沿管桩内侧路径消散。

③ 超孔隙水压力幅值随贯入深度、位移幅值的增大而增大,随管桩外径、渗透系数的增大而减小,其主要影响因素为贯入深度。

④ 孔压消散时间随贯入深度、位移幅值的增大而增长,随管桩外径、渗透系数的增大而减小,其主要影响因素为渗透系数。

8 高频振动沉桩模型研究

8.1 概　　述

在过去的几十年中，国内外许多学者进行了一系列振动打桩模型研究。各种打桩模型主要是采用力平衡原理法或波动方程法建立，用于预测打桩的可行性、计算打桩过程的贯入速度、确定最终贯入深度，进而指导其在实际工程中的应用。然而，管桩高频振动贯入过程中存在土塞效应，其贯入机理比闭口桩复杂得多。因此，研究高频振动管桩贯入模型，将有助于分析管桩的可打入性及可能贯入的最大深度，预测管桩的贯入速度，更好地实现管桩贯入施工控制，在工程实际问题中的应用无疑是很有价值的。

首先详细介绍了 Gudehus-Bauer 亚塑性模型的结构及其函数表达式；然后，在 Vanden 提出的 VIPERE 模型基础上，引入管桩高频振动贯入过程中土塞阻力解析公式，推导出管桩高频振动贯入砂土中贯入速度的计算模型，并利用 MATLAB R2012b 编译该计算模型程序，用于计算管桩贯入速度；最后，通过工程实例和有限元模型验证管桩高频振动贯入计算模型的准确性，并对管桩贯入过程中贯入速度的影响因素进行分析，讨论管桩高频振动贯入计算模型的适用条件。

8.2 Gudehus-Bauer 亚塑性模型

亚塑性理论是 20 世纪 80 年代后期发展起来的一类具有全新建模思想的土体本构理论。亚塑性理论以连续介质力学张量为工具，与传统弹塑性力学不同的是，总应变没有分解为弹性应变和塑性应变，也没有进行屈服准则、硬化规律、塑性势及流动法则的假定，直接建立应力率与应变率的张量函数关系。该理论主要用于描写无黏性土的非弹性、非线性、剪胀(剪缩)性等力学特性[251]。许多学者(Chambon(1979)[252]，Valanis(1982)[253]，Darve(1982)[254]，Kolymbas(1985)[255]，Bardet(1990)[256])根据该理论提出了不同类型的亚塑性本构方程。Bauer[257]和 Gudehus[258]对 Kolymbas 提出的亚塑性模型进行改进，建立了考虑孔隙比影响的八参数亚塑性本构模型(Gudehus-Bauer 亚塑性模型)。

8.2.1 亚塑性结构

Kolymbas[259]假定土由均匀连续体颗粒组成，创建了亚塑性理论的基本方程，见下式

$$\dot{T}_s = F(T_s, \dot{D}_s) \tag{8.1}$$

式中　$\dot{T}_s$——Jaumann 应力率张量；

T_s——Cauchy 应力张量；

$\dot{D}_s$——应变率张量；

F——以应力张量和应变率张量为变量的张量函数。

Gudehus 和 Bauer 为了更好地模拟颗粒材料的力学行为，对式(8.1)作了一些改进，引入了状态变量孔隙比 e，具体形式如下

$$\dot{T}_s = F(e, T_s, \dot{D}_s) \tag{8.2}$$

可将式(8.2)的右端改写为关于 $\dot{D}_s$ 的线性部分与非线性部分之和，即

$$\dot{T}_s = f_s L(\hat{T}_s, \dot{D}_s) + f_s f_d N(\hat{T}_s) \| \dot{D}_s \| \tag{8.3}$$

式中　f_s, f_d——刚度因子和密度因子；

$\| \cdot \|$——欧儿里得范数。

右边的第一项是应变率的线性项；第二项是应变率的非线性项，其中

$$L(\hat{T}_s, \dot{D}_s) = a_1^2 \dot{D}_s + \hat{T}_s tr(\hat{T}_s \dot{D}_s) \tag{8.4}$$

$$N(\hat{T}_s) = a_1(\hat{T}_s + \hat{T}_s^*) \tag{8.5}$$

式中　$\hat{T}_s = T_s / tr(T_s)$；

$\hat{T}_s^* = \hat{T}_s - 1/(3I)$；

a_1——无量纲标量。

其中 tr 表示张量的迹；I 为单位张量。

从上述公式可看出，Gudehus-Bauer 亚塑性模型是以非线性张量为基础，自动隐含了弹塑性理论中的屈服面、塑性势、流动法则、硬化定律等概念和假设，无需额外引入，因此增加了模型的客观性[260]。

8.2.2　函数表达式

8.2.2.1　临界状态面

从式(8.3)可得到亚塑性方程的临界状态面表达式为

$$\sqrt{tr(\hat{T}_s^2) - 1/3} - a_1 = 0 \tag{8.6}$$

在主应力空间，式(8.6)代表了顶点在原点的圆锥，如图 8.1 所示。对于一个单位偏量截面，参数 a_1 是临界应力点的半径，如图 8.2 所示，数值上等于偏应力率张量的大小，即

$$a_1 = \| \hat{T}_s^* \| \tag{8.7}$$

参数 a_1 必须是偏应力方向的函数。Bauer[257] 把偏应力张量方向与 Lode 角 θ 联系起来，提出了下列公式

$$a_1 = \frac{1}{c_1 + c_2 \| \hat{T}_s^* \| [1 + \cos(3\theta)]} \tag{8.8}$$

$$\cos(3\theta) = -\sqrt{6} \times \frac{tr(\hat{T}_s^{*3})}{[tr(\hat{T}_s^{*2})]^{\frac{3}{2}}} \tag{8.9}$$

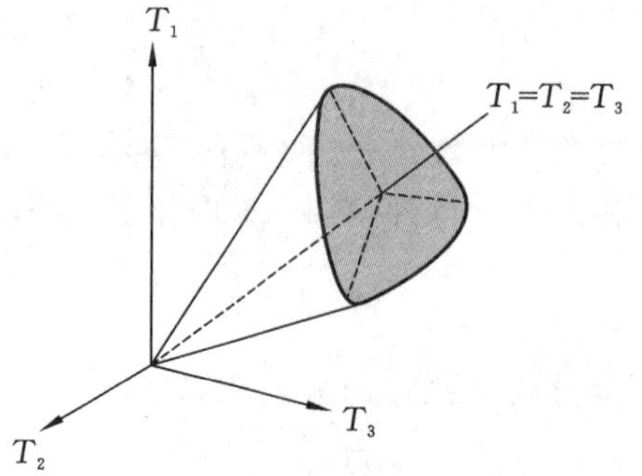

图 8.1　主应力空间的临界状态面

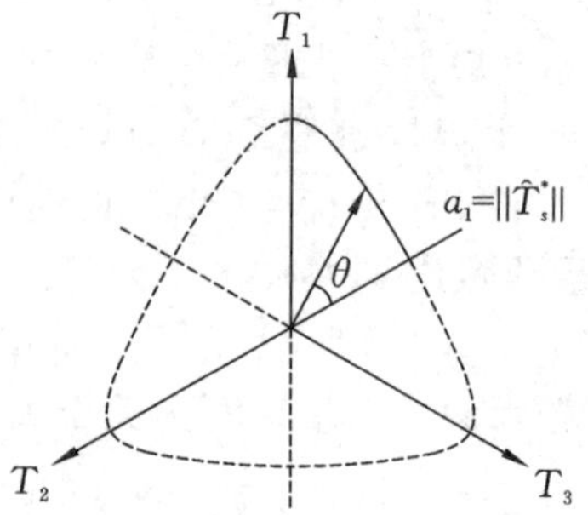

图 8.2　单元偏量平面上的临界状态

$$c_1=\sqrt{\frac{3}{8}}\times\frac{3-\sin\varphi_c}{\sin\varphi_c} \tag{8.10}$$

$$c_2=\frac{3}{8}\times\frac{3+\sin\varphi_c}{\sin\varphi_c} \tag{8.11}$$

8.2.2.2　临界状态点

当 $f_d=1$ 时，本构方程达到临界状态。Bauer[257]研究发现，当本构方程中孔隙比达到最小孔隙比 e_d 时，土的性质应近似为弹性。结果表明当 $f_d=0$ 时，本构方程式(8.3)还可描述次弹性材料特性。

f_d 应符合两个条件：(1)如果 $e=e_d$，$f_d=0$；(2)如果 $e=e_c$，$f_d=1$。

根据以上条件，参数 f_d 采用相对孔隙比指数表示为

$$f_d=\left[\frac{e-e_d}{e_c-e_d}\right]^{\alpha}\quad (e<e_d,f_d=0) \tag{8.12}$$

式中　e——当前孔隙比；

e_c——临界状态孔隙比；

e_d——最小孔隙比；

α——一个无量纲常数。

8.2.2.3　刚度系数

Bauer[257]建议将密度参数 f_e 与临界孔隙比 e_c 和当前孔隙比 e 之间的比值联系起来，即

$$f_e=\left(\frac{e_c}{e}\right)^{\beta} \tag{8.13}$$

式中　e——当前孔隙比；

e_c——临界状态孔隙比；

β——一个无量纲常数。

8.2.2.4　孔隙比与平均应力的关系

许多实验证据显示孔隙比和平均有效压力$[p_s=-tr(T_s)/3]$存在联系。孔隙比会随着

平均压力的增加在一定范围内下降，边界是两个极限孔隙比：最大孔隙比 e_i 和最小孔隙比 e_d。在各向同性压缩中(无重力或无其他非力学影响下)，模型考虑的最大孔隙比 e_i 为

$$e_i = e_{i0} \exp\left[-\left(\frac{3p_s}{h_s}\right)^n\right] \tag{8.14}$$

式中 e_i——对应平均压力 p_s 的最大孔隙比；

p_s——平均有效应力；

e_{i0}——自由应力状态的最大孔隙比；

n——正的标量；

h_s——颗粒硬度，与应力单位一致。

初始最大孔隙比 e_{i0} 对应的自由应力状态是土颗粒悬浮的虚拟状态。在高压情况下，最大孔隙比趋近于 0，该现象可以用颗粒固化和粉碎来解释。参数 n 反映压缩曲线的曲率，该参数考虑颗粒骨架的压力敏感度。参数 h_s 影响压缩曲线的斜率。n 是无量纲参数，h_s 与应力单位相同。该参数不是考虑单一颗粒的硬度，而是考虑颗粒骨架综合影响。

Gudehus[258]假定最小、最大和临界状态孔隙比随平均有效压力增加而减小，即

$$\frac{e_i}{e_{i0}} = \frac{e_d}{e_{d0}} = \frac{e_c}{e_{c0}} \tag{8.15}$$

式中 e_i——最大孔隙比；

e_d——最小孔隙比；

e_c——临界状态孔隙比；

e_{i0}——零压力下上限孔隙比；

e_{d0}——零压力下下限孔隙比；

e_{c0}——零压力下临界孔隙比。

8.2.2.5 正压参数

正压参数 f_b 是为了考虑平均应力增加时对应刚度的增加。为了保持一致，模拟各向同性压缩的本构方程式(8.3)，必须提供与式(8.14)中当前孔隙比 e 和平均应力 p_s 相同的指数关系。因此，正压参数 f_b 并没有额外的假定，刚度因子 f_s 直接由密度参数 f_e 和正压参数 f_b 定义，方程式如下

$$f_s = f_e f_b = \frac{h_s}{n h_i}\left(\frac{e_i}{e}\right)^{\beta} \frac{1+e_i}{e_i}\left(\frac{3p_s}{h_s}\right)^{1-n} \tag{8.16}$$

$$h_i = \frac{1}{c_1^2} + \frac{1}{3} - \left[\frac{e_{i0}-e_{d0}}{e_{c0}-e_{d0}}\right]^{\alpha} \frac{1}{c_1\sqrt{3}} \tag{8.17}$$

由上述公式可知，Gudehus-Bauer 亚塑性模型有 8 个参数[261]：临界摩擦角 φ_c、颗粒硬度 h_s、指数 n、指数 α、指数 β、零压力下下限孔隙比 e_{d0}、零压力下临界孔隙比 e_{c0}、零压力下上限孔隙比 e_{i0}。

8.2.3 模型参数的确定

8.2.3.1 临界摩擦角 φ_c 的确定

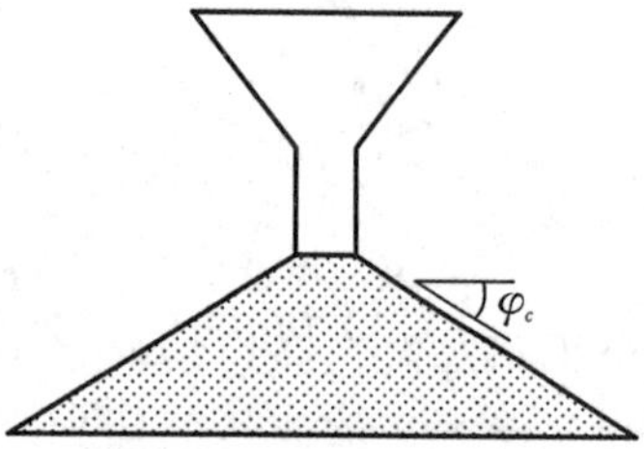

图 8.3 通过休止角确定 φ_c

确定临界摩擦角 φ_c 的方法很多,常规三轴试验和直剪试验都可以得到 φ_c 值[262]。另外还可以利用休止角法简单估算 φ_c 值[263],具体方法如图 8.3 所示。

研究表明剪切试验得到的临界摩擦角 φ_c 与利用休止角得到的值基本一致[264]。如果其中粒径小于 0.1 mm 的颗粒占比很大,颗粒间的物理、化学现象的影响将变大,导致休止角变得不可靠。在这种情况下,需要进行直剪试验或三轴试验。

8.2.3.2 颗粒硬度 h_s 和指数 n 的确定

颗粒硬度 h_s 的量纲与应力量纲一致,不是颗粒真正的硬度,只作为一个参考压力。指数 n 是一个与颗粒骨架压力敏感性有关的参数。

可用 p_s、h_s 和 n 来表示孔隙比

$$e_p = e_{p0}\exp\left[-\left(\frac{3p_s}{h_s}\right)^n\right] \tag{8.18}$$

式中 e_{p0}——$p_s=0$ 时的孔隙比。

当 $e=e_p$ 时,体积模量可以表示为

$$K=\frac{1}{3}\frac{h_s}{n}\left(1+\frac{1}{e_p}\right)\left(\frac{2p_s}{h_s}\right)^{1-n} \tag{8.19}$$

当 p_s 不变时,K 随着 n 的减小而增大。在 $n=1$ 的情况下,K 只随 e_p 变化,几乎与压力无关,则体积模量公式为

$$K=p_s(1+e_p)/C_c \tag{8.20}$$

压缩指数 $C_c=-\mathrm{d}e/\mathrm{dln}(T_1/T_0)$,比较式(8.19)和式(8.20)得

$$h_s=3p_s\left(\frac{ne_p}{C_c}\right)^{1/n} \tag{8.21}$$

假设 p_{s1} 和 p_{s2} 对应的孔隙比为 e_{p1} 和 e_{p2},压缩指数为 C_{c1} 和 C_{c2},n 值可表示为

$$n=\ln\left(\frac{e_{p1}C_{c2}}{e_{p2}C_{c1}}\right)/\ln\left(\frac{p_{s2}}{p_{s1}}\right) \tag{8.22}$$

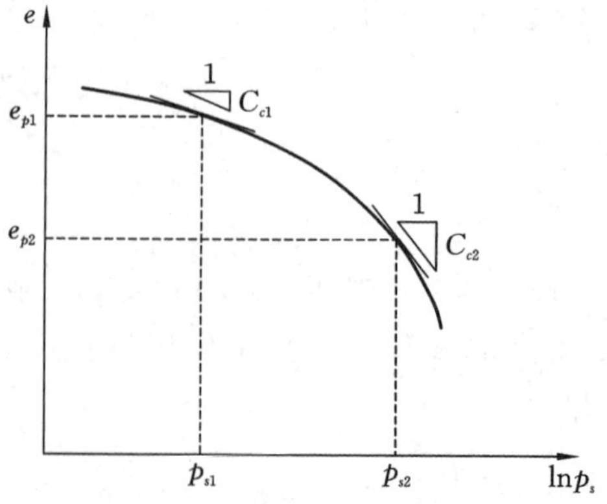

图 8.4 试验 e-$\ln p_s$ 曲线

利用试验数据拟合出一条 e-$\ln p_s$ 曲线(图 8.4)来确定 n 和 h_s 参数。首先通过两个不同的应力值 p_{s1} 和 p_{s2} 计算出相应的 e_{p1} 和 e_{p2}、C_{c1} 和

C_{c2}，代入式(8.22)计算 n 值；然后计算特定压力 p_s 下的 C_c 和孔隙比 e_p，代入式(8.21)计算 h_s 值。

8.2.3.3 上限、下限和临界孔隙比的确定

上限孔隙比 e_{i0} 可通过悬浮试验的等向固结得到[265]。实际上 e_{i0} 通过试验很难得到，但可以通过理想假设计算得到。对于均匀的立方体颗粒，其最大理想孔隙比为 1，而对于均匀的球颗粒，其理想最大孔隙比为 0.91。通过理论值 e_{i0} 和试验值 $e_{\max}$ 的比较，可以得到：对于均匀的球状颗粒 $e_{i0}/e_{\max}\approx1.2$；对于均匀的立方体颗粒 $e_{i0}/e_{\max}\approx1.3$。

下限孔隙比 e_{d0} 可以通过循环剪切渐渐达到。试验研究[266]表明，e_{d0} 和最小孔隙比 $e_{\min}$ 两者非常接近，因此可以用 $e_{\min}$ 来近似估算 e_{d0}。

临界孔隙比 e_{c0} 随着平均骨架压力的增加而减小。Konrad[267]通过松砂的不排水三轴试验发现，临界孔隙比 e_{c0} 通常与最大孔隙比非常接近，即 $e_{i0}\approx e_{\max}$，因此可以用 $e_{\max}$ 来近似估算 e_{c0}。

8.2.3.4 指数 α 的确定

指数 α 通过三轴压缩试验峰值状态 $\dot{\sigma}_{11}=0$ 和对应的向密性因子 f_{dp} 的关系得到

$$\alpha=\ln(f_{dp})/\ln\left(\frac{e_p-e_d}{e_c-e_d}\right) \tag{8.23}$$

$$f_{dp}=3\frac{1+c_1^2+K_p(4+4K_p+2c_1^2\mu_p)}{c_1(5+8K_p-4K_p^2)\sqrt{1+2\mu_p^2}} \tag{8.24}$$

$$K_p=\frac{\sigma_{11p}}{\sigma_{22p}}=\frac{1+\sin\varphi_p}{1-\sin\varphi_p} \tag{8.25}$$

$$\sin\varphi_p=\left(\frac{\sigma_{11}-\sigma_{33}}{\sigma_{11}+\sigma_{33}}\right)_p \tag{8.26}$$

$$\mu_p=\frac{K_p(2+c_1^2+8K_p)-1-c_1^2}{K_p(8+2c_1^2-4K_p-2c_1^2K_p)+5} \tag{8.27}$$

式中，下标 p 表示峰值状态，分析表明指数 α 的取值范围处于一个很小的范围 $0.1<\alpha<0.3$。

8.2.3.5 指数 β 的确定

由式(8.16)可知，刚度因子 f_s 随着压力和密度的增大而增大。在等向压缩情况下，应力率为

$$\dot{\sigma}_{11}=f_s\left(a_1^2+\frac{1}{3}-\frac{f_d a_1\sqrt{3}}{3}\right)\dot{\varepsilon}_{11} \tag{8.28}$$

因而

$$\beta=\frac{\ln\left[E\frac{3a_1^2+1-f_{d0}a_1\sqrt{3}}{3a_1^2+1-f_d a_1\sqrt{3}}\frac{e_i}{1+e_i}\frac{n}{h_s}\left(\frac{3p_s}{h_s}\right)^{n-1}\right]}{\ln(e_i/e)} \tag{8.29}$$

$$f_{d0}=\frac{e_{i0}-e_{d0}}{e_{c0}-e_{d0}} \tag{8.30}$$

如果考虑在同一压力下的两种不同孔隙比 e_1 和 e_2 的刚度模量比，那么 p_s 对 β 的影响

可以忽略，这时可以定义 β_0 为

$$\beta_0=\frac{3a_1^2+1-a_1\sqrt{3}f_{d1}}{3a_1^2+1-a_1\sqrt{3}f_{d2}} \tag{8.31}$$

因而可以获得

$$\beta=\frac{\ln\left(\beta_0\dfrac{e_2}{e_1}\right)}{\ln\left(\dfrac{e_1}{e_2}\right)} \tag{8.32}$$

8.3 管桩振动贯入模型描述

8.3.1 总体描述

管桩振动贯入模型主要用于计算管桩贯入特定深度时管桩的贯入速度，其几何模型来源于 Vanden[40] (2001)提出的 VIPERE 模型。模型假定管桩为刚体，将管桩周围土体划分为同心轴的圆环柱体，如图 8.5 所示。

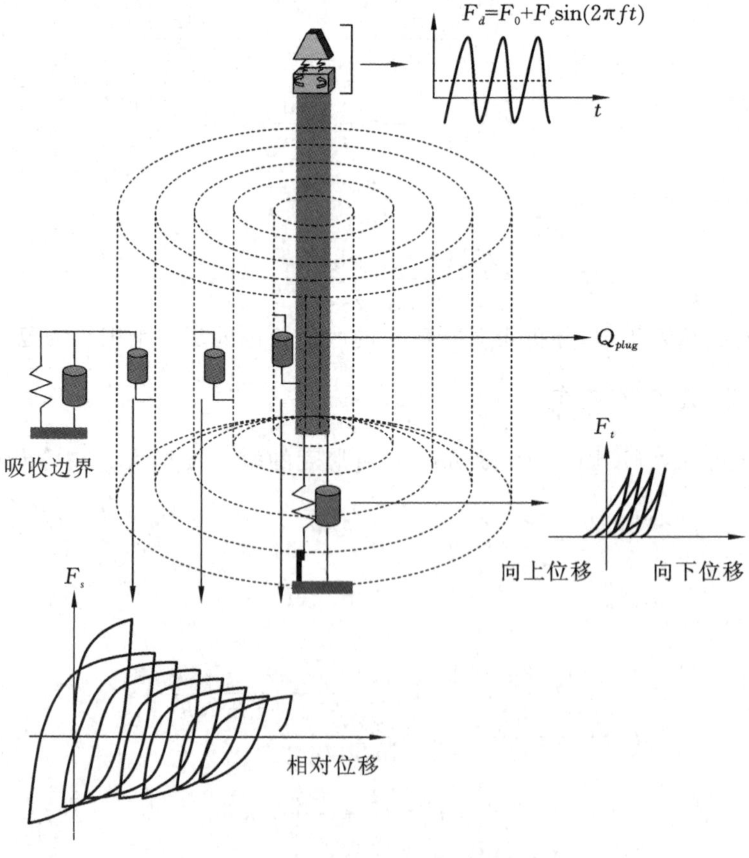

图 8.5　管桩振动贯入模型

管桩外壁与土体接触面和土体单元间接触采用亚塑性本构方程模拟。对于管桩周围土体，考虑其荷载条件为常体积下简单剪切；对于管桩底部土体，考虑其荷载条件为三轴剪切。

对于特定深度管桩的贯入速度，模型划分为不同时段，分步建立运动方程。利用管桩和各单元土体的力平衡方程，求解各分步时间管桩及土体单元的加速度。

作用在管桩上的力有：(1)激振力 $F_d = F_0 + F_c\sin(2\pi ft)$，其中，$F_0$ 为静态荷载，F_c 为动力荷载幅值，f 为振动频率；(2)管桩外摩阻力 F_s；(3)管桩端部阻力 F_t；(4)管桩土塞阻力 Q_{plug}。

8.3.2 几何模型

模型中管桩和周围土体采用轴对称模型，如图 8.6 所示。管桩周围土体划分为等厚度的圆环柱体单元，单元深度随半径线性增大，用于模拟应力波沿竖向的扩散。

$$\Delta H = \alpha \cdot \Delta R \tag{8.33}$$

式中 R——半径；

α——扩散系数，Vanden[40] 建议 α 取值为 0.03。

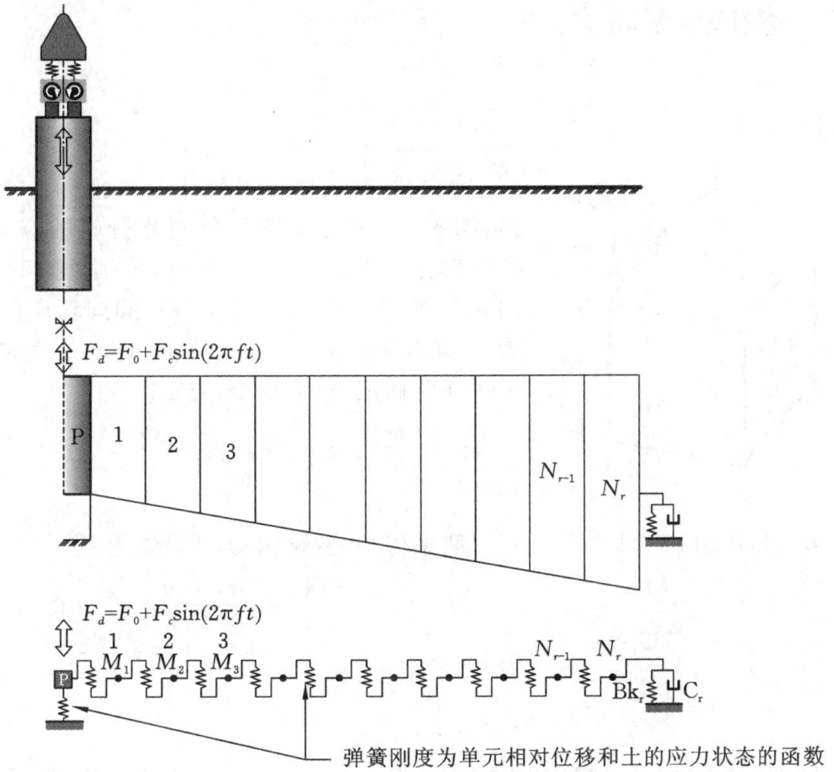

图 8.6 几何模型

M—土体单元质量；N—土体单元个数；Bk_r—弹簧；C_r—阻尼器

各土体单元接触面相互传递剪应力 τ，底部反力与重力平衡。土体单元半径由最大半径 R_{max} 和圆环个数 N_r 控制。

假设应力波传播至土体单元边界时被吸收。Novak 等[268]提出了无限弹性介质中土体单元的综合竖向刚度 K 表达式。采用一个弹簧和阻尼器模拟模型的无限弹性介质，其参数由土体单元的综合竖向刚度 K 确定。根据 Novak 等的假定，土体单元产生线弹性位移时，土体单元边界能够吸收应力波。为满足此条件，土体单元最大半径和土体单元数必须足够大，确保土体单元位移在线弹性范围内，应力波在边缘处能够被吸收。

$$K=2\cdot\pi\cdot G_{\max}\cdot H_{Nr}\cdot\frac{R_{\max}\cdot\omega}{V_s}\cdot i\cdot\frac{K_1\left(\frac{R_{\max}\cdot\omega}{V_s}\cdot i\right)}{K_0\left(\frac{R_{\max}\cdot\omega}{V_s}\cdot i\right)} \tag{8.34}$$

式中　$G_{\max}$——最大剪切模量；

H_{Nr}——最后一个土体单元深度；

$R_{\max}$——土体单元最大半径；

ω——角速度；

V_s——剪切波速；

K_0，K_1——次序为 0 和 1 的 Bessel 函数。

8.3.3　管桩外摩阻力

8.3.3.1　假定

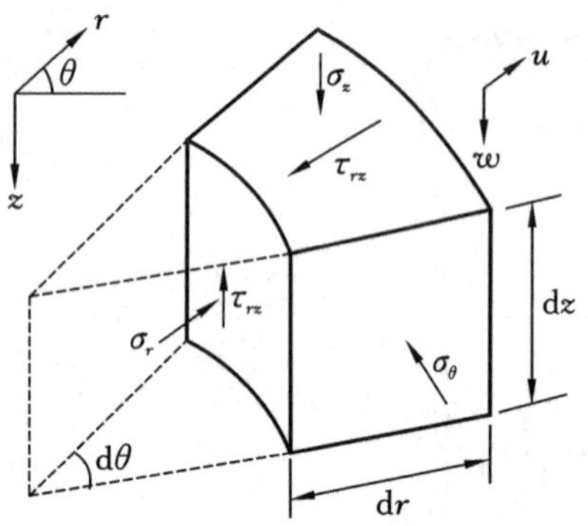

图 8.7　轴对称分布的应力状态

管桩外侧土体应力采用圆柱坐标系统(r,θ,z)描述，如图 8.7 所示。对于轴对称分布的应力，不能忽略的应力分量为 σ_r、σ_θ、σ_z 和 τ_{rz}，分别垂直和平行于 z 轴的 u、w 位移分量也不能忽略。圆周切向的位移分量 v 为 0，应力和位移均独立于 θ，只是 r、z 及时间的函数。

在此假定下，应变表达式为

$$\varepsilon_r=\frac{\partial u}{\partial r},\quad \varepsilon_\theta=\frac{u}{r},\quad \varepsilon_z=\frac{\partial w}{\partial z},\quad \gamma_{rz}=\frac{\partial u}{\partial z}+\frac{\partial w}{\partial r} \tag{8.35}$$

联系体力，忽略内力，平衡方程为

$$\frac{\partial\sigma_r}{\partial r}+\frac{\partial\tau_{rz}}{\partial z}+\frac{\sigma_r-\sigma_\theta}{r}=0 \tag{8.36}$$

$$\frac{\partial\tau_{rz}}{\partial r}+\frac{\partial\sigma_z}{\partial z}+\frac{\tau_{rz}}{r}=0 \tag{8.37}$$

$$\tau_{rz}=\tau_{zr} \tag{8.38}$$

假设管桩高频振动贯入过程中，土体内孔隙水压力不消散，因此，管桩振动贯入模型考虑土体为不可压缩，即无体积变化

$$\Delta e=(1+e)\cdot(\varepsilon_r+\varepsilon_\theta+\varepsilon_z)=0 \tag{8.39}$$

假设管桩外侧土体单元为简单剪切，土体圆环柱单元内外表面产生剪切位移，无轴向和径向应变，但剪切应变不能忽略，如图 8.8 所示。

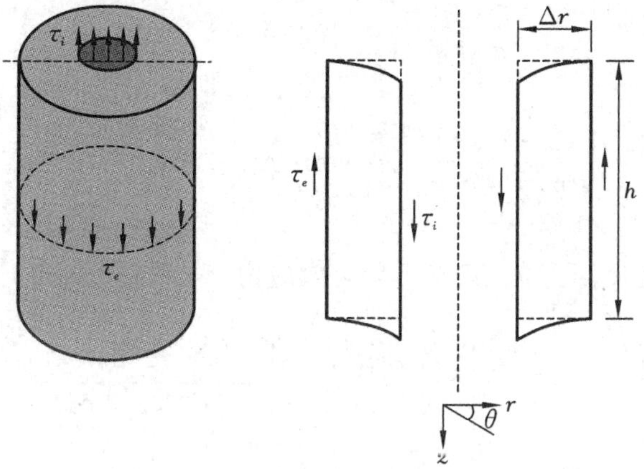

图 8.8 轴对称下简单剪切

假定沿轴向的应力和应变无变化，径向应力和剪应力不随深度变化。基于以上假定，各土体单元的应力、应变分布，如图 8.9 所示。

根据以上假设，管桩振动贯入过程中，管桩外侧土体亚塑性模型的应力张量和应变张量表达式为

$$T_s=\begin{bmatrix}-\sigma_r' & 0 & \tau_{rz}\\ 0 & -\sigma_\theta' & 0\\ \tau_{rz} & 0 & -\sigma_z'\end{bmatrix},D_s=\begin{bmatrix}0 & 0 & \gamma_{zr}\\ 0 & 0 & 0\\ \gamma_{rz} & 0 & 0\end{bmatrix} \tag{8.40}$$

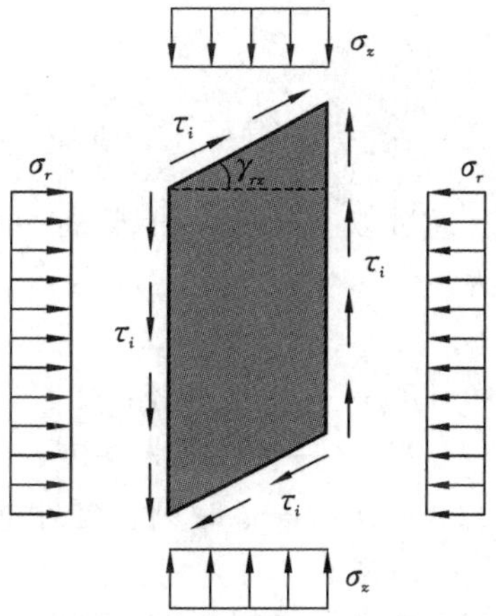

图 8.9 单元接触面的假定应力状态

8.3.3.2 外摩阻力

采用亚塑性本构模型计算管桩外侧各土体单元接触面间的剪应力。该模型中材料应力率张量 $\dot{T}_s$ 为应力张量 T_s 和应变率张量 $\dot{D}_s$ 的函数，关系式如下

$$\dot{T}_s=f_sL(\hat{T}_s,\dot{D}_s)+f_sf_dN(\hat{T}_s)\,\|\dot{D}_s\| \tag{8.41}$$

式中 $\dot{T}_s$——Jaumann 应力率张量；

T_s——Cauchy 应力张量；

$\dot{D}_s$——应变率张量；

f_s,f_d——刚度因子和密度因子；

$\|\cdot\|$——欧几里得范数。

基于以上假定，式(8.41)可简化为应力率分量形式

$$\Delta\tau_{rz}=f_s\cdot|\Delta\gamma_{rz}|\cdot\left[\left(a_1^2+\frac{2\cdot\tau_{rz}^2}{(\sigma_r'+\sigma_\theta'+\sigma_z')^2}\right)\cdot\mathrm{sign}(\Delta\gamma_{rz})+f_d\cdot\sqrt{2}\cdot a_1\cdot\frac{2\cdot\tau_{rz}}{(\sigma_r'+\sigma_\theta'+\sigma_z')}\right] \tag{8.42}$$

$$\Delta\sigma_r'=f_s\cdot|\Delta\gamma_{rz}|\cdot\left[\frac{2\cdot\tau_{rz}\cdot\sigma_r'}{(\sigma_r'+\sigma_\theta'+\sigma_z')^2}\cdot\mathrm{sign}(\Delta\gamma_{rz})+f_d\cdot\sqrt{2}\cdot a_1\cdot\frac{(5\sigma_r'-\sigma_\theta'-\sigma_z')}{3(\sigma_r'+\sigma_\theta'+\sigma_z')}\right] \tag{8.43}$$

$$\Delta\sigma_\theta'=f_s\cdot|\Delta\gamma_{rz}|\cdot\left[\frac{2\cdot\tau_{rz}\cdot\sigma_\theta'}{(\sigma_r'+\sigma_\theta'+\sigma_z')^2}\cdot\text{sign}(\Delta\gamma_{rz})+f_d\cdot\sqrt{2}\cdot a_1\cdot\frac{(5\sigma_\theta'-\sigma_r'-\sigma_z')}{3(\sigma_r'+\sigma_\theta'+\sigma_z')}\right] \tag{8.44}$$

$$\Delta\sigma_z'=f_s\cdot|\Delta\gamma_{rz}|\cdot\left[\frac{2\cdot\tau_{rz}\cdot\sigma_z'}{(\sigma_r'+\sigma_\theta'+\sigma_z')^2}\cdot\text{sign}(\Delta\gamma_{rz})+f_d\cdot\sqrt{2}\cdot a_1\cdot\frac{(5\sigma_z'-\sigma_r'-\sigma_\theta')}{3(\sigma_r'+\sigma_\theta'+\sigma_z')}\right] \tag{8.45}$$

刚度因子 f_s 和密度因子 f_d 只与平均有效应力 $P'=(\sigma_r'+\sigma_\theta'+\sigma_z')/3$ 和孔隙率 e 有关。

$$f_d=\left(\frac{e-e_d}{e_c-e_d}\right)^\alpha=\left\{\exp\left(\frac{3P'}{h_s}\right)^n\cdot\frac{e-e_{d0}\cdot\exp\left[-\left(\frac{3P'}{h_s}\right)^n\right]}{e_{c0}-e_{d0}}\right\}^\alpha \tag{8.46}$$

$$f_s=\frac{h_s}{n\cdot h_i}\cdot\left(\frac{e_i}{e}\right)^\beta\cdot\frac{1+e_i}{e_i}\cdot\left(\frac{3P'}{h_s}\right)^{1-n} \tag{8.47}$$

$$h_i=\frac{1}{{c_1}^2}+\frac{1}{3}-\left(\frac{e_{i0}-e_{d0}}{e_{c0}-e_{d0}}\right)^\alpha\cdot\frac{1}{\sqrt{3}\cdot c_1} \tag{8.48}$$

$$e_i=e_{i0}\cdot\exp[-(3P'/h_s)^n] \tag{8.49}$$

$$e_{i0}=\lambda\cdot e_{c0} \tag{8.50}$$

通过以上分析可知,管桩外摩阻力可由管桩外侧各土体单元的剪切应变求得,其表达式为

$$F_s=2\cdot\pi\cdot R_1\cdot H_1\cdot\tau_1(t) \tag{8.51}$$

式中 R_1——管桩半径;

H_1——管桩贯入深度;

$\tau_1(t)$——t 时刻管桩外壁与土体间的剪切应力。

8.3.4 管桩端部阻力

8.3.4.1 假定

管桩端部土体应力采用循环三轴试验模拟。假定土样的应力和应变分布是均匀的,土样作为一个独立的单元,其应力、应变分布完全可以用应力张量和应变张量描述,如图 8.10 所示。

进行应变控制三轴试验时,轴向应变 ε_z 施加在土样上,将产生轴向有效正应力 σ_z' 和径向有效正应力 σ_r'、σ_θ'。由于土样的轴向和径向平面未施加剪切应变,则轴向和径向作为主应力方向考虑。因此,如果模型的轴与三轴试验的轴向、径向方向一致,则亚塑性模型的应力率张量 $\dot{T}_s$、应力张量 T_s、应变率张量 $\dot{D}_s$ 均为对角矩阵。通常假设三轴试验的应力和应变分布是柱形对称(即 $\sigma_r'=\sigma_\theta'$ 和 $\varepsilon_r=\varepsilon_\theta$),因此应力和应变张量的对角线上第一、第二部分相等。

$$\dot{T}_{srr}=\dot{T}_{s\theta\theta},\quad T_{srr}=T_{s\theta\theta},\quad \dot{D}_{srr}=\dot{D}_{s\theta\theta} \tag{8.52}$$

三轴试验孔隙比变化率 $\dot{e}=(1+e)tr(\dot{D}_s)=0$,所以应变率张量的迹

$$tr(\dot{D}_s)=\dot{D}_{srr}+\dot{D}_{s\theta\theta}+\dot{D}_{szz}=0 \tag{8.53}$$

将式(8.53)代入式(8.52)得

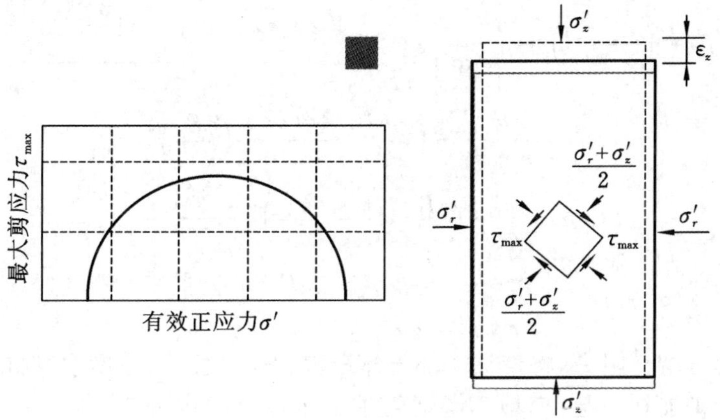

图 8.10　三轴试验应力分布

$$\dot{D}_{srr}=\dot{D}_{s\theta\theta}=-\frac{1}{2}\dot{D}_{szz} \tag{8.54}$$

根据以上假设，管桩高频振动贯入过程中，管桩端部土体的亚塑性模型应力张量和应变张量可以简化为

$$T_s=\begin{pmatrix}\sigma'_r & 0 & 0\\ 0 & \sigma'_r & 0\\ 0 & 0 & \sigma'_z\end{pmatrix},D_s=\begin{pmatrix}-\frac{1}{2}\varepsilon_z & 0 & 0\\ 0 & -\frac{1}{2}\varepsilon_z & 0\\ 0 & 0 & \varepsilon_z\end{pmatrix} \tag{8.55}$$

8.3.4.2　端部阻力

采用亚塑性本构模型计算管桩端部土体竖向应力。该模型中材料应力率张量 $\dot{T}_s$ 为应力张量 T_s 和应变率张量 $\dot{D}_s$ 的函数，关系式如下

$$\dot{T}_s=f_sL(\hat{T}_s,\dot{D}_s)+f_sf_dN(\hat{T}_s)\parallel\dot{D}_s\parallel \tag{8.56}$$

式中　$\dot{T}_s$——Jaumann 应力率张量；

T_s——Cauchy 应力张量；

$\dot{D}_s$——应变率张量；

f_s,f_d——刚度因子和密度因子；

$\parallel\cdot\parallel$——欧几里得范数。

基于以上假定，式(8.56)描述为轴向有效正应力 σ'_z 和径向有效正应力 σ'_r 的函数

$$\Delta\sigma'_z=f_s\cdot|\Delta\varepsilon_z|\cdot\left[\left(a_1^2+\frac{\sigma'_z\cdot(\sigma'_z-\sigma'_r)}{(\sigma'_z+2\cdot\sigma'_r)^2}\right)\cdot\mathrm{sign}(\Delta\varepsilon_z)+\sqrt{\frac{3}{2}}\cdot f_d\cdot a_1\cdot\frac{(5\cdot\sigma'_z-2\cdot\sigma'_r)}{3\cdot(\sigma'_z+2\cdot\sigma'_r)}\right] \tag{8.57}$$

$$\Delta\sigma'_r=f_s\cdot|\Delta\varepsilon_z|\cdot\left[\left(-\frac{1}{2}\cdot a_1^2+\frac{\sigma'_r\cdot(\sigma'_z-\sigma'_r)}{(\sigma'_z+2\cdot\sigma'_r)^2}\right)\cdot\mathrm{sign}(\Delta\varepsilon_z)+\sqrt{\frac{3}{2}}\cdot f_d\cdot a_1\cdot\frac{(4\cdot\sigma'_r-\sigma'_z)}{3\cdot(\sigma'_z+2\cdot\sigma'_r)}\right] \tag{8.58}$$

式中

$$f_d=\left(\frac{e-e_d}{e_c-e_d}\right)^{\alpha}=\left\{\exp\left(\frac{3P'}{h_s}\right)^{n}\cdot\frac{e-e_{d0}\cdot\exp\left[-\left(\frac{3P'}{h_s}\right)^{n}\right]}{e_{c0}-e_{d0}}\right\}^{\alpha}$$

$$f_s=\frac{h_s}{n\cdot h_i}\cdot\left(\frac{e_i}{e}\right)^{\beta}\cdot\frac{1+e_i}{e_i}\cdot\left(\frac{3P'}{h_s}\right)^{1-n}$$

$$h_i=\frac{1}{c_1{}^2}+\frac{1}{3}-\left(\frac{e_{i0}-e_{d0}}{e_{c0}-e_{d0}}\right)^{\alpha}\cdot\frac{1}{\sqrt{3}\cdot c_1}$$

$$e_i=e_{i0}\cdot\exp[-(3P'/h_s)^n]$$

$$e_{i0}=\lambda\cdot e_{c0}$$

为了计算管桩端部阻力，将管桩端部土体模拟为圆环柱体，高度取管桩直径的70%。管桩端部土体与管桩连在一起，模型不考虑管桩与土体之间的分离问题，如图8.11所示。管桩端部土体竖向正应变 ε_z 由管桩的位移与管桩端部所考虑的土柱高度的比值确定。

管桩端部土体假定为亚塑性，土体单元施加三维荷载。与管桩外侧阻力一样，孔隙水压力由平均应力计算（$\Delta u=P'-P'_0$）。

通过以上分析可知，管桩端部阻力由管桩端部土体轴向应变计算，其表达式为

$$F_t=(\sigma'_z+u)A_{sleeve} \tag{8.59}$$

式中 σ'_z——有效轴向应力；

u——孔隙水压力；

A_{sleeve}——管桩截面面积。

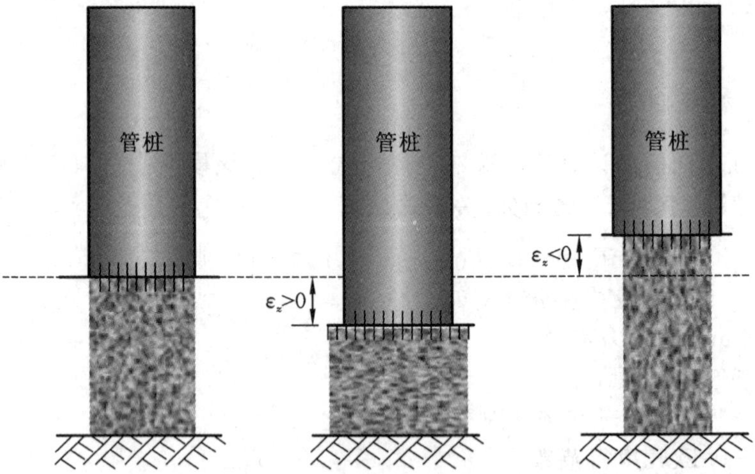

图 8.11　管桩端部阻力模型

8.3.5　管桩土塞阻力

8.3.5.1　假定

Randolph 等[109]基于筒仓理论，提出有效土塞高度 h' 的概念，即假设沉桩过程中管桩内

部的土塞相对于桩壁向上移动，管桩内侧摩阻力主要由有效土塞高度范围内的土塞承担，如图 8.12 所示。通过第 6 章研究表明，管桩高频振动贯入过程中土塞达到不完全闭塞程度，即土塞相对于管壁向上移动；在距离管端一定范围内的应力拱最为显著，此段土塞承担了内侧摩阻力的主要部分。因此，管桩高频振动贯入过程中管内土塞符合 Randolph 的假定，有效土塞高度即为土拱高度。

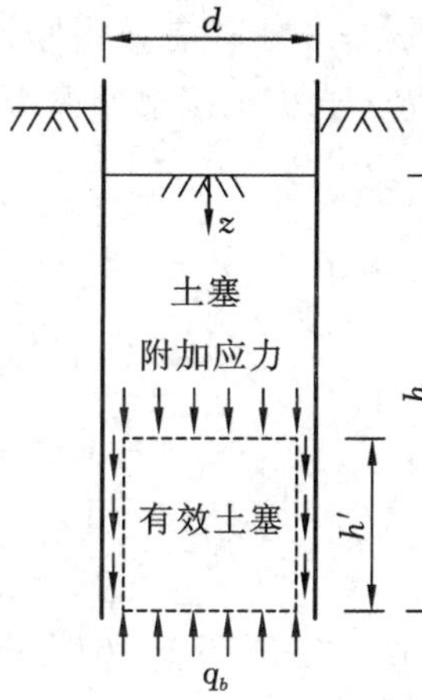

图 8.12　有效土塞高度示意图

经过整理各种工况（不同振动频率、管径）条件下管桩贯入深度、有效土塞高度等数值模拟结果，H 与 h' 采用线性拟合（图 8.13），其关系式如下

$$h'=0.35H-0.11 \tag{8.60}$$

图 8.13 表明，管桩贯入初期，未产生土拱效应，有效土塞高度为 0；随着管桩贯入深度增加，管内土颗粒不断向下移动，产生土拱效应，有效土塞高度与贯入深度基本呈线性关系。

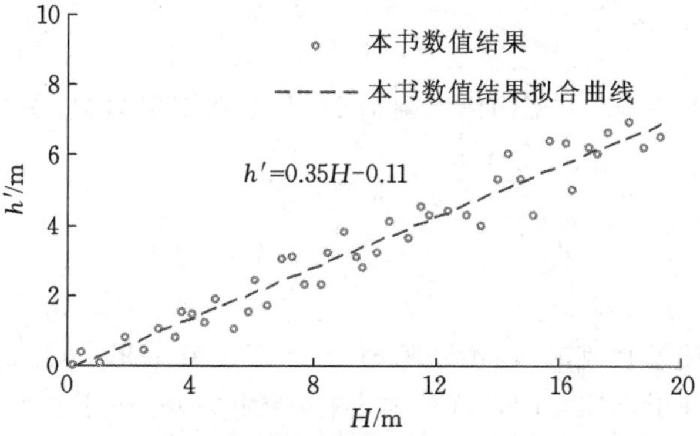

图 8.13　贯入深度与有效土塞高度的关系

8.3.5.2　土塞阻力

图 8.14 为作用于无限小土塞片上的力，无限小单元的平衡微分方程为

$$\frac{\mathrm{d}\sigma_v'}{\mathrm{d}z}=\gamma'+\frac{4}{d}\tau_i \tag{8.61}$$

$$\tau_i=\beta\sigma_v' \tag{8.62}$$

式中　σ_v'——土塞竖向有效应力；

γ'——土体有效重度；

τ_i——土塞与管壁剪切应力。

β 是一个依赖于土压力系数 K 和接触摩擦系数 $\tan\delta$ 的系数，其表达式为

$$\beta=\frac{\sin\varphi'\sin(\Delta-\delta)}{1+\sin\varphi'\cos(\Delta-\delta)} \tag{8.63}$$

$$\sin\Delta=\frac{\sin\delta}{\sin\varphi'} \tag{8.64}$$

式中　φ'——土体有效内摩擦角；

δ——桩土接触面摩擦角。

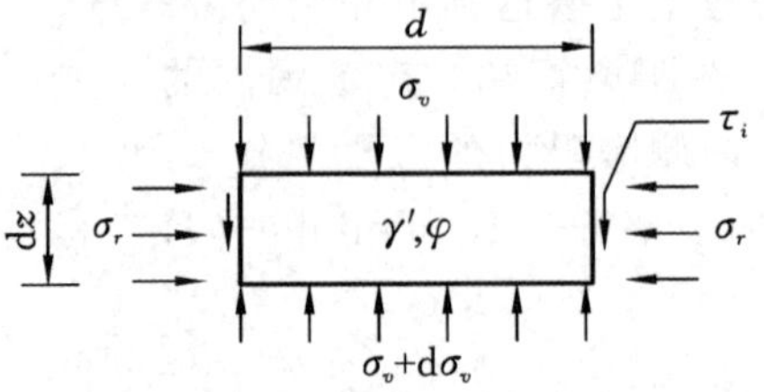

图 8.14　作用于无限小土塞片上的力

假设土塞顶部 $z=0$ 处施加边界荷载 p，对式(8.61)积分得到任意深度 z 处土塞竖向有效应力为

$$\sigma_v' = p + (e^{4\beta z/d} - 1)\left(p + \frac{\gamma' d}{4\beta}\right) \tag{8.65}$$

由于土塞底部初始应力为 $p+\gamma' h$，则土塞底部附加应力为

$$q_b = (e^{4\beta h/d} - 1)\left(p + \frac{\gamma' d}{4\beta}\right) - \gamma' h \tag{8.66}$$

根据式(8.65)和式(8.66)求得内侧摩阻力 Q_{si} 和土塞端阻力 Q_p 分别为

$$Q_{si} = \pi d \int_0^h \beta \sigma_v' \mathrm{d}z \tag{8.67}$$

$$Q_p = \frac{\pi d^2}{4} q_b \tag{8.68}$$

当土塞处于完全闭塞程度时，内侧摩阻力 Q_{si} 大于土塞端阻力 Q_p，土塞阻力 Q_{plug} 等于土塞端阻力 Q_p；当土塞处于不完全闭塞程度时，内侧摩阻力 Q_{si} 小于土塞端阻力 Q_p，土塞阻力 Q_{plug} 等于内侧摩阻力 Q_{si}。

由于管桩高频振动贯入过程中土塞处于不完全闭塞状态，因此土塞阻力 Q_{plug} 等于内侧摩阻力 Q_{si}。根据 Randolph 等[109]的有效土塞高度 h' 理论，内侧摩阻力主要由有效土塞高度范围内的土塞承担，而有效土塞高度以上的土塞对内侧摩阻力贡献很小，可以忽略有效土塞高度以上土塞的增加。因此，内侧摩阻力可简化为有效土塞高度范围内的内侧摩阻力，土塞高度 h 按贯入深度 H 取值。根据式(8.65)和式(8.67)求得管桩高频振动贯入过程中土塞阻力[145]为

$$Q_{plug} = \pi d \int_{(H-h')}^{H} \beta \left[p + (e^{4\beta z/d} - 1)\left(p + \frac{\gamma' d}{4\beta}\right) \right] \mathrm{d}z \tag{8.69}$$

图 8.15 为管桩土塞阻力随贯入深度的变化，图中土塞阻力解析解根据式(8.69)求得，而土塞阻力数值解是通过管壁与土体接触面上的剪应力沿管长积分得到。

图 8.15 显示：(1)土塞阻力沿贯入深度呈指数型分布，与 Igoe 等[269,270]的研究结论一致。(2)管桩贯入初期，土塞阻力数值解略大于解析解，而随管桩继续贯入到某一深度时，数值解逼近解析解，定义该深度为最小临界深度。这是由于管桩贯入浅层土时，土拱效应较弱，土塞阻力由整个土塞承担，沿管长积分得到的数值解比沿有效土塞高度积分得到的解析

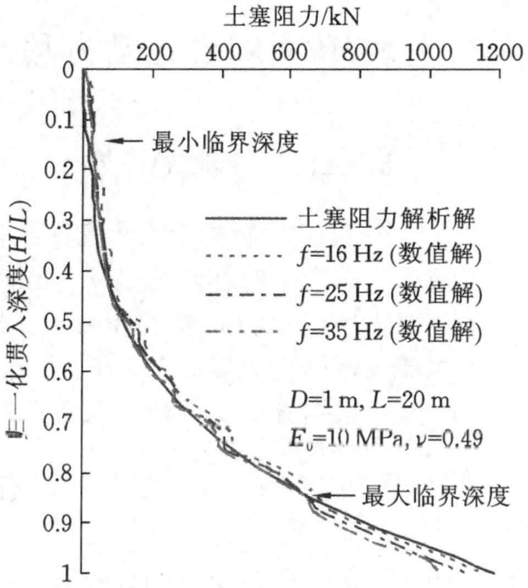

图 8.15　土塞阻力随贯入深度的变化

彩图 8.15

解大。当管桩贯入到深层土时，土塞产生明显的土拱效应，土塞阻力主要由有效土塞高度范围内的土塞承担，此时，土塞阻力数值解与解析解相近。(3)管桩贯入更深层土时，土塞阻力数值解小于解析解，定义此深度为最大临界深度。这是由于深层处土体与管壁间的反复剪切与滑移，导致土体产生塑性破坏。(4)当 $f<25$ Hz 时，数值解与解析解的偏差大。当 $f\geqslant 25$ Hz 时，数值解与解析解的偏差很小。因此，当 $f\geqslant 25$ Hz 时，使用式(8.69)计算土塞阻力精确度更高。

图 8.16 描述了管桩高频振动贯入过程中临界深度随振动频率的变化。虽然数据点具有一定的离散性，但最小临界深度和最大临界深度的分布点分别处于一定的区间范围内。通过回归分析得到最小临界深度为 $2.1D$，最大临界深度为 $16.7D$。因此，在满足条件 $f\geqslant 25$ Hz和 $2.1D<H<16.7D$ 时，根据式(8.69)计算管桩高频振动贯入过程中的土塞阻力是合理的。

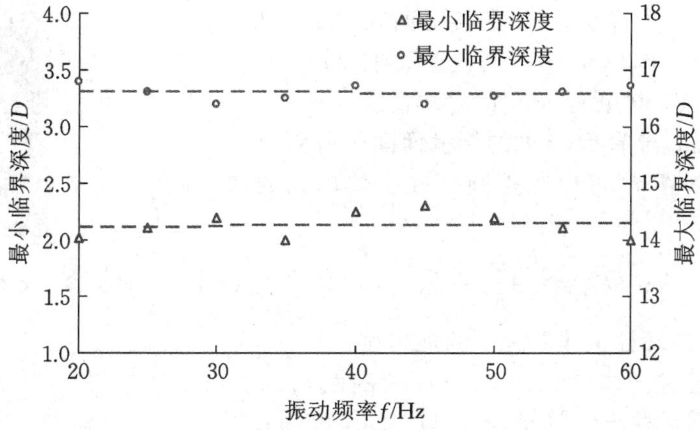

图 8.16　临界深度随振动频率的变化

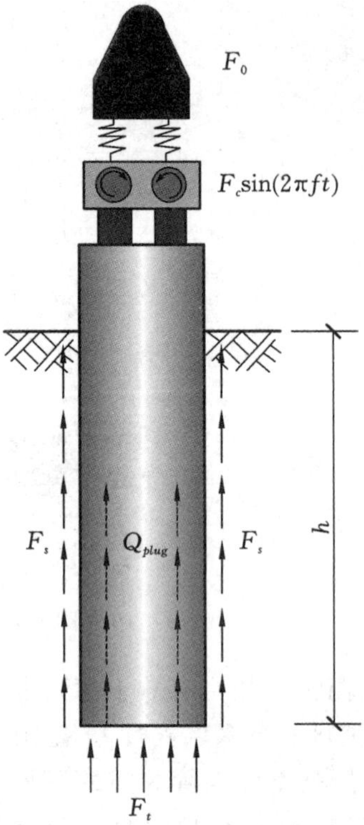

图 8.17 管桩受力示意图

8.3.6 综合运动方程

8.3.6.1 管桩的平衡

图 8.17 为管桩受力示意图。作用在管桩上的力包括振动锤自重产生的静态荷载 F_0、振动锤偏心矩振动产生的循环力 $F_c\sin(2\pi ft)$、管桩外侧土体产生的侧摩阻力 F_s、管桩端部土体产生的端部阻力 F_t 和管桩内土塞产生的土塞阻力 Q_{plug}。根据管桩受力状态求得管桩加速度表达式为

$$\ddot{u}_s(t)=\frac{F_0+F_c\sin(2\pi ft)-2\cdot\pi\cdot R_1\cdot H_1\cdot\tau_1(t)-F_t-Q_{plug}}{M_s} \tag{8.70}$$

式中 $\ddot{u}_s(t)$——t 时刻管桩贯入加速度；
F_0——振动锤自重产生的静态荷载；
F_c——振动锤产生的动力荷载幅值；
R_1——管桩半径；
H_1——管桩贯入深度；
$\tau_1(t)$——管桩外壁与土体间的剪切应力；
F_t——管桩端部阻力；
Q_{plug}——管桩内壁土塞阻力；
M_s——管桩质量。

8.3.6.2 土体单元的平衡

图 8.18 为土体单元受力示意图。假设土体单元自重与底部反力平衡，剪应力沿内外边界均匀分布，其表达式为

$$T_i=2\cdot\pi\cdot R_i\cdot H_i\cdot\tau_i \tag{8.71}$$

式中 T_i——单元 i 与单元 $i-1$ 的接触面间的摩擦力；
R_i——单元 i 与单元 $i-1$ 的接触面半径；
H_i——单元 i 与单元 $i-1$ 的平均高度；
τ_i——单元 i 与单元 $i-1$ 的接触面间的剪应力。

根据单元受力情况，可以求得圆环柱土体单元的加速度表达式

$$\ddot{u}(t)_i=\frac{T_i-T_{i+1}}{M_i} \tag{8.72}$$

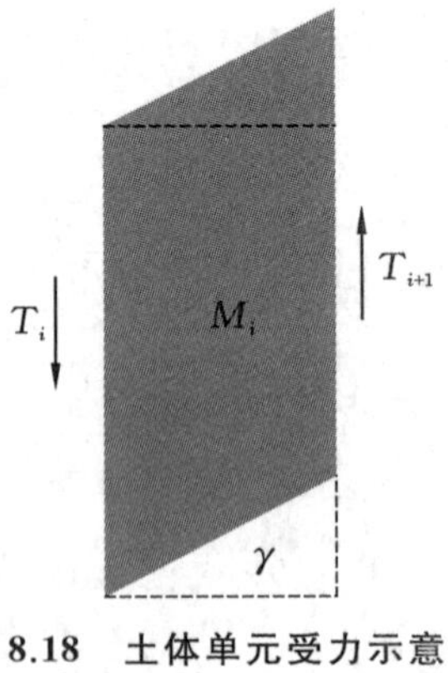

图 8.18 土体单元受力示意图

式中 $\ddot{u}(t)_i$——圆环柱土体单元 i 的加速度；
T_i——圆环柱土体单元 i 与 $i-1$ 的摩擦力；
T_{i+1}——圆环柱土体单元 $i+1$ 与 i 的摩擦力；
M_i——圆环柱土体单元 i 的质量。

8.3.6.3　运动方程

考虑管桩和各个土体单元的运动方程，系统所有的 $N+1$ 个运动方程如下

$$\left.\begin{array}{l}M_s \cdot \ddot{u}_s(t)+2\cdot\pi\cdot R_1\cdot H_1\cdot\tau_1(t)+A_{sleeve}(\sigma_z'+u_{toe})+Q_{plug}=F_0+F_c\cdot\sin(2\pi ft)\\ M_1\cdot\ddot{u}_1(t)+2\cdot\pi\cdot R_2\cdot H_2\cdot\tau_2(t)-2\cdot\pi\cdot R_1\cdot H_1\cdot\tau_1(t)=0\\ M_2\cdot\ddot{u}_2(t)+2\cdot\pi\cdot R_3\cdot H_3\cdot\tau_3(t)-2\cdot\pi\cdot R_2\cdot H_2\cdot\tau_2(t)=0\\ \cdots\cdots\\ M_i\cdot\ddot{u}_i(t)+2\cdot\pi\cdot R_{i+1}\cdot H_{i+1}\cdot\tau_{i+1}(t)-2\cdot\pi\cdot R_i\cdot H_i\cdot\tau_i(t)=0\\ \cdots\cdots\\ M_{N-1}\cdot\ddot{u}_{N-1}(t)+2\cdot\pi\cdot R_N\cdot H_N\cdot\tau_N(t)-2\cdot\pi\cdot R_{N-1}\cdot H_{N-1}\cdot\tau_{N-1}(t)=0\\ M_N\cdot\ddot{u}_N(t)+B_{kr}\cdot u_N(t)+C_f\cdot\dot{u}_N(t)-2\cdot\pi\cdot R_N\cdot H_N\cdot\tau_N(t)=0\end{array}\right\} \tag{8.73}$$

式中　$\ddot{u}_s(t)$——管桩的加速度；

M_s——管桩质量；

F_0——振动锤自重产生的静态荷载；

F_c——振动锤产生的动力荷载幅值；

Q_{plug}——管桩土塞阻力；

$\ddot{u}_i(t)$——土体单元的加速度；

M_i——土体单元 i 的质量；

R_i——土体单元 i 的半径；

H_i——土体单元 i 的高度；

$\tau_i(t)$——土体单元 $i+1$ 与 i 的剪应力；

B_{kr}，C_f——模拟无限边界的黏弹性模型参数。

方程(8.73)是非线性的，且不能直接求解。加速度为位移的函数，采用中心差分公式描述如下

$$\ddot{u}_i(t)=\frac{u_i(t-\Delta t)-2\cdot u_i(t)+u_i(t+\Delta t)}{\Delta t^2} \tag{8.74}$$

根据式(8.74)求得 $t+\Delta t$ 时刻土体单元位移为

$$u_i(t+\Delta t)=\ddot{u}_i(t)\cdot\Delta t^2+2\cdot u_i(t)-u_i(t-\Delta t) \tag{8.75}$$

8.4　程序编译

8.4.1　MATLAB 程序设计

8.4.1.1　MATLAB 概述

MATLAB 语言是一个高级的基于矩阵/数组的语言，用它可快速编写简单的程序。MATLAB 程序文件包括脚本文件和函数文件。

MATLAB系统主要包括以下五个部分：

(1) 桌面工具和开发环境。MATLAB由一系列工具组成，这些工具大部分是图形用户界面，方便用户使用MATLAB的函数和文件，包括MATLAB桌面和命令窗口、编辑器和调试器、代码分析器和用于浏览帮助、工作空间、文件的浏览器。

(2) 数学函数库。MATLAB数学函数库包含了大量的计算算法，从初等函数到复杂的函数。

(3) 语言。MATLAB语言是一种高级的基于矩阵/数组的语言，具有程序流控制、函数、数据结构、输入/输出和面向对象编程等特色。用户可以在命令窗口中将输入语句与执行命令同步，以迅速创立快速抛弃型程序，也可以先编写一个较大的复杂的M文件后再一起运行，以创立完整的大型应用程序。

(4) 图形处理。MATLAB具有方便的数据可视化功能，以将向量和矩阵用图形表现出来，并且可以对图形进行标注和打印。它的高层次作图包括二维和三维的可视化、图像处理、动画和表达式作图。低层次作图包括完全定制图形的外观，以及建立基于用户的MATLAB应用程序的完整图形用户界面。

(5) 外部接口。外部接口是一个使MATLAB语言能与C、FORTRAN等其他高级编程语言进行交互的函数库，它包括从MATLAB中调用程序、调用MATLAB为计算引擎和读写mat文件的设备。

8.4.1.2 M文件

在实际应用中，直接在命令行窗口中输入简单的命令无法满足用户的所有需求，因此MATLAB提供了另一种工作方式，即利用M文件编程。M文件因其扩展名为.m而得名，它是一个标准的文本文件，可以在任何的文本编辑器中进行编辑、存储、修改和读取。M文件的语法类似于一般的高级语言，是一种程序化的编程语言，但它又比一般的高级语言简单，且程序容易调试、交互性强。MATLAB在初次运行M文件时会将其代码装入内存，再次运行该文件时会直接从内存中取出代码运行，因此会大大加快程序的运行速度。

M文件有两种形式：一种是命令文件(Script)，另一种是函数文件(Function)。命令文件没有输入和输出，由一系列指令组成，可在命令窗口直接运行，产生的所有变量存储在Workspace中。函数文件的第一行一般都以function开始，是为某种特定功能而编写的。

8.4.1.3 程序结构

MATLAB平台上的控制流结构包括顺序结构、if-else-end分支结构、switch-case结构、try-catch结构、for循环结构和while循环结构，这6种结构的算法及使用与其他计算机编程语言十分类似，从而使得MATLAB语言的编程显得十分灵活。

(1) 顺序结构

顺序结构是MATLAB程序中最基本的结构，是按照程序语句出现的先后顺序依次执行的，直到程序的最后一条语句。

(2) if-else-end分支结构

if-else-end指令为程序流提供了一种分支结构，该结构主要包括以下3种形式：

① 若判决条件expression为真，则执行命令组command，否则跳过该命令组。具体的句法格式如下：

```
if expression
    command
end
```

② 若可供选择的执行命令组有两组，则采用的结构如下：

```
if expression         %判决条件
    command1          %判决条件为真，执行命令组 command1，并结束此结构
else
    command2          %判决条件为假，执行命令组 command2，并结束此结构
end
```

③ 若可供选择的执行命令组有 n(n>2)组，则采用的结构如下：

```
if expression1        %判决条件
    command1          %判决条件 expression1 为真，执行 command1，结束此结构
elseif expression2
    command2          %判决条件 expression1 为假，判决条件 expression2 为真，执行
command2，并结束此结构
…
else
    commandn          %前面所有判决条件均为假，执行 commandn，结束此结构
end
```

(3) switch-case

switch-case 结构的具体语法结构如下：

```
switch value          %value 为需要进行判决的标量或字符串
  case test1
    command1          %如果 value 等于 test1，执行 command1，并结束此结构
  case test2
    command2          %如果 value 等于 test2，执行 command2，并结束此结构
…
  case testk
    commandk          %如果 value 等于 testk，执行 commandk，并结束此结构
otherwise
    commands          %如果 value 不等于前面所有值，执行 commands，并结束此结构
end
```

(4) try-catch 结构

try-catch 结构的具体的语法结构如下：

```
try
    command1          %命令组 command1 总是首先被执行。若正确，执行完成后结束此结构
catch
    command2          %命令组 command1 执行发生错误时，执行 command2，并结束此结构
end
```

(5) for 循环结构

for 循环的具体语法结构如下：

```
for x=array          %变量 x 为循环变量
    command          %循环体 command 重复执行的次数由 array 数组的列数确定
end
```

(6) while 循环结构

while 循环的具体语法结构如下：

```
while expression
    command
end
```

8.4.2 管桩外侧土体应力率分量函数

采用 MATLAB R2012b 编译管桩外侧土体剪切应力率 $\Delta\tau_{rz}$，见式(8.42)，具体程序代码如下：

%建立函数名为 myssr 的管桩外侧土体剪切应力率 $\Delta\tau_{rz}$ 的函数

%myssr(a,b,c,hs,n,ec0,ed0,ei0,e,ss,sr,sz,ls)中的前 8 个参数为亚塑性模型参数：a 为指数 α；b 为指数 β；c 为临界参数 φ_c；hs 为颗粒硬度 h_s；n 为指数 n；ec0 为零压力下临界孔隙比 e_{c0}；ed0 为零压力下下限孔隙比 e_{d0}；ei0 为零压力下上限孔隙比 e_{i0}

%e 为土体孔隙比

%ss 为管桩外侧土体剪切应力 τ_{rz}

%sr 为管桩外侧土体径向应力 σ'_r

%sz 为管桩外侧土体轴向应力 σ'_z

%ls 为管桩外侧土体剪切应变率 $\Delta\gamma_{rz}$

```
function ssr=myssr(a,b,c,hs,n,ec0,ed0,ei0,e,ss,sr,sz,ls)
```

%根据式(8.10)计算 c_1

```
c1=(3/8)^0.5*(3-sin(c))/sin(c)
```

%根据式(8.11)计算 c_2

```
c2=(3/8)*(3+sin(c))/sin(c)
```

%根据式(8.17)计算 h_i

```
hi=1/c1^2+1/3-((ei0-ed0)/(ec0-ed0))^a*1/(c1*(3^0.5))
```

%根据式(8.14)计算对应平均压力 p_s 的最大孔隙比 e_i

```
ei=ei0*exp(-(((2*sr+sz)/hs)^n))
```

%根据式(8.16)计算刚度因子 f_s

```
fs=hs/(n*hi)*(ei/e)^b*((1+ei)/ei)*((2*sr+sz)/hs)^(1-n)
```

%根据式(8.12)计算密度因子 f_d

```
fd=(exp(((2*sr+sz)/hs)^n)*(e-ed0*exp(-(((2*sr+sz)/hs)^n)))/(ec0-ed0))^a
```

%根据公式 $\hat{T}_s^*=\hat{T}_s-1/(3I)$ 计算 $\|\hat{T}_s^*\|$

```
Ts=((1/(3*(sz+sr+sr)))^2*((2*sr-sr-sz)^2+(2*sr-sr-sz)^2+(2*sz-sr-sr)^2+18*ss^2)) ...^(1/2)
```

%根据式(8.9)计算 $\cos(3\theta)$

```
d=-(6^(1/2))*((1/27*(2*sr-sr-sz)^3+1/27*(2*sr-sr-sz)^3+1/27*(2*sz-sr-sr)^3+ss^ ...2/3*(3*sr-6*sr+3*sz))/(sz+sr+sr)^3)/((1/9/(sz+sr+sr)^2*((2*sr-sr-sz)^2+(2*sr-sr-sz)^2 ...+(2*sz-sr-sr)^2+18*ss^2))^(3/2))
```

%根据式(8.8)计算参数 a_1

```
a1=1/(c1+c2*Ts*(1+d))
```

%根据式(8.42)计算管桩外侧土体剪切应力率 $\Delta\tau_{rz}$

```
ssr=fs*abs(ls)*((a1^2+2*ss^2/(sr+sr+sz)^2)*sign(ls)+fd*2^0.5*a1*2*ss/(sr+sr+sz))
end
```

根据管桩外侧土体剪切应力率 $\Delta\tau_{rz}$ 函数的编译方法，利用 MATLAB R2012b 分别建立函数名为 mysrr 的管桩外侧土体径向应力率 $\Delta\sigma_r'$ 函数和函数名为 myszr 的管桩外侧土体轴向应力率 $\Delta\sigma_z'$。

8.4.3 管桩端部土体应力率分量函数

采用 MATLAB R2012b 编译管桩端部土体轴向应力率 $\Delta\sigma_z'$，见式(8.57)，具体程序代码如下：

%建立函数名为 mystzr 的管桩端部土体轴向应力率 $\Delta\sigma_z'$ 的函数

%mystzr(a,b,c,hs,n,ec0,ed0,ei0,e,str,stz,as)中的前 8 个参数为亚塑性模型参数：a 为指数 α；b 为指数 β；c 为临界参数 φ_c；hs 为颗粒硬度 h_s；n 为指数 n；ec0 为零压力下临界孔隙比 e_{c0}；ed0 为零压力下下限孔隙比 e_{d0}；ei0 为零压力下上限孔隙比 e_{i0}

%e 为土体孔隙比

%str 为管桩端部土体径向应力 σ_r'

%stz 为管桩端部土体轴向应力 σ_z'

%as 为管桩端部土体轴向应变率 $\Delta\varepsilon_z$

```
function stzr=mystzr(a,b,c,hs,n,ec0,ed0,ei0,e,str,stz,as)
```

%计算平均有效应力 P'

```
p=(2*str+stz)/3
```

%计算偏应力 q

```
q=stz-str
```

%根据式(8.10)计算 c_1

```
c1=(3/8)^0.5*(3-sin(c))/sin(c)
```

%根据式(8.11)计算 c_2

```
c2=(3/8)*(3+sin(c))/sin(c)
```

%根据式(8.17)计算 h_i

```
hi=1/c1^2+1/3-((ei0-ed0)/(ec0-ed0))^a*1/(c1*(3^0.5))
```

```
%根据式(8.14)计算对应平均压力 ps 的最大孔隙比 ei
ei=ei0 * exp(-(3 * p/hs)^n)
%根据式(8.16)计算刚度因子 fs
fs=hs/(n * hi) * (ei/e)^b * ((1+ei)/ei) * (3 * p/hs)^(1-n)
%根据式(8.12)计算密度因子 fd
fd=(exp((3 * p/hs)^n) * (e-ed0 * exp(-((3 * p/hs)^n)))/(ec0-ed0))^a
%根据公式 T̂s* =T̂s-1/(3I)计算 ‖T̂s*‖
Ts=(2 * q^2/(27 * p^2))^0.5
%根据式(8.9)计算 cos(3θ)
d=-q^3 * (9 * p^2)^1.5/(27 * p^3 * (q^2)^1.5)
%根据式(8.8)计算参数 a1
a1=1/(c1+c2 * Ts * (1+d))
%根据式(8.57)计算管桩端部土体轴向应力率 Δσ'z
stzr=fs * abs(as) * ((a1^2+stz * (stz-str)/(stz+2 * str)^2) * sign(as)+(3/2)^0.5 * fd *
a1 * (5 * …stz-2 * str)/3/(stz+2 * str))
end
```

根据管桩端部土体轴向应力率 $\Delta\sigma'_z$ 函数的编译方法，利用 MATLAB R2012b 建立函数名为 mystrr 的管桩端部土体径向应力率 $\Delta\sigma'_r$ 函数。

8.4.4 管桩内侧土塞阻力函数

采用 MATLAB R2012b 编译管桩内侧土塞阻力 Q_{plug}，见式(8.69)，具体程序代码如下：

```
%建立函数名为 myplug 的管桩内侧土塞阻力 Qplug 的函数
%c 为临界参数 φc
%g 为管桩壁与土接触面摩擦角 δ
%r 为土体重度 γ
%D 为管桩直径
%us 为管桩位移
function plug=myplug(c,g,r,D,us)
%根据式(8.64)计算 Δ
ap=asin(sin(g)/sin(c))
%根据式(8.63)计算 β
bp=sin(c) * sin(ap-g)/(1+sin(c) * cos(ap-g))
%根据式(8.60)计算有效土塞高度 h'
h=0.35 * us-0.11
%采用梯形法计算式(8.69)的数值积分
z=us-h:0.01:us
```

```
y=bp*(exp(4*bp*z/D)-1)*r*D/4/bp
plug=pi*D*trapz(z,y)
end
```

8.4.5　管桩贯入计算模型程序

根据编制的管桩外侧土体应力率分量函数(myszr、mysrr、myssr)、管桩端部土体应力率分量函数(mystzr、mystrr)和管桩内侧土塞阻力函数(myplug),并结合综合运动方程式(8.73),利用 MATLAB R2012b 编译出管桩振动贯入计算模型程序,具体程序流程如图 8.19 所示。

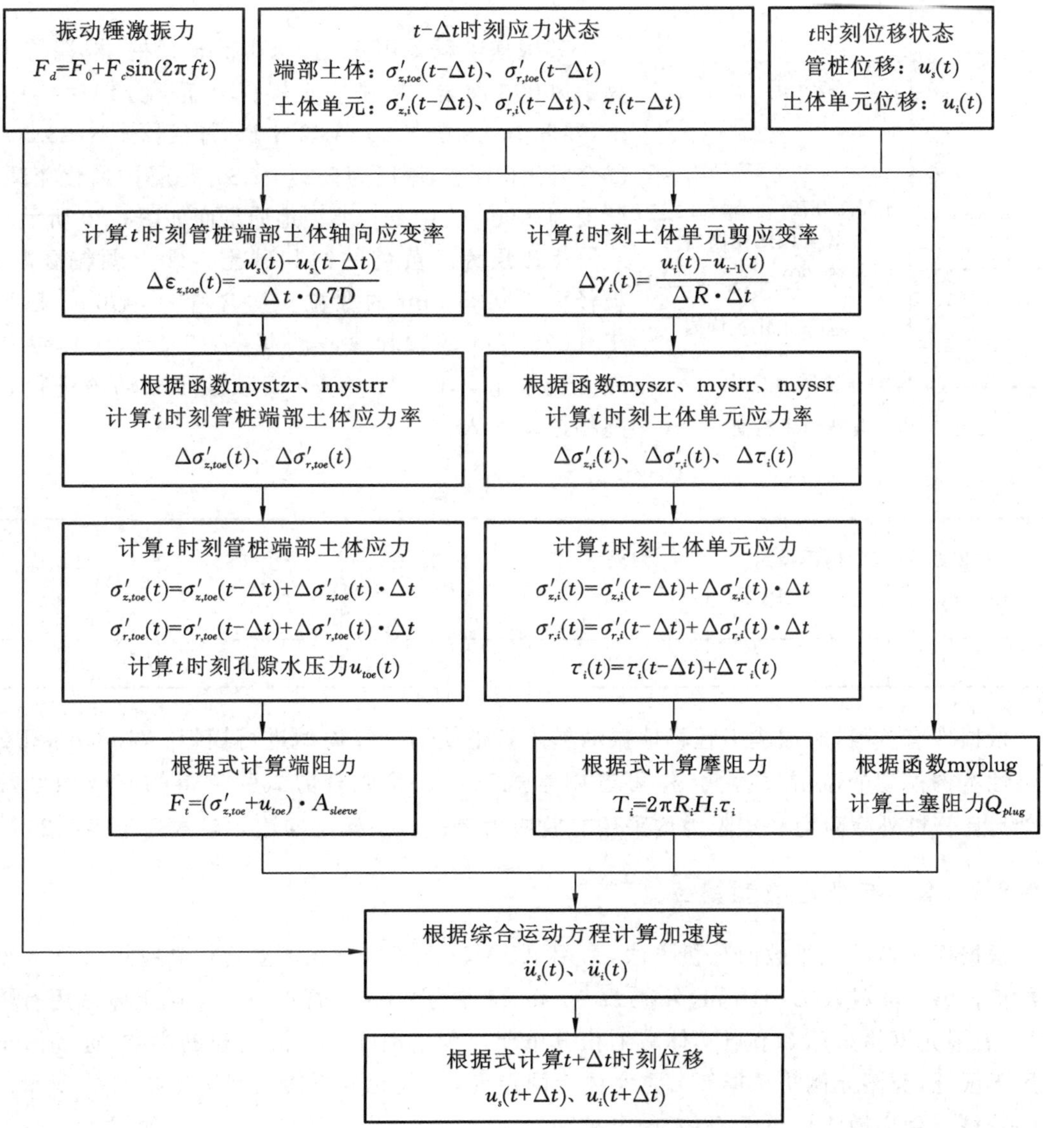

图 8.19　管桩高频振动贯入计算模型程序流程

8.5 模型验证及结果分析

8.5.1 模型验证

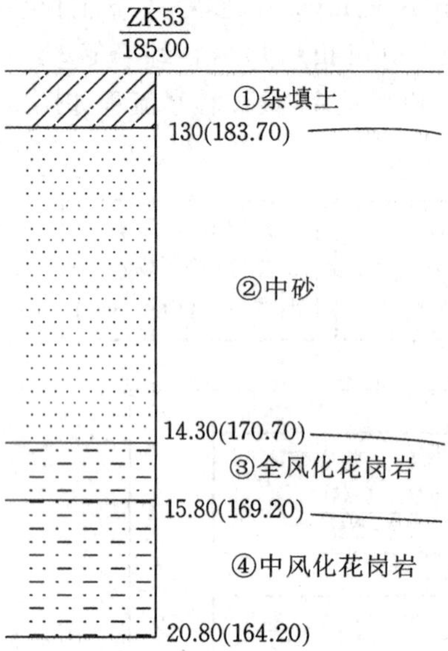

图 8.20 典型地质剖面

将计算模型的计算结果分别与现场实测结果、有限元模拟结果进行比较，验证管桩振动贯入计算模型的可靠性。

8.5.1.1 工程概况

某拟建工程采用直径 1000 mm 管桩，桩端持力层为中风化花岗岩。场地岩土层自上而下分别为：①杂填土，厚度为 0.90～2.20 m；②中砂，厚度 2.10～13.50 m；③全风化花岗岩，厚度为 1.20～2.35 m；④中风化花岗岩，厚度为 3.60～7.10 m。典型地质剖面如图 8.20 所示。

中砂层为浅黄色的饱和砂土。砂土颗粒级配差，粒径大于 0.25 mm 的颗粒平均含量为 54.6%，粒径小于 0.075 mm 的颗粒平均含量为 15.2%，土体参数见表 8.1。采用美国 APE200-6 高频液压振动锤进行管桩高频振动贯入。

表 8.1 砂土参数

天然重度 $\gamma/(\mathrm{kN\cdot m^{-3}})$	杨氏模量 E/MPa	泊松比 ν	黏聚力 c'/kPa	内摩擦角 $\varphi'/(°)$	孔隙比 e
18.5	32	0.28	0.1	33	0.7

根据现有资料，对拟建工程场地振动贯入管桩使用计算模型进行模拟。Gudehus-Bauer 亚塑性本构模型的临界摩擦角 φ_c 可选用常规三轴试验或直剪试验测得的有效内摩擦角 φ'[262]，且管桩外摩阻力和端阻力均采用有效应力表达。该模型的输入参数列于表 8.2。

8.5.1.2 有限元模型建立

根据第 4 章的三维数值分析方法，采用 ABAQUS/Explicit 建立管桩高频振动贯入砂土的数值模型。管桩长 $L=18$ m，外径 $D=1$ m，壁厚为 2 cm。管桩与近场域土体采用有限元模拟，有限元网格采用 8 节点实体减缩积分单元。为了消除振动波反射的影响，远场域土体采用无限元，无限元网格采用 8 节点实体无限单元，有限元分析模型网格如图 8.21 所示。打入的管桩采用离散刚体单元，不考虑管桩变形。

表 8.2　计算模型程序输入参数

振动锤参数	振动频率 f	27.5 Hz
	静态荷载 F_0	100 kN
	动力荷载幅值 F_c	2700 kN
管桩参数	管桩面积 A_{sleeve}	628 cm^2
	管桩直径 D	1.0 m
	管桩长 L	18 m
土体参数	$\varphi'=33°$；$h_s=200$ MPa；$n=0.35$；$\alpha=0.18$ $\beta=1.05$；$e_{d0}=0.53$；$e=0.70$；$e_{c0}=0.80$	
综合参数	$R_{\max}=100$ m；$\Delta R=1$ m；$\Delta t=0.00001$ s	

因本书计算模型假设土体为均质土层，为了使有限元结果与计算结果更接近，故有限元模型采用均质土层，土体有限元部分采用 Mohr-Coulomb 弹塑性模型，砂土参数见表 8.1。

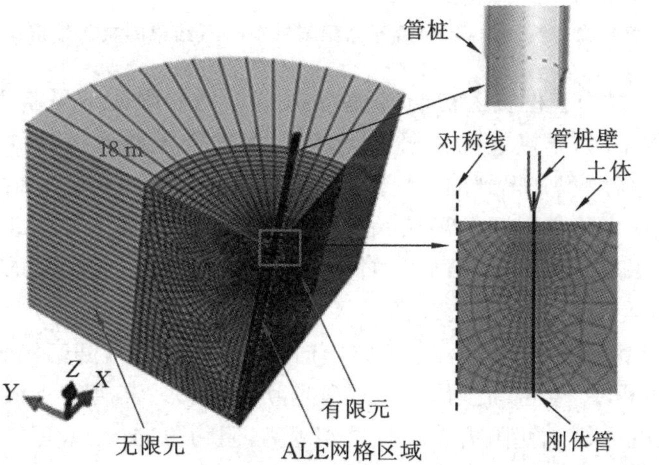

图 8.21　有限元网格

彩图 8.21

8.5.1.3　结果对比

图 8.22 为实测结果、有限元结果与计算模型结果贯入速度的比较。通过实测结果与计算结果的比较发现：(1)管桩贯入深度较浅时，实测结果与计算结果存在较大误差，实测结果明显小于计算结果。产生这种误差的原因可能有两个：一是实测场地地表处存在 1.3 m 厚的杂填土，其中粒径 5～10 cm 的块石阻碍了管桩的贯入；另外一个解释，在管桩贯入初期，为了确保孔位的准确性，通过人为控制减缓了管桩的贯入速度。(2)管桩贯入深度较深时，实测结果与计算结果的误差相对减小，但仍存在一定的离散性。这主要是由于本书计算模

型假设土体为均质土层，而实测场地深层土体为颗粒级配差的中砂层。(3)管桩贯入后期，在土层分界面上，实测结果的贯入速度产生了突变。这是管桩贯入全风化花岗岩层的缘故。因此，当管桩贯入的砂土地基较为均质时，本书计算模型结果与实际贯入速度基本吻合。

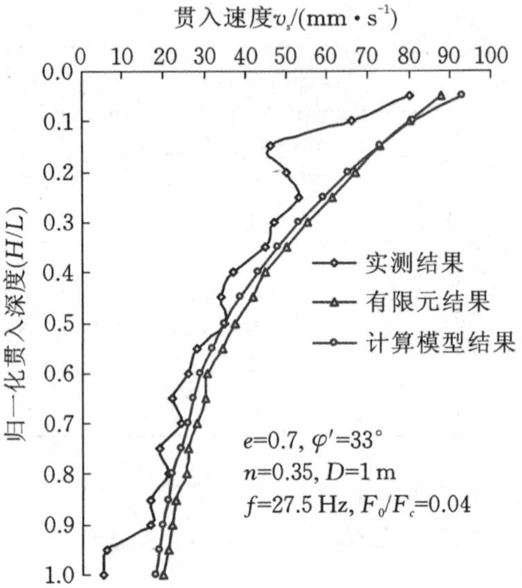

图 8.22　实测结果、有限元结果与计算模型结果的贯入速度比较

图 8.22 还表明：(1)管桩贯入初期，管桩贯入速度的有限元结果略小于计算结果。这是由于管桩贯入浅层土时，土拱效应较弱，土塞阻力由整个土塞承担，而本书计算模型的土塞阻力是沿有效土塞高度积分得到的，其值比沿管长积分得到的有限元结果小。(2)管桩贯入深度较深时，管桩速度的有限元结果略大于计算结果。这主要与贯入过程中管桩所受阻力有关(图 8.23)，在深层土体处计算结果的贯入总阻力大于有限元结果的贯入总阻力。因此，本书计算模型结果与有限元计算得到的贯入速度能较好地吻合。

图 8.23 中贯入总阻力正值代表阻力方向向上，贯入总阻力负值代表阻力方向向下。管桩高频振动贯入过程中，管桩与土体产生反复剪切与滑移。当管桩下沉时，贯入总阻力为管桩外侧摩阻力、管桩内侧土塞阻力以及管桩端阻力，阻力方向向上（正值）；当管桩回程时，贯入总阻力为管桩内、外侧摩阻力，阻力方向向下(负值)。由图可知，管桩贯入初期，贯入总阻力较小，故管桩贯入速度较大。随着管桩继续贯入，贯入总阻力迅速增大，导致管桩贯入速度降低。

图 8.23 中深层土体处贯入总阻力的计算结果大于有限元结果，可从以下两方面进行解释：(1)有限元模拟结果表明，管桩贯入过程中，管桩的拖拽效应，导致管壁周围出现沉陷区，浅层土体与管壁之间出现脱离，降低管桩侧摩阻力[147]；而本书计算模型假设管桩与土体始终保持接触，不能考虑浅层土体沉陷的影响。因此，计算结果的侧摩阻力相较于有限元结果大，如图 8.24 所示。(2)计算模型的管桩端部阻力考虑了孔隙水压力，而有限元模拟不考虑超孔隙水压力的问题。因此，计算结果的端阻力相较于有限元结果大，如图 8.25 所示。

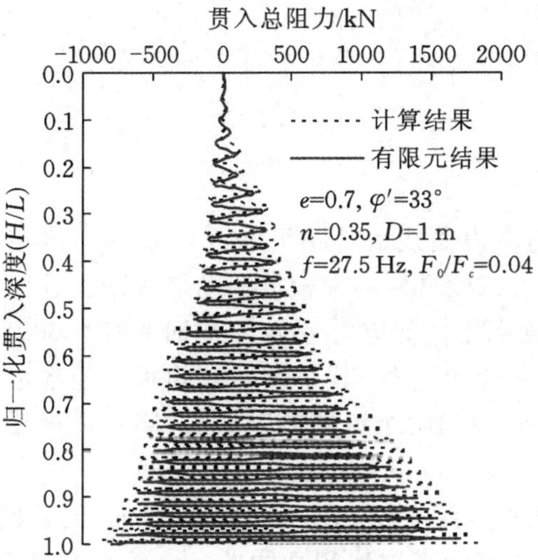

图 8.23 有限元结果与计算结果的贯入总阻力

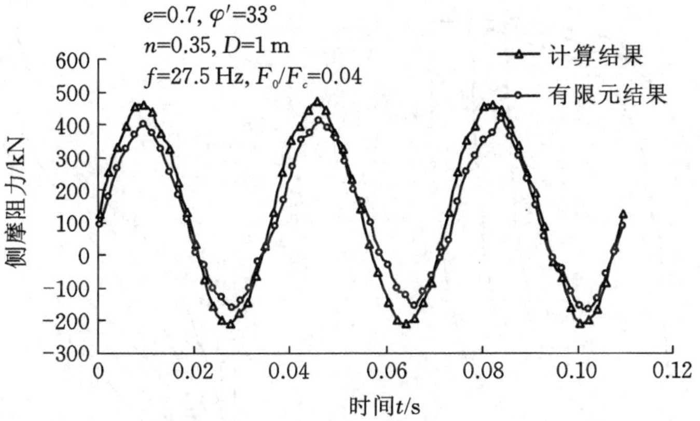

图 8.24 有限元结果与计算结果的侧摩阻力(贯入深度 9 m)

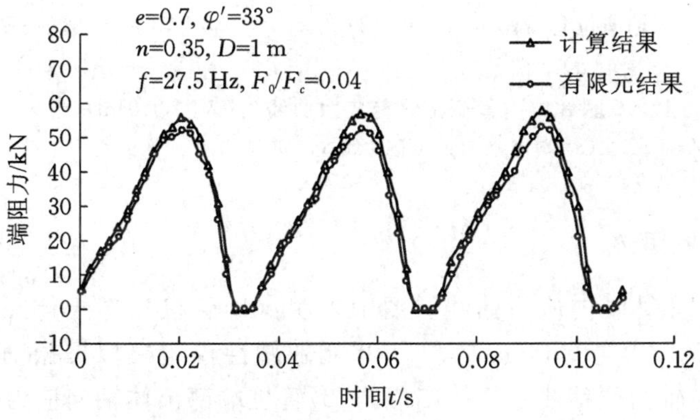

图 8.25 有限元结果与计算结果的端阻力(贯入深度 9 m)

8.5.2 结果分析

8.5.2.1 外摩阻力

图 8.26 为管侧土体剪应力曲线。由图可知:(1)管侧土体随着管桩的运动产生循环反复的剪切应力,与 Lee 等[36]试验得到的钢板桩振动贯入砂土过程中的桩侧土体剪应力-轴向位移曲线规律一致。(2)管侧土体剪应力-剪应变滞回曲线为典型的“香蕉”形,与 Vanden[40]的试验结果相似。除了第一个循环外,其余的循环均很好地形成了封闭的回路。每个循环的滞回曲线均由两个剪胀阶段和两个剪缩阶段组成,能直观地反映出管桩壁与土体间的反复剪切作用。

进一步研究发现,不同贯入深度(3 m、6 m、12 m、15 m)的管侧土体剪应力曲线与图 8.26 的规律相似。说明计算模型假设管桩外侧土体单元为简单剪切,采用亚塑性本构模型来描述土体的压缩与拉伸特性是合理的。

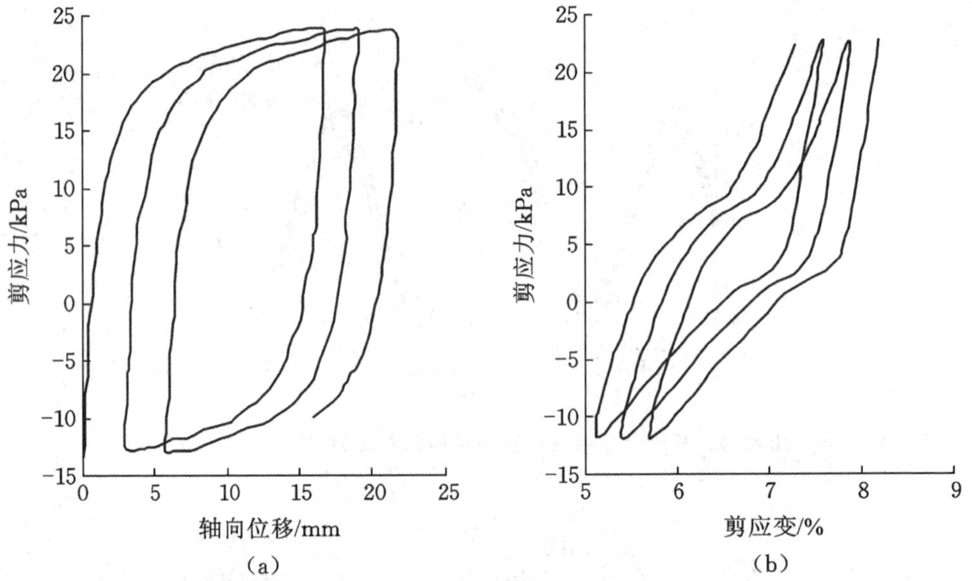

图 8.26 管侧土体剪应力曲线(贯入深度 9 m)

(a) 剪应力-轴向位移曲线;(b) 剪应力-剪应变曲线

8.5.2.2 管端阻力

图 8.27 为管端土体轴向应力曲线。图中表明:(1)管桩端部土体在管桩的作用下处于循环反复的加卸载状态,与 Cudmani 等[271]采用亚塑性模型模拟桩振动贯入砂土过程中桩端土体的轴向应力-轴向位移曲线规律相似。(2)管桩端部土体轴向应力-轴向应变曲线为典型的“镰刀”形,与 Vanden[40]的研究结果相吻合。管桩端部土体经历两个显著的压缩阶段和拉伸阶段。当管桩向下运动时,管桩端部土体轴向应力迅速增加(1—2 部分),当管桩的

位移方向开始改变时(点 2),管桩端部土体轴向应力快速减小到一个低值(2—3 部分),并且在接下来的压缩阶段和拉伸阶段基本保持不变。

通过研究不同贯入深度(3 m、6 m、12 m、15 m)的管端土体轴向应力曲线,发现其规律与图 8.27 的规律一致。说明计算模型采用循环三轴试验模拟管端土体的应力应变关系是合理的。

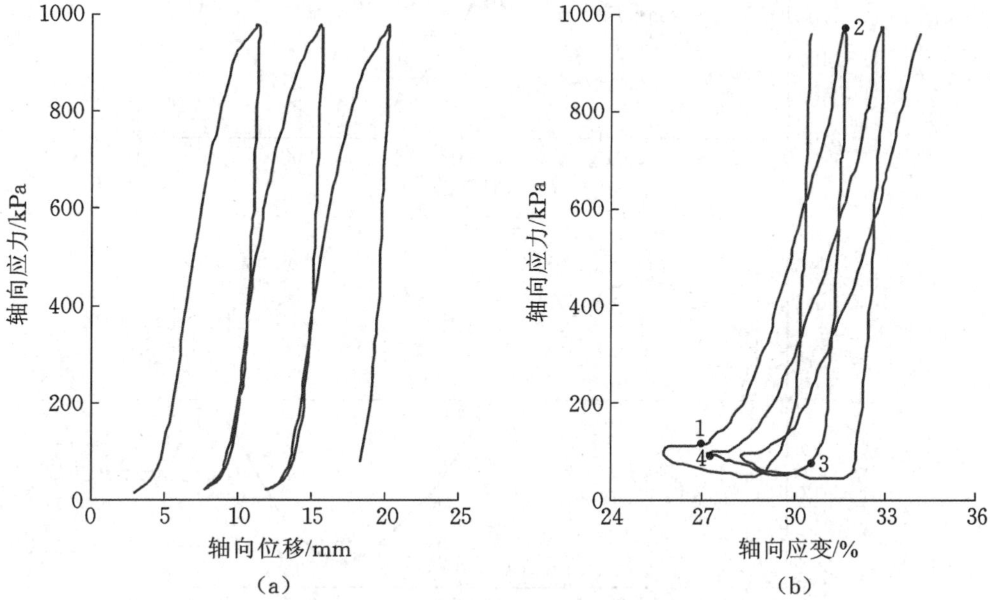

图 8.27 管端土体轴向应力曲线(贯入深度 9 m)

(a) 轴向应力-轴向位移曲线;(b) 轴向应力-轴向应变曲线

8.5.2.3 贯入速度

通过施加在管桩上的激振力、管桩加速度和管桩贯入速度分析计算模型的计算过程。图 8.28 给出了贯入深度 9 m 处计算模型结果,其中激振力、加速度和速度以向下为正。

计算模型一个循环内的计算过程如下:

t1 时刻,振动锤开始在管桩上施加向下的激振力,此时管桩产生了向下的加速度,而管桩在惯性力的作用下,管桩保持向上的速度。

t1 至 t2 时刻,作用在管桩上的激振力较小,管桩需要克服贯入阻力,管桩的加速度较小,而管桩贯入速度在反向加速度的作用下逐渐减小。

t2 时刻,向下的激振力等于最大贯入阻力[$\max(F_t+F_s+Q_{plug})$],此时管桩加速度时程曲线的斜率增大。

t2 至 t3 时刻,随着向下的激振力增加,向下的加速度也相应地增加,在此时段内,速度迅速增加,速度时程曲线为凹形曲线。

t3 时刻,向下的激振力达到峰值,向下的加速度也达到了峰值,此时速度方向向下。

t3 至 t4 时刻,向下的激振力开始降低,向下的加速度随之降低,在此时段内,速度增速幅度减缓,速度时程曲线为凸形曲线。

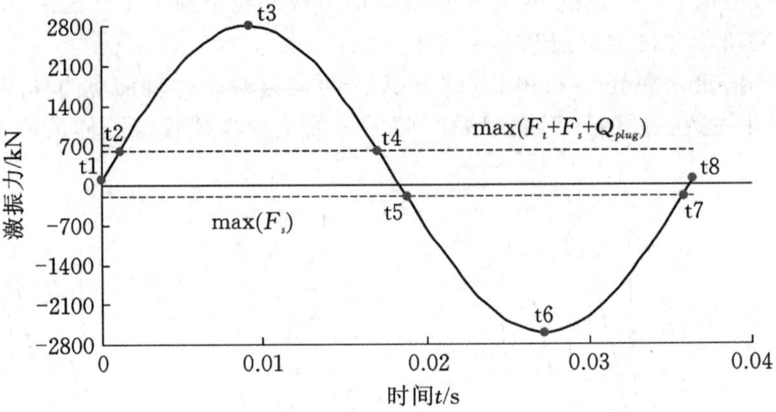

(a)

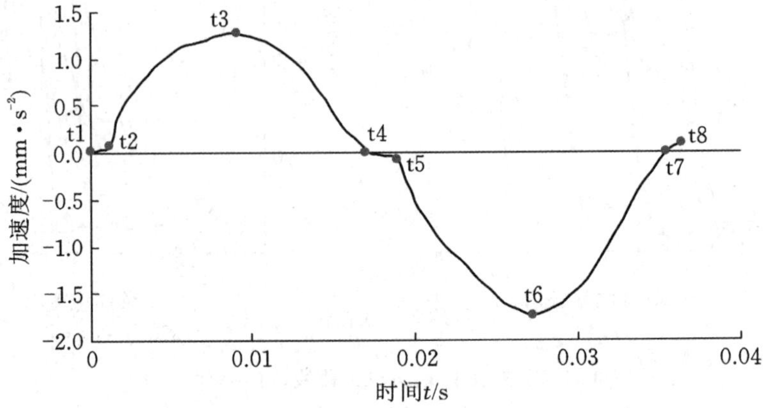

(b)

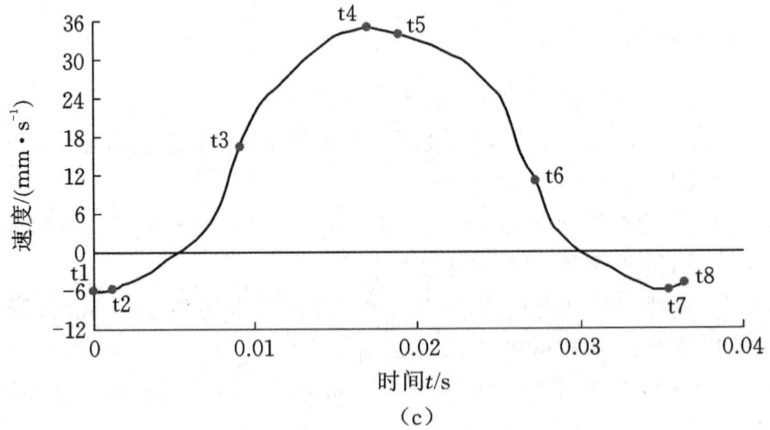

(c)

图 8.28　计算模型结果(贯入深度 9 m)

(a) 激振力;(b) 加速度;(c) 速度

t4 时刻,向下的激振力降低至最大贯入阻力[max($F_t+F_s+Q_{plug}$)],此时加速度为 0,向下的速度达到峰值。

t4 至 t5 时刻,向下的激振力逐渐降低,管桩产生向上的加速度,向下的速度缓慢降低。

t5 时刻，向上的激振力等于最大摩阻力[max(F_s)]，此时管桩加速度时程曲线的斜率增大。

t5 至 t6 时刻，随着向上的激振力增大，向上的加速度相应增加，在此时段内，向下的速度迅速降低，速度时程曲线为凸形曲线。

t6 时刻，向上的激振力达到峰值，向上的加速度也达到峰值，此时速度方向仍向下。

t6 至 t7 时刻，向上的激振力开始降低，向上的加速度随之降低，在此时段内，速度减速幅度减缓，速度时程曲线为凹形曲线。

t7 时刻，向上的激振力降低到最大摩阻力[max(F_s)]，此时加速度为 0，向上的速度达到峰值。

t7 至 t8 时刻，向上的激振力降低，管桩产生向下的加速度，速度方向向上。

t8 时刻，一个计算循环结束，开始下一个循环。

不同贯入深度处对应的时间和速度如图 8.29 所示。贯入时间随着贯入深度的增加而不断增长，贯入深度与贯入时间呈现出指数型规律，与 Viking[49] 的试验研究结果一致。

Rao[272] 根据桩的贯入速度，将桩的振动贯入过程分为快速贯入阶段、较快贯入阶段和缓慢贯入阶段，如表 8.3 所示。从图 8.29 可看出，管桩贯入初期，管桩贯入阻力小(图 8.23)，管桩贯入速度沿贯入深度基本呈线性增长，管桩处于快速贯入阶段；当管桩贯入至 0.25L 处时，管桩贯入阻力明显增大，管桩从快速贯入阶段过渡到较快贯入阶段；当管桩贯入至 0.8L 处时，管桩从快速贯入阶段过渡到缓慢贯入阶段。

表 8.3　贯入速度(v_s)分类

缓慢贯入阶段	较快贯入阶段	快速贯入阶段
v_s<22 mm/s	22 mm/s≤v_s≤60 mm/s	v_s>60 mm/s

通过比较不同贯入阶段沉桩效率(表 8.4)发现：(1)管桩振动贯入过程中，贯入总时间主要是由较快贯入阶段和缓慢贯入阶段控制。(2)快速贯入阶段的贯入时间为总贯入时间的 11%，但该阶段的贯入深度占总贯入深度的 25%。进一步研究表明，快速贯入阶段平均贯入速度分别为较快贯入阶段、缓慢贯入阶段的 2.3 倍和 3.8 倍。由此可知，快速贯入阶段的沉桩效率明显高于较快贯入阶段和缓慢贯入阶段。

表 8.4　不同贯入阶段沉桩效率对比

贯入阶段	占总贯入深度比例	占总贯入时间比例	平均贯入速度
快速贯入阶段	25%	11.0%	73.7 mm/s
较快贯入阶段	55%	55.8%	31.8 mm/s
缓慢贯入阶段	20%	33.2%	19.5 mm/s

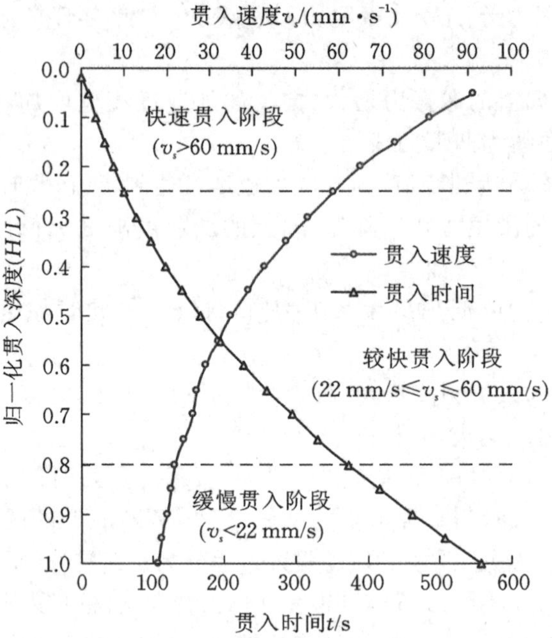

图 8.29 贯入速度分析

8.6 影响因素分析

为了研究管桩振动贯入过程中贯入速度的影响因素，进行了一系列计算模型的计算，参数研究方案见表 8.5。通过分析土体孔隙比(e)、土体内摩擦角(φ')、振动频率(f)、静载力与动载力比值(F_0/F_c)和管桩直径(D)对管桩贯入速度的影响，讨论管桩高频振动贯入计算模型的适用条件，并对实际工程的打桩机械选取提供参考意见。

表 8.5 参数研究方案

参数	方案	e	φ'/(°)	f/Hz	F_0/F_c	D/m
孔隙比(e)	E1	0.60	33	27.5	0.04	1.0
	E2	0.65	33	27.5	0.04	1.0
	E3	0.70	33	27.5	0.04	1.0
	E4	0.75	33	27.5	0.04	1.0
	E5	0.80	33	27.5	0.04	1.0
内摩擦角(φ')	C1	0.7	27	27.5	0.04	1.0
	C2	0.7	30	27.5	0.04	1.0
	C3	0.7	33	27.5	0.04	1.0
	C4	0.7	36	27.5	0.04	1.0
	C5	0.7	39	27.5	0.04	1.0

续表8.5

参数	方案	e	$\varphi'/(°)$	f/Hz	F_0/F_c	D/m
振动频率(f)	F1	0.7	33	7.5	0.04	1.0
	F2	0.7	33	17.5	0.04	1.0
	F3	0.7	33	27.5	0.04	1.0
	F4	0.7	33	37.5	0.04	1.0
	F5	0.7	33	47.5	0.04	1.0
静载力与动载力比值(F_0/F_c)	FF1	0.7	33	27.5	0.04	1.0
	FF2	0.7	33	27.5	0.24	1.0
	FF3	0.7	33	27.5	0.44	1.0
	FF4	0.7	33	27.5	0.64	1.0
	FF5	0.7	33	27.5	0.84	1.0
桩径(D)	D1	0.7	33	27.5	0.04	0.6
	D2	0.7	33	27.5	0.04	0.8
	D3	0.7	33	27.5	0.04	1.0
	D4	0.7	33	27.5	0.04	1.2
	D5	0.7	33	27.5	0.04	1.4

8.6.1 土体参数的影响

8.6.1.1 孔隙比 e 的影响

图 8.30 为不同孔隙比时贯入速度曲线。图中表明:(1)管桩贯入初期,管桩贯入速度随着孔隙比增大而增大。这主要是由于孔隙比增大时,土层变得松散,管桩贯入初期,浅层土体未被振动密实,管桩容易贯入。(2)随着管桩贯入深度的增加,贯入速度在孔隙比大的砂土中速度衰减得更快,即在深层土体处,管桩贯入速度随孔隙比增大而减小。(3)随着管桩贯入至更深层土体,孔隙比对管桩贯入速度的影响变小。

利用 Castro 和 Poulus[273] 提出的稳定状态线 SSL(Steady State Line)概念,可以解释管桩振动贯入深层土体时贯入速度随孔隙比增大而减小的现象。稳定状态线 SSL 在二维空间中的情况如图 8.31 所示。稳定状态线 SSL 是砂土产生剪胀与剪缩的分界线。从图中可看出:(1)初始状态松散的砂土(点 A),在循环剪切荷载的作用下,砂土颗粒发生自由落体运动,砂土产生剪缩现象,松散砂土变得密实。(2)初始状态密实的砂土(点 B),在循环剪切荷载作用下,砂土产生剪胀现象,密实砂土变得松散。因此,对于土体孔隙比大的砂土地基,当

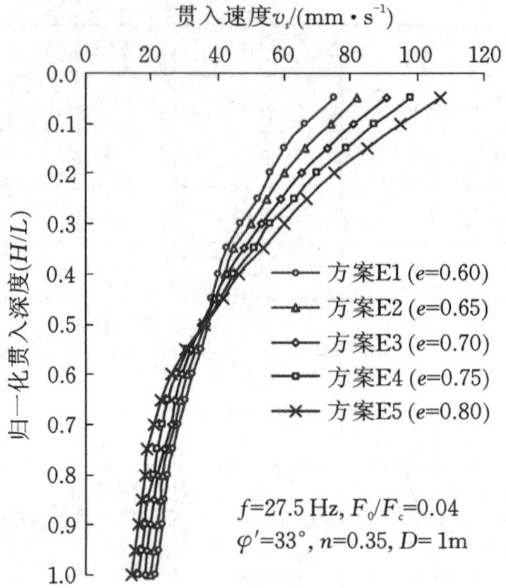

图 8.30 不同孔隙比时贯入速度曲线

管桩贯入深层土层时，浅层的砂土在管桩的反复循环剪切作用下变得密实，侧摩阻力增加，导致贯入速度降低；而对于土体孔隙比小的砂土地基，当管桩贯入深层土层时，浅层的砂土在管桩的反复循环剪切作用下变得松散，侧摩阻力降低，导致贯入速度增大。

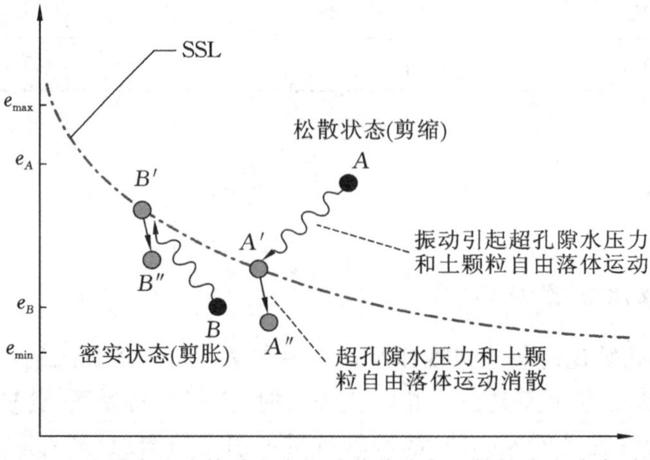

图 8.31 不同密实度的砂土在振动荷载作用下初始应力演变过程

8.6.1.2 内摩擦角 φ'的影响

图 8.32 为不同内摩擦角时贯入速度曲线。内摩擦角对管桩贯入速度的影响不是很大。因为在亚塑性模型中内摩擦角只控制稳定状态线的斜率，不能控制临界状态线的位置[258]。亚塑性模型中临界状态线的位置取决于零压力下临界孔隙比 e_{c0}、亚塑性模型参数 n 与 h_s。土体内摩擦角的变化对剪应力的幅值影响较小[40]，因此对管桩贯入速度的影响也相对较小。

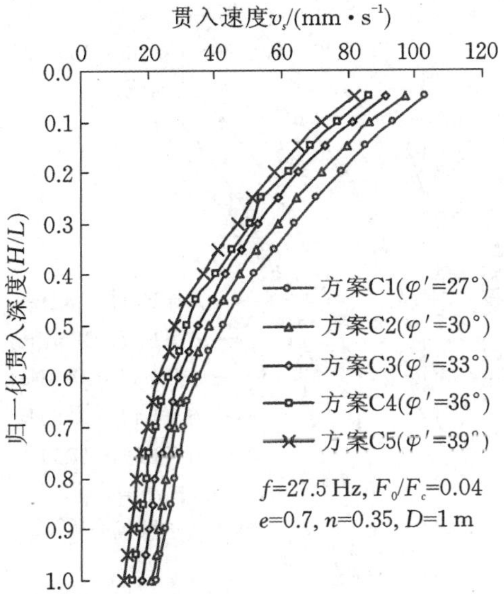

图 8.32　不同内摩擦角时贯入速度曲线

8.6.2　振动锤参数的影响

8.6.2.1　振动频率 f 的影响

图 8.33 为不同振动频率时贯入速度曲线。当振动锤的振动频率位于低频段(f=7.5 Hz)和中频段(f=17.5 Hz)时,管桩贯入一定深度停止下沉,与王伟[274]的试验结果一致。这主要是由于当管桩贯入深度较浅时,管桩周围土体的摩阻力不是很大,在低中频激振力作用下可以下沉。但是,随着管桩贯入深度的不断增加,管桩与土体接触面积越来越大,土体对管桩的侧摩阻力也逐渐增大,而对于单一的砂土层,管桩贯入过程中的端阻力基本保持不变,即管桩侧摩阻力和端阻力的总阻力逐渐增大。管桩在低中频段激振力作用下难以贯入至设计深度,而高频振动导致管桩周围砂土液化,降低管桩周围土体阻力,致使管桩能够迅速贯入到设计深度。

图 8.33 还显示,管桩高频振动贯入砂土地基过程中,随着振动频率的增大,管桩贯入速度增大。在陈岱杰[233]的高频振动沉桩特性试验中亦得到体现,即随着振动频率的增大,相同时间内模拟桩的贯入深度迅速增加,沉桩效率迅速提高。这是因为管桩高频振动贯入砂土地基过程中,振动能量主要耗散于管壁与砂土间的相互作用,管桩周围饱和砂土产生液化现象,降低管桩侧摩阻力和端阻力,使得管桩能够迅速贯入土中。

工程实践也已经证明,当振动锤的振动频率较低或接近土层的固有频率时,地基将接近共振状态,大部分的振动能量传播到地基土层中,致使地基振动加剧而管桩贯入速度减慢。当振动锤的振动频率提高时,大部分振动能量消耗于管桩与土体的相互作用,管桩贯入将变得容易。

图 8.34 为不同深度处贯入速度随振动频率的变化。图中表明,管桩高频振动贯入砂土

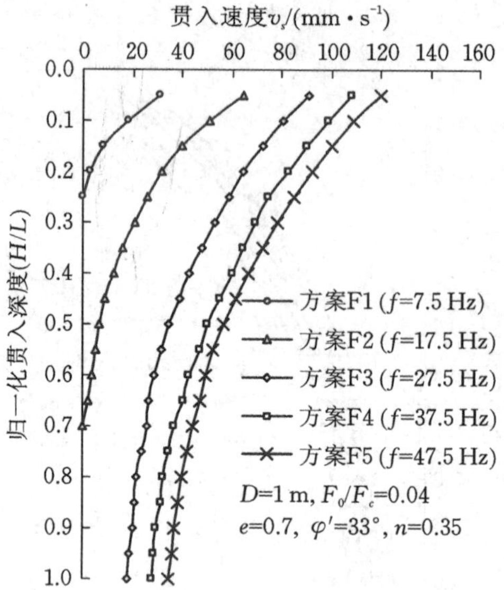

图 8.33　不同振动频率时贯入速度曲线

地基时，振动频率对相同贯入深度处贯入速度的影响存在一阈值。当 25 Hz$<f<$51.5 Hz 时，相同贯入深度处贯入速度随振动频率提高而增大；当 $f\geqslant$51.5 Hz 时，振动频率对相同贯入深度处贯入速度的影响不明显。这是因为饱和砂土的抗液化强度特性在不同振动频率作用下存在明显的区别[275]。振动频率越高，砂土达到液化的时间就越短，管桩贯入阻力降低越快，贯入速度也相应提高。当砂土液化时间降低接近 0 时，振动频率的影响减弱。

因此，管桩采用高频振动锤贯入砂土地基时，在振动频率 25 Hz$<f<$51.5 Hz 区间内，通过提高振动频率来提高沉管效率更有工程价值。

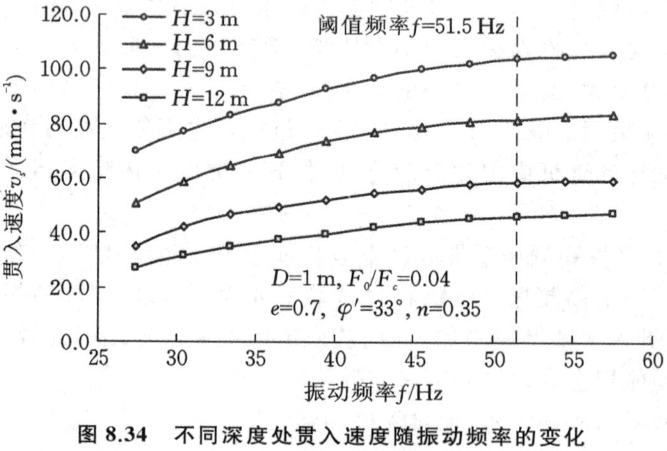

图 8.34　不同深度处贯入速度随振动频率的变化

8.6.2.2　静载力与动载力比值 F_0/F_c 的影响

理论上增大静态荷载 F_0 或动力荷载幅值 F_c，将提高振动锤的激振力 F_d，从而增加管桩的贯入速度。实际工作中需要进一步研究静态荷载 F_0 与动力荷载幅值 F_c 对贯入速度的耦合作用。

图 8.35 给出了不同静载力与动载力比值 F_0/F_c 时管桩贯入速度曲线。

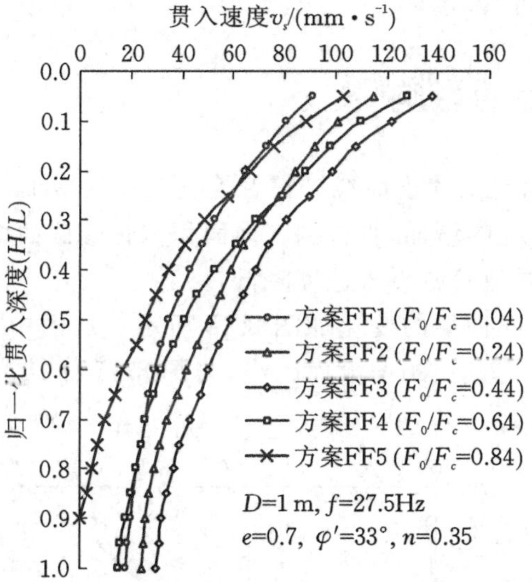

图 8.35 不同静载力与动载力比值时贯入速度曲线

图 8.35 表明,当静载力与动载力比值 F_0/F_c 从 0.04 增长到 0.44 时,管桩贯入速度随着 F_0/F_c 的增大而增大;当静载力与动载力比值 $F_0/F_c=0.64$ 时,管桩贯入速度开始减小,且贯入速度衰减速率增大;当静载力与动载力比值 $F_0/F_c=0.84$ 时,管桩贯入速度继续降低,导致管桩不能贯入至指定深度。因此,可以预测静载力与动载力比值 F_0/F_c 在 0.44 与 0.64 之间存在一最优值,使得管桩贯入速度达到最大。

进一步研究发现,当 $F_0/F_c=0.5$ 时,贯入速度达到峰值,即 $F_0/F_c=0.5$ 为最优值,如图 8.36 所示。当 $0<F_0/F_c\leqslant 0.5$ 时,相同贯入深度处贯入速度随着 F_0/F_c 的增大而增大;当 $F_0/F_c>0.5$ 时,相同贯入深度处贯入速度随着 F_0/F_c 的增大而减小,甚至不能贯入至指定深度。

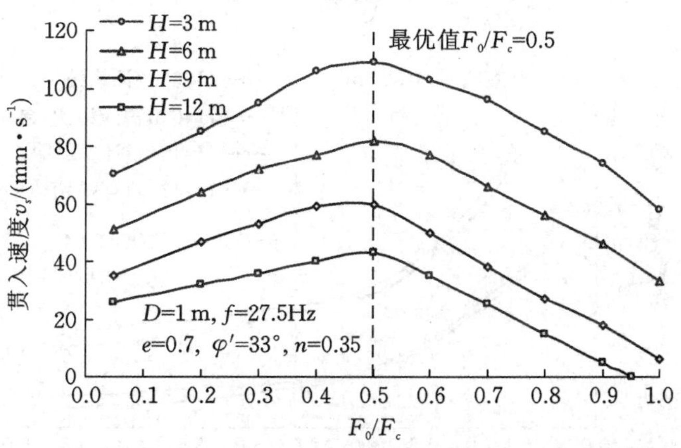

图 8.36 不同深度处贯入速度随静载力与动载力比值的变化

因此，采用高频振动锤贯入管桩时，不能简单地认为通过增大静态荷载 F_0 或动力荷载幅值 F_c，就能够提高管桩贯入速度。应该考虑到静态荷载 F_0 与动力荷载幅值 F_c 的耦合关系，确保 F_0/F_c 在 0～0.5 的范围内。

8.6.3 管桩直径的影响

图 8.37 为不同桩径时贯入速度曲线。随着管桩直径的增加，贯入速度呈现出减小的趋势。这是因为随着管桩直径的增加，管桩侧表面面积和管端截面面积均增加，管桩侧摩阻力和端阻力相应增加，从而导致管桩贯入速度降低。

不同深度处贯入速度随桩径的变化如图 8.38 所示。从图中可以看出：(1)相同贯入深度处管桩贯入速度随着管桩直径的增大而减小，与图 8.37 的结论相一致。(2)当管桩直径

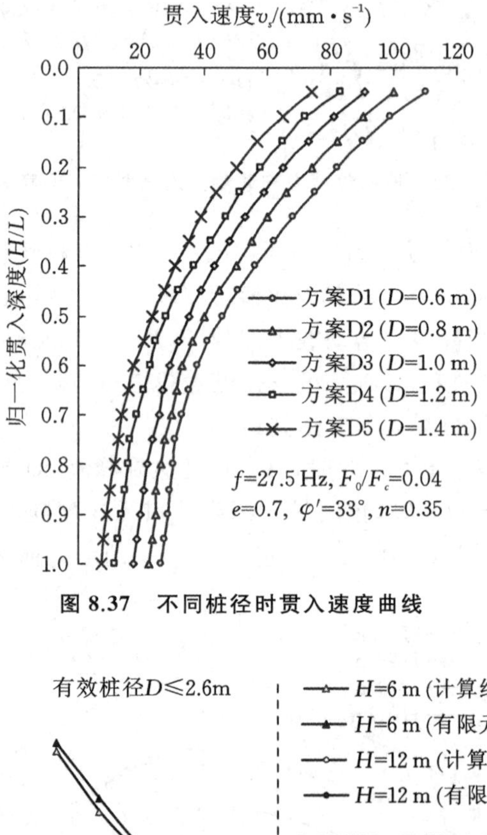

图 8.37 不同桩径时贯入速度曲线

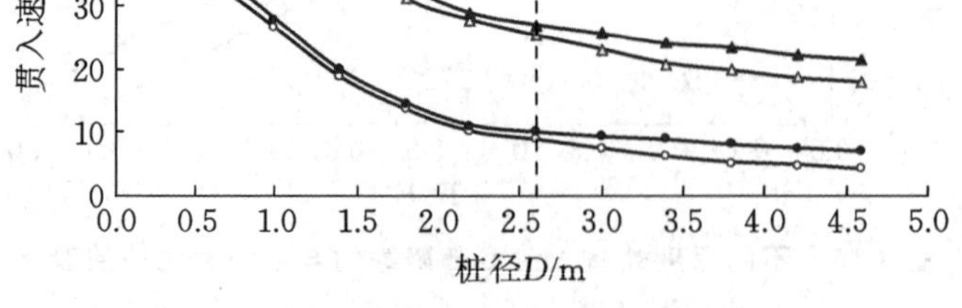

图 8.38 不同深度处贯入速度随桩径的变化

$D \leqslant 2.6$ m 时，计算结果与有限元结果的贯入速度基本吻合。当管桩直径 $D>2.6$ m 时，随着管桩直径的增大，计算结果与有限元结果贯入速度误差逐渐增大。

分析认为，随着管桩直径的增大，管桩管壁对管端土塞的约束逐渐降低，导致土拱效应相应减弱。当管桩直径趋于无穷大时，管桩内的土塞所受的边界约束由“一维土柱”边界约束转变为“无侧限”边界约束，管桩相当于一块钢板，土塞效应完全消失[142]。由于计算模型中的土塞阻力是根据土塞始终处于部分闭塞程度的假设条件推导出来的，当管桩直径增大，土塞闭塞程度由部分闭塞向完全非闭塞过渡，此时，计算模型计算的土塞阻力相对实际工程或数值结果的土塞阻力大。因此，计算模型计算得到的贯入速度与有限元结果的误差随着桩径增大而增大。

因此，在满足管桩直径 $D \leqslant 2.6$ m 条件时，采用本书计算模型能够快速、准确地计算出管桩高频振动贯入过程中的贯入速度。

8.7 小　　结

首先详细阐述考虑孔隙比影响的 Gudehus-Bauer 亚塑性模型的结构及其函数表达式，并对该本构模型的参数确定方法进行了简单介绍。然后推导了管桩高频振动贯入过程中土塞阻力解析表达式，并给出了相应的适用条件。最后将土塞阻力引入 VIPERE 模型中，建立了管桩高频振动贯入砂土中贯入速度的计算模型，利用 MATLAB R2012b 编译出该计算模型程序，进行了管桩贯入速度分析，得出以下结论：

(1) 在满足 $f \geqslant 25$ Hz 和 $2.1D<H<16.7D$ 条件时，管桩高频振动贯入过程中内侧摩阻力简化为有效土塞高度范围内的土塞阻力是合理的。

(2) 桩侧土体随着管桩的运动产生循环反复的剪切应力，桩侧土体剪应力-剪应变滞回曲线为典型的“香蕉”形，每个循环的滞回曲线均由两个剪胀阶段和两个剪缩阶段组成，能直观地反映出管桩壁与土体间的反复剪切作用。管端土体在管桩的作用下处于循环反复的加卸载状态，管端土体轴向应力-轴向应变曲线为典型的“镰刀”形，管桩端部土体经历两个显著的压缩阶段和拉伸阶段。

(3) 管桩振动贯入过程中，贯入总时间主要是由较快贯入阶段和缓慢贯入阶段控制，而快速贯入阶段的沉桩效率明显高于较快贯入阶段和缓慢贯入阶段。

(4) 利用管桩振动贯入计算模型对管桩贯入速度的影响因素进行分析，结果表明：①管桩贯入初期，管桩贯入速度随着孔隙比增大而增大。随着管桩贯入深度的增加，管桩贯入速度随孔隙比增大而减小。②内摩擦角对管桩贯入速度的影响不是很大。③管桩采用高频振动锤贯入砂土地基时，在振动频率 25 Hz$<f<$51.5 Hz 区间内，通过提高振动频率来提高沉桩效率更有工程价值。④采用高频振动锤贯入管桩时，不能简单地认为通过增大静态荷载 F_0 或动力荷载幅值 F_c，就能够提高管桩贯入速度，应该考虑到静态荷载 F_0 与动力荷载幅值 F_c 的耦合关系，确保 F_0/F_c 在 0～0.5 的范围内。⑤当管桩直径 $D \leqslant 2.6$ m 时，计算模型结果与有限元结果的贯入速度基本吻合；当管桩直径 $D>2.6$ m 时，随着管桩直径的增大，计算模型结果与有限元结果的贯入速度误差逐渐增大。

参 考 文 献

[1] 史佩栋.桩基工程手册(桩和桩基础手册)[M].北京:人民交通出版社,2008.

[2] 史佩栋,梁晋渝.大直径灌注桩的生产、发展与前景:纪念大直径灌注桩问世 100 周年[C]//中国土木工程学会第七届土力学及基础工程学术会议论文集,1994.

[3] 汪金卫.高频液压振动锤沉桩分析[D].福州:福州大学,2008.

[4] 陈福全,雷金山,汪金卫.高频液压振动锤沉桩的打入性状分析[J].铁道科学与工程学报,2009,6(1):41-47.

[5] 福建永强岩土工程有限公司.全套管大直径振动取土灌注桩施工方法:200610070306[P].2009.

[6] 肖勇杰,许万强,陈福全.全套管大直径振动取土灌注桩施工新技术[J].施工技术,2015,44(1):61-64.

[7] KOTA S, BAYNE S B, NIMMA S. Offshore wind energy: A comparative analysis of UK, USA and India[J]. Renewable and Sustainable Energy Reviews, 2015, 41: 685-694.

[8] 慕东霖,田英辉,王乐,等.考虑软土软化效应时单桩基础水平循环受荷的有限元数值模拟[J].岩土工程学报,2022,44(4):740-748.

[9] 张柏楠,韩勃,代松,等.基于 FDEM 的大型海上风机嵌岩单桩基础水平承载特性研究[J].岩石力学与工程学报,2023,42(S1):3309-3323.

[10] ANAYA-LARA O, CAMPOS-GAONA D, MORENO-GOYTIA E. Offshore wind energy generation[M]. New Jersey: John Wiley & Sons Ltd, 2014.

[11] 邓智文,郭苏,许昌,等.海上风电场功率提升和疲劳平衡综合优化控制[J].太阳能学报,2021,42(1):180-186.

[12] JENG D, BRANDES H G. Developments in offshore geotechnics[J]. Ocean Engineering, 2011, 38: 815-817.

[13] 刘润,韩德卿,梁超,等.砂土中超大直径钢管桩内侧摩阻力研究[J].岩土工程学报,2020,42(6):1067-1075.

[14] 刘润,尹瑞龙,梁超,等.黏土中超大直径钢管桩内侧摩阻力研究[J].岩土力学,2023,44(1):232-240.

[15] 任彦忠,韩中合,汤旅军.复杂条件下近海风电机组单桩基础水平变形性状分析研究[J].太阳能学报,2023,44(10):376-383.

[16] 孙景博,王阳,杨晓帆,等.中国风光资源气候风险时空变化特征分析[J].中国电力,2023,56(5):1-10.

[17] 张昕,董浩,徐迎迎,等.竖向循环荷载作用下砂土中单桩承载特性模型试验研究[J].岩土力学,2023,44(3):673-684.

[18] 王胤,杨涵,庞子毅,等.基于 CFD-DEM 流固耦合方法的吸力锚基础负压沉贯数值模拟[J].岩土工程学报,2023,45(2):384-393.

[19] 张雨坤.砂土中裙式吸力基础沉贯机理及水平承载特性研究[D].南京:河海大学,2017.

[20] 黄维平,李兵兵.海上风电场基础结构设计综述[J].海洋工程,2012,30(2):150-156.

[21] GAVIN K,DOHERTY P.Laterally loaded monopile design for offshore wind farms [J].Energy,2011,165(1):7-17.

[22] ARSHAD M, O'KELLY B C. Analysis and design of monopile foundations for offshore wind-turbine structures[J]. Marine Georesources and Geotechnology, 2016 (6):503-525.

[23] BACHYNSKI E, THYS M, DELHAYE V. Dynamic response of a monopile wind turbine in waves: Experimental uncertainty analysis for validation of numerical tools [J].Applied Ocean Research,2019,89(5):96-114.

[24] LORENZ H.Dynamik des Baugrundes[M].Berlin:Springer,1960.

[25] BARKAN D D. Foundation engineering and drilling by vibration method[C]// Proceedings of the Fourth International Conference on Soil Mechanics and Foundation Engineering.London,1957:3-7.

[26] BARKAN D D, DRASHEVSKA L, TSCHEBOTARIOF G. Dynamics of bases and foundations[M].New York:McGraw-Hill,1962.

[27] HILL H T. Frictional resistance in vibratory pile driving[D]. Michigan: Princeton University,1966.

[28] O'NEILL M W, VIPULANANDAN C, WONG D. Laboratory modeling of vibro-driven piles[J].Journal of Geotechnical Engineering,1990,116(8):1190-1209.

[29] KONDNER R.The static and vibratory cutting and penetration of soils[J]. Highway Research Board Proceedings,1960,39:583-604.

[30] GHAHRAMANI A. Vibratory pile driving uitimate penetration and bearing capacity [D].Princeton:Princeton University,1967.

[31] RODGER A, LITTLEJOHN G. A study of vibratory driving in granular soils[J]. Géotechnique,1980,30(3):269-293.

[32] VIÉ D.Simple model for prediction of vibratory driving and experimental data analysis of vibro-driven probes and sheetpiles [C]//Proceedings of the International Conference on Vibratory Pile Driving and Deep Soil Compaction.Ohio,2002:69-79.

[33] LE THIET T. Étude du processus de vibrofonçage d'inclusions cylindriques en chambre d'étalonnage. Application au pieux [D]. Paris: Ecole des Ponts ParisTech,2005.

[34] DENIES N, CANOU J, ROUX J N, et al.Sphere penetration experiments in vertically vibrated sand[C]//Proceedings of the Fifth International Conference on Recent Advances in Geotechnical Earthquake Enginering and Soil Dynamics.San Diego,2010: 12-23.

[35] WANG H K.Experimental study and finite element analysis of driveability and static behavior of various piles installed by vibratory driving[D]. Texas: University of

Houston,1994.

[36] LEE S H,KIM B I,HAN J T.Prediction of penetration rate of sheet pile installed in sand by vibratory pile driver[J].KSCE Journal of Civil Engineering,2012,16(3):316-324.

[37] HEEREMA E.Relationships between wall friction,displacement velocity and horizontal stress in clay and in sand,for pile driveability analysis[J].Ground Engineering,1979,12(1):55-65.

[38] BILLET P,SIEFFERT J.Soil-sheet pile interaction in vibro-piling[J].Journal of Geotechnical Engineering,1989,115(8):1085-1101.

[39] WONG D,O'NEILL M W,VIPULANANDAN C.Modelling of vibratory pile driving in sand [J].International Journal for Numerical and Analytical Methods in Geomechanics,1992,16(3):189-210.

[40] VANDEN J F.Sand strength degradation within the framework of vibratory pile driving[D].Louvain:Université Catolique de Louvain,2001.

[41] WHENHAM V.Power transfer and vibrator-pile-soil interactions within the framework of vibratory pile driving[D].Louvain:Université Catholique de Louvain,2011.

[42] 刘俊伟,王立忠,朱娜,等.开口管桩贯入特性的大尺度模型试验[J].工程科学学报,2019,41(2):269-277.

[43] 赵一锦,谢建斌,时林丰,等.砂土层中钢管桩高频振动贯入效率模型试验[J].河南科技大学学报(自然科学版),2020,41(5):68-74.

[44] JONKER G.Vibratory pile driving hammers for pile installations and soil improvement projects[C]//The 19th Annual Offshore Technology Conference.Tokyo,1987:549-560.

[45] WARRINGTON D.Driveability of piles by vibration[C]//Deep Foundation Institute 14th Annual Member Conf.Florida,1989:139-154.

[46] SCHMID W.Driving resistance and bearing capacity of vibro-driven model piles[J].Soils and Foundations,1969,21(10):362-375.

[47] HOLEYMAN A.An analytical model based computer program to evaluate the penetration speed of vibratory driven sheet piles[J].Géotechnique,1993,43(18):65-78.

[48] DIERSSEN G.Ein bodenmechanisches Modell zur Beschreibung des Vibrationsrammens in körnigen Böden[D].Germany:University of Karlsruhe,1994.

[49] VIKING K.Vibro-driveability-a field study of vibratory driven sheet piles in non-cohesive soils[D].Stockholm:Royal Institute of Technology,2002.

[50] 张磊.高频液压振动打桩的亚塑性模型分析与数值分析[D].福州:福州大学,2010.

[51] SALGADO R,LOUKIDIS D,ABOU J G,et al.The role of soil stiffness non-linearity in 1D pile driving simulations[J].Géotechnique,2015,65(3):169-187.

[52] XIAO Y J,GE Y J.A numerical model of VPS for offshore wind turbine monopiles based on hypoplastic theory[J].International Journal for Numerical and Analytical Methods in Geomechanics,2022,46(4):697-716.

[53] SMITH E A.Pile driving analysis by the wave equation[M].Texas:American Society of Civil Engineers Transactions,1962.

[54] GRIGGS F E.The pile problem with special emphasis on the vibratory placement technique[D].New York:Rensselaer Polytechnic Institute,1967.

[55] 唐念慈,刘楚凡,沈慧容.渤海石油平台沉桩能力分析[C]//中国土木工程学会第四届土力学及基础工程学术会议论文选集.北京,1983:112-131.

[56] NISHIDA Y, SEKIGUCHI H, MATSUMOTO T. Stress wave monitoring for a friction pile during driving:A new analysis procedure[J].Soils and Foundations,1986,26(4):111-126.

[57] 袁建新,朱国甫.桩的大应变法波动分析优化算法程序[J].岩土工程学报,1990,12(6):1-11.

[58] SMITH I,TO P.Numerical studies of vibratory pile driving[J].International Journal for Numerical and Analytical Methods in Geomechanics,1988,12(5):513-531.

[59] RAUSCHE F. Modeling of vibratory pile driving[C]//Proceedings of the International Conference on Vibratory Pile Driving and Deep Soil Compaction.Cleveland,2002:21-32.

[60] WHENHAM V,HOLEYMAN A.Load transfers during vibratory driving[J].Geotechnical and Geological Engineering,2012,30(5):1119-1135.

[61] 李卫超,庞玉麟,金易,等.基于 CPT 的振动沉桩贯入分析理论模型[J].湖南大学学报(自然科学版),2021,48(11):185-194.

[62] 李怀亮,于文太,李可,等.黏性土场地振动锤沉桩可沉性方法研究[J].地下空间与工程学报,2022,18(S2):566-572.

[63] WHYLEY P, SARSBY R. Ground borne vibration from piling[J]. Ground Engineering,1992,25(4):32-37.

[64] MADHESWARAN C, SUNDARAVADIVELU R, BOOMINATHAN A, et al. Response of ground during pile driving[J]. Journal of the Institution of Engineers (India),Part CV,Civil Engineering Division,2005,86:22-27.

[65] WISS J F. Damage effects of pile driving vibration[J]. Highway Research Record,1967,155:14-20.

[66] ATTEWELL P,FARMER I.Attenuation of ground vibrations from pile driving[J].Ground Engineering,1973,6(4):26-29.

[67] ATTEWELL P, SELBY A, O'DONNELL L. Estimation of ground vibration from driven piling based on statistical analyses of recorded data[J]. Geotechnical & Geological Engineering,1992,10(1):41-59.

[68] ATTEWELL P,SELBY A,O'DONNELL L.Tables and graphs for the estimation of ground vibration from driven piling operations[J]. Geotechnical & Geological Engineering,1992,10(1):61-85.

[69] TELFORD W M, SHERIFF R E. Applied geophysics[M]. Cambridge: Cambridge University Press,1990.

[70] MURPHY J,SHAH H.An analysis of the effects of site geology on the characteristics of near-field Rayleigh waves[J].Bulletin of the Seismological Society of America,1988,78(1):64-82.

[71] JONGMANS D,DEMANET D.The importance of surface waves in vibration study and the use of Rayleigh waves for estimating the dynamic characteristics of soils[J]. Engineering Geology,1993,34(1):105-113.

[72] JONGMANS D. Prediction of ground vibrations caused by pile driving: A new methodology[J].Engineering Geology,1996,42(1):25-36.

[73] SVINKIN M R. Overcoming soil uncertainty in prediction of construction and industrial vibrations[C]//Uncertainty in the Geologic Environment@ sfrom Theory to Practice.ASCE,1996:1178-1194.

[74] MASSARSCH K,FELLENIUS B.Ground vibrations induced by impact pile driving [C]//6th International Conference on Case Histories in Geotechnical Engineering, 2008:138-147.

[75] LIDÉN M.Ground vibrations due to vibratory sheet pile driving[D].Stockholm:Royal Institute of Technology,2012.

[76] DECKNER F, VIKING K, HINTZE S.Ground vibrations due to pile and sheet pile driving:Prediction models of today[C]//Proceedings of the 22nd European Young Geotechnical Engineers Conference,Swedish Geotechnical Society,2012:107-112.

[77] 杨宝玉,祝龙根.打桩振动环境效应的现场监测技术[J].工程勘察,1999,4:4-6.

[78] KIM D S, LEE J S. Propagation and attenuation characteristics of various ground vibrations[J].Soil Dynamics and Earthquake Engineering,2000,19(2):115-126.

[79] ATHANASOPOULOS G,PELEKIS P.Ground vibrations from sheetpile driving in urban environment: Measurements, analysis and effects on buildings and occupants [J].Soil Dynamics and Earthquake Engineering,2000,19(5):371-387.

[80] KLOTZ E,COOP M.An investigation of the effect of soil state on the capacity of driven piles in sands[J].Geotechnique,2001,51(9):733-751.

[81] THANDAVAMOORTHY T.Piling in fine and medium sand-a case study of ground and pile vibration[J].Soil Dynamics and Earthquake Engineering,2004,24(4):295-304.

[82] ROBINSON B R.Models for prediction of surface vibrations from pile driving records [D].Raleigh:North Carolina State University,2006.

[83] MEIJERS P.Settlement during vibratory sheet piling[D].Utrecht:Delft University of Technology,2007.

[84] BRANDENBERG S J,COE J,NIGBOR R L,et al.Different approaches for estimating ground strains from pile driving vibrations at a buried archeological site[J].Journal of Geotechnical and Geoenvironmental Engineering,2009,135(8):1101-1112.

[85] 姚道平,张艺峰,叶友权,等.静压桩施工振动对环境的影响与防治措施[J].地下空间与工程学报,2013(S1):1739-1743.

[86] ÇELEBI E, FIRAT S, BEYHAN G, et al. Field experiments on wave propagation and vibration isolation by using wave barriers[J]. Soil Dynamics and Earthquake Engineering, 2009, 29: 824-833.

[87] ALZAWI A, NAGGAR M H. Full scale experimental study on vibration scattering using open and in-filled (Geofoam) wave barriers[J]. Soil Dynamics and Earthquake Engineering, 2011, 31(3): 306-317.

[88] 肖勇杰，陈福全，董译之.灌注桩套管振动贯入过程模型试验及数值模拟[J].西南交通大学学报，2017，52(4)：705-714.

[89] 刘晶磊，杨烁，魏宝川，等.不同埋置深度对桩的隔振效果的研究[J].河北建筑工程学院学报，2021，39(1)：23 26.

[90] WHITE W, LEE I K, VALLIAPPAN S. Unified boundary for finite dynamic models [J]. Journal of the Engineering Mechanics Division, 1977, 103(5): 949-964.

[91] DEGRANDE G, DE ROECK G. An absorbing boundary condition for wave propagation in saturated poroelastic media—part II: finite element formulation [J]. Soil Dynamics and Earthquake Engineering, 1993, 12(7): 423-432.

[92] 陈云敏，凌道盛，周承涛.打桩振动近场波动的数值分析和实测比较[J].振动工程学报，2002，15(2)：178-184.

[93] MASOUMI H R, FRANÇOIS S, DEGRANDE G. A non-linear coupled finite element-boundary element model for the prediction of vibrations due to vibratory and impact pile driving [J]. International Journal for Numerical and Analytical Methods in Geomechanics, 2009, 33(2): 245-274.

[94] SERDAROGLU M S. Nonlinear analysis of pile driving and ground vibrations in saturated cohesive soils using the finite element method [D]. Iowa: University of Iowa, 2010.

[95] ZHANG M, TAO M. A parametric study on factors affecting ground vibrations during pile driving through finite element simulations [J]. Proc., Geo-Risk 2011, 2011: 931-938.

[96] 刘建鹏.高频振动打桩及其对邻近环境的影响[D].福州：福州大学，2012.

[97] KHOUBANI A, AHMADI M M. Numerical study of ground vibration due to impact pile driving[J]. Geotechnical Engineering, 2012, 167(1): 28-39.

[98] EKANAYAKE S, LIYANAPATHIRANA D, LEO C. Influence zone around a closed-ended pile during vibratory driving[J]. Soil Dynamics and Earthquake Engineering, 2013, 53: 26-36.

[99] ADAM M, VON ESTORFF O. Reduction of train-induced building vibrations by using open and filled trenches[J]. Computers & Structures, 2005, 83(1): 11-24.

[100] MADHESWARAN C, NATARAJAN K, SUNDARAVADIVELU R. Effect of trenches on attenuation of ground vibration during pile driving[J]. Springer Science, 2008: 231-238.

[101] ALZAWI A M A. Vibration isolation using in-filled Geofoam trench barriers[D].

Ontario:University of Western Ontario,2011.

[102] YOUNESIAN D,SADRI M.Effects of the trench geometry on vibration mitigation level in high-speed railway tracks[J].Journal of Mechanical Science and Technology,2012,26(8):2469-2476.

[103] SAIKIA A.Numerical study on screening of surface waves using a pair of softer backfilled trenches[J].Soil Dynamics and Earthquake Engineering,2014,65:206-213.

[104] 肖勇杰,陈福全,林良庆.灌注桩套管振动贯入引起的地面振动及隔振研究[J].岩土力学,2017,38(3):705-713.

[105] 袁亮,杨正玉,吴祖云,等.钢板桩振动贯入诱发场地动力响应分析[J].施工技术(中英文),2023,52(7):51-56.

[106] GAVIN K G,LEHANE B M.The shaft capacity of pipe piles in sand[J].Canadian Geotechnical Journal,2003,40(1):36-45.

[107] HEEREMA E,DE J A.An advanced wave equation computer program which simulates dynamic pile plugging through a coupled mass-spring system[C]//International Conference on Numerical Methods in Offshore Piling.London,1980:37-42.

[108] RANDOLPH M.Modeling of the soil plug response during pile driving[C]//The 9th Asian Geotechnical Conference.Thailand,1987:61-64.

[109] RANDOLPH M,LEONG E,HOULSBY G.One-dimensional analysis of soil plugs in pipe piles[J].Géotechnique,1991,41(4):587-598.

[110] RANDOLPH M,MAY M,LEONG E.Soil plug response in open-ended pipe piles[J].Journal of Geotechnical Engineering,1992,118(5):743-759.

[111] LEHANE B,CHOW F,MCCABE B,et al.Relationships between shaft capacity of driven piles and CPT end resistance[J].Proceedings of the Institution of Civil Engineers-Geotechnical Engineering,2000,143(2):93-102.

[112] LEHANE B,RANDOLPH M F.Evaluation of a minimum base resistance for driven pipe piles in siliceous sand[J].Journal of Geotechnical and Geoenvironmental Engineering,2002,128(3):198-205.

[113] KITIYODOM P,MATSUMOTO T,HAYASHI M,et al.Experiment on soil plugging of driven open-ended steel pipe piles in sand and its analysis[C]//Proceedings of 7th International Conference on the Application of Stress-Wave Theory to Piles.Selangor,2004:447-458.

[114] 闫澍旺,董伟,刘润,等.海洋采油平台打桩工程中土塞效应研究[J].岩石力学与工程学报,2009,28(4):703-709.

[115] 董伟.海洋采油平台大直径超长桩动力沉桩分析方法研究[D].天津:天津大学,2009.

[116] HOLEYMAN A,BERTIN R,WHENHAM V.Impedance of pile shafts under axial vibratory loads[J].Soil Dynamics and Earthquake Engineering,2013,44:115-126.

[117] 吴文兵,蒋国盛,王奎华,等.土塞效应对管桩纵向动力特性的影响研究[J].岩土工程学报,2014,36(6):1129-1141.

[118] 吴君涛,王奎华,刘鑫,等.考虑桩身三维效应下的大直径薄壁管桩-桩端土塞耦合振动模型及其解析解[J].岩石力学与工程学报,2019,38(5):1064-1072.

[119] 汤范杨,杨冬英,何梦泽.土塞对管桩纵向振动的影响研究及试验分析[J].广西大学学报(自然科学版),2020,45(1):188-201.

[120] NICOLA A,RANDOLPH M.The plugging behaviour of driven and jacked piles in sand[J].Géotechnique,1997,47(4):841-856.

[121] MILLER G, LUTENEGGER A. Influence of pile plugging on skin friction in overconsolidated clay[J].Journal of Geotechnical and Geoenvironmental Engineering,1997,123(6):525-533.

[122] 丁红岩,刘振勇,陈星.吸力锚土塞在粉质粘土中形成的模型试验研究[J].岩土工程学报,2001,23(4):441-444.

[123] PAIK K,SALGADO R.Effect of pile installation method on pipe pile behavior in sands[J].Geotechnical Testing Journal,2004,27(1):78-88.

[124] BHATTACHARYA S, CARRINGTON T, ALDRIDGE T. Observed increases in offshore pile driving resistance[J].Proceedings of the ICE-Geotechnical Engineering,2009,162(1):71-80.

[125] DOHERTY P,GAVIN K,GALLAGHER D.Field investigation of base resistance of pipe piles in clay[J].Geotechnical Engineering,2010,11(163):13-22.

[126] THONGMUNEE S, MATSUMOTO T, KOBAYASHI S, et al. Experimental and numerical studies on push-up load tests for sand plugs in a steel pipe pile[J].Soils and Foundations,2011,51(5):959-974.

[127] YU F,YANG J.Improved evaluation of interface friction on steel pipe pile in sand[J].Journal of Performance of Constructed Facilities,2011,26(2):170-179.

[128] XING H F,ZHAO H W,YE G B,et al.Effect of driving long pre-stressed high-strength concrete pipe piles in alluvium and its mechanical behavior[J].Bulletin of Engineering Geology and the Environment,2012,71(4):771-781.

[129] HENKE S,GRABE J.Field measurements regarding the influence of the installation method on soil plugging in tubular piles[J].Acta Geotechnica,2012,6:335-352.

[130] HENKE S.Full-scale site investigations on soil-plugging inside tubular piles[C]// ASME 2012 31st International Conference on Ocean, Offshore and Arctic Engineering,American Society of Mechanical Engineers,2012:27-35.

[131] TAN Y,LIN G.Full-scale testing of open-ended steel pipe piles in thick varved clayey silt deposits along the Delaware River in New Jersey[J]. Journal of Geotechnical and Geoenvironmental Engineering,2013,139(3):518-524.

[132] 光洪峰,刘俊伟,王正中,等.桩靴对饱和粉土中锤击管桩沉贯阻力的影响[J].水利与建筑工程学报,2023,21(2):137-142.

[133] LEONG E, RANDOLPH M. Finite element analyses of soil plug response[J]. International Journal for Numerical and Analytical Methods in Geomechanics,1991,

15(2):121-141.

[134] LIYANAPATHIRANA D,DEEKS A,RANDOLPH M.Numerical analysis of soil plug behaviour inside open-ended piles during driving[J].International Journal for Numerical and Analytical Methods in Geomechanics,1998,22(4):303-322.

[135] LIYANAPATHIRANA D,DEEKS A,RANDOLPH M.Numerical modelling of the driving response of thin-walled open-ended piles [J]. International Journal for Numerical and Analytical Methods in Geomechanics,2001,25(9):933-953.

[136] LIYANAPATHIRANA D, DEEKS A, RANDOLPH M. Numerical modelling of large deformations associated with driving of open-ended piles [J]. International Journal for Numerical and Analytical Methods in Geomechanics,2000,24:1079-1101.

[137] 丁红岩,杜杰.吸力锚下沉过程中土塞高度计算[J].天津大学学报(自然科学与工程技术版),2002,35(4):439-442.

[138] 刘汉龙,费康,周云东,等.现浇混凝土薄壁管桩内摩阻力的数值分析[J].岩土力学,2004(增刊2):211-216.

[139] SHINTANI T,MATSUMOTO T,KITIYODOM P,et al.Parametric study on push-up loading of sand plug in open-ended pipe pile using DEM[C]//Proc.International Symposium on Geomechanics and Geotechnics of Particulate Media.Kanazawa,2006:253-259.

[140] HENKE S,GRABE J.Numerical studies of soil plugging in profiles with open cross-section with respect to the installation method[J].Bautechnik,2008,85(8):521-529.

[141] HENKE S,GRABE J.Numerical investigation of soil plugging inside open-ended piles with respect to the installation method[J].Acta geotechnica,2008,3:215-223.

[142] HENKE S.Numerical and experimental investigations of soil plugging in open-ended piles [C]//Proceedings of the Workshop Ports for Container Ships of Future Generations,2011:97-122.

[143] HENKE S. Large deformation numerical simulations regarding soil plugging behaviour inside open-ended piles [C]//Proceedings of the ASME 2012 31st International Conference on Ocean, Offshore and Arctic Engineering. New York, 2012:37-46.

[144] 崔江浩.一种土塞效应的计算方法[J].重庆交通大学学报(自然科学版),2014,33(3):98-101.

[145] XIAO Y J,CHEN F Q,DONG Y Z.Numerical investigation of soil plugging effect inside sleeve of cast-in-place piles driven by vibratory hammers in clays [J]. Springerplus,2016,5(1):1-19.

[146] 董译之,吕艳平,陈福全.超大直径单桩基础高频振动贯入过程中的土塞效应[J].广西大学学报(自然科学版),2018,43(1):286-296.

[147] 肖勇杰,陈福全,林良庆.灌注桩套管高频振动贯入过程中挤土效应研究[J].岩土力学,2015,36(11):3268-3274.

[148] CARTER J,BOOKER J,YEUNG S.Cavity expansion in cohesive frictional soils[J]. Geotechnique,1986,36(3):349-358.

[149] BIGONI D,LAUDIERO F.The quasi-static finite cavity expansion in a non-standard elasto-plastic medium[J]. International Journal of Mechanical Sciences, 1989, 31 (11):825-837.

[150] CHOW Y,THE C.A theoretical study of pile heave[J].Geotechnique,1990,40(1): 1-14.

[151] 王启铜,龚晓南.考虑土体拉压模量不同时静压桩的沉桩过程[J].浙江大学学报(自然科学版),1992,26(6):678-687.

[152] BEMENT R.Ground compaction due to vibrodriving of piles[D].Durham:Durham University,1996.

[153] 邵勇,夏明耀.预估打桩引起邻近结构物桩基位移的新方法[J].同济大学学报(自然科学版),1996,24(2):136-141.

[154] SAGASETA C,WHITTLE A J.Prediction of ground movements due to pile driving in clay[J].Journal of Geotechnical and Geoenvironmental Engineering,2001,127(1): 55-66.

[155] 陈圆卿.减少沉桩挤土的工程措施研究[D].杭州:浙江大学,2005.

[156] XU X, LIU H, LEHANE B M. Pipe pile installation effects in soft clay[J]. Geotechnical Engineering,2006,159(4):285-296.

[157] LADANYI B. Expansion of a cavity in a saturated clay medium[J]. Journal of Geotechnical and Geoenvironmental Engineering,1963,89:127-161.

[158] VESIC A S.Expansion of cavities in infinite soil mass[J].Journal of Soil Mechanics & Foundations Div,1972,98:123-127.

[159] SODERBERG L O.Consolidation theory applied to foundation pile time effects[J]. Geotechnique,1962,12(3):217-225.

[160] ROY M, TREMBLAY M, TAVENAS F, et al. Development of pore pressures in quasi-static penetration tests in sensitive clay[J]. Canadian Geotechnical Journal, 1982,19(2):124-138.

[161] BALIGH M M,LEVADOUX J N.Consolidation after undrained piezocone penetration.II: Interpretation[J].Journal of Geotechnical Engineering,1986,112(7):727-745.

[162] NOGAMI T,REN F,CHEN J W,et al.Vertical vibration of pile in vibration-induced excess pore pressure field[J]. Journal of Geotechnical and Geoenvironmental Engineering,1997,123(5):422-429.

[163] 徐永福,傅德明.结构性软土中打桩引起的超孔隙水压力[J].岩土力学,2000,21(1): 53-55.

[164] LEE F,JUNEJA A,TAN T.Stress and pore pressure changes due to sand compaction pile installation in soft clay[J].Géotechnique,2004,54(1):1-16.

[165] 施骞,李强,段玮玮.桩竖向振动引起的饱和土体孔压积累效应分析[J].岩石力学与工

程学报，2013，32(9)：1843-1850.

[166] HAGERTY D J，PECK R B. Heave and lateral movements due to pile driving[J]. Journal of the Soil Mechanics and Foundations Division，1971，97(11)：1513-1532.

[167] BANERJEE P，DAVIES T. The behaviour of axially and laterally loaded single piles embedded in nonhomogeneous soils[J]. Géotechnique，1978，28(3)：309-326.

[168] RANDOLPH M F，STEENFELD J，WROTH P. The effect of pile type on design parameters for driven piles[M]. Cambridge：University of Cambridge，1979.

[169] GUE S S. Ground heave around driven piles in clay[D]. Oxford：University of Oxford，1984.

[170] 陈龙珠，高飞，宋春雨，等. 静压预制桩挤土效应的现场监控与分析[J]. 上海交通大学学报，2003，37(12)：1910-1915.

[171] 贝耀平. Y 形沉管灌注桩挤土效应和沉降分析研究[D]. 南京：河海大学，2007.

[172] LIU W W. Axisymmetric centrifuge modelling of deep penetration in sand[D]. Nottingham：University of Nottingham，2010.

[173] PLATEMA G. The occurrence of hydrodynamic stresses in the Pore Water of sand layer during driving of piles[C]//Proc. 2nd Int. Conf. on Soil Mechanics and Foundation Engineering. Rotterdam，1948：127-128.

[174] KOIZUMI Y，ITO K. Field tests with regard to pile driving and bearing capacity of piled foundations[J]. Soil and Foundation，1967，7(3)：30-53.

[175] COOKE R，PRICE G，TARR K. Jacked piles in London Clay：A study of load transfer and settlement under working conditions[J]. Géotechnique，1979，29(2)：113-147.

[176] MOLLER B，BERGDAHL U. Dynamic pore pressure during pile driving in fine sand[C]//Proc. Int. Conf. on Soil Mechanics and Foundation Engineering，1981：791-794.

[177] MYNAMPATY R N. Pore pressure build-up and dissipation around piles penetrating in clays[D]. Massachusetts：University of Massachusetts，1993.

[178] EIGENBROD K，ISSIGONIS T. Pore-water pressures in soft to firm clay during driving of piles into underlying dense sand[J]. Canadian Geotechnical Journal，1996，33(2)：209-218.

[179] BONITA J A. The effects of vibration on the penetration resistance and pore water pressure in sands[D]. Virginia：Virginia Polytechnic Institute and State University，2000.

[180] HWANG J H，LIANG N，CHEN C H. Ground response during pile driving[J]. Journal of Geotechnical and Geoenvironmental Engineering，2001，127(11)：939-949.

[181] 聂庆科，胡建敏，商卫东. 深厚软土地基上振动沉拔钢护筒对周围土体扰动影响的研究[J]. 岩土工程学报，2008，30(1)：128-132.

[182] 赵一锦，谢建斌，宋桂丽，等. 高频振动沉桩的试验及数值模拟分析[J]. 石河子大学学报(自然科学版)，2021，39(6)：706-712.

[183] MABSOUT M E，TASSOULAS J L. A finite element model for the simulation of pile driving[J]. International Journal for Numerical Methods in Engineering，1994，37

(2):257-278.

[184] FENG Z Y.Bearing capacity and load-deformation characteristics of vibratory driven piles[D].West Lafayette:Purdue University,1997.

[185] FENG Z Y,DESCHAMPS R J.A study of the factors influencing the penetration and capacity of vibratory driven piles[J].Soils and Foundations,2000,40(3):43-54.

[186] 周健,徐建平,许朝阳.群桩挤土效应的数值模拟[J].同济大学学报(自然科学版),2000,6:721-725.

[187] HU S. Analysis of soil penetrometer using Eulerian finite element method[D]. Boston:Massachusetts Institute of Technology,2003.

[188] HUANG W,SHENG D,SLOAN S,et al.Finite element analysis of cone penetration in cohesionless soil[J].Computers and Geotechnics,2004,31(7):517-528.

[189] SABRY M. In situ stresses and capacity of driven piles in sand[D]. Montreal: Concordia University,2005.

[190] SHENG D,EIGENBROD K D,WRIGGERS P.Finite element analysis of pile installation using large-slip frictional contact[J].Computers and Geotechnics,2005,32(1):17-26.

[191] SHENG D,WRIGGERS P,SLOAN S W.Improved numerical algorithms for frictional contact in pile penetration analysis[J].Computers and Geotechnics,2006,33(6):341-354.

[192] KETTIL P,ENGSTRÖM G,WIBERG N E.Coupled simulation of wave propagation and water pumping phenomenon in driven concrete piles[J].Computers & Structures,2007,85(3):170-178.

[193] SEBASTIAN L G,VALLEJO L E.Influence of pile shape and pile interaction on the crushable behavior of granular materials around driven piles: DEM analyses[J]. Granular Matter,2007,9(3):241-250.

[194] FISCHER K A,SHENG D,ABBO A J.Modeling of pile installation using contact mechanics and quadratic elements[J]. Computers and Geotechnics, 2007, 34(6): 449-461.

[195] MASOULEH S F,FAKHARIAN K.Application of a continuum numerical model for pile driving analysis and comparison with a real case[J].Computers and Geotechnics,2008,35(3):406-418.

[196] ARNOLD M, HERLE I. Comparison of vibrocompaction methods by numerical simulations[J]. International Journal for Numerical and Analytical Methods in Geomechanics,2009,33(16):1823-1838.

[197] SAID I,DE GENNARO V,FRANK R.Axisymmetric finite element analysis of pile loading tests[J].Computers and Geotechnics,2009,36(1):6-19.

[198] THO K K,LEUNG C F,CHOW Y K,et al.Eulerian finite-element technique for analysis of jack-up spudcan penetration[J].International Journal of Geomechanics,2010,12(1):64-73.

[199] CIVIDINI A,LOCATELLI L,CONTINI A,et al.A numerical interpretation of load

tests on vibro-piles[J].Computers and Geotechnics,2011,38(2):287-297.

[200] OSINOV V,CHRISOPOULOS S,TRIANTAFYLLIDIS T.Numerical study of the deformation of saturated soil in the vicinity of a vibrating pile[J].Acta Geotechnica,2012:1-8.

[201] OSINOV V.Application of a high-cycle accumulation model to the analysis of soil liquefaction around a vibrating pile toe[J].Acta Geotechnica,2013,8(6):675-684.

[202] 肖勇杰,陈福全,林良庆.开口管桩高频振动贯入过程的 ALE 有限元分析[J].工程地质学报,2016,24(3):398-408.

[203] 时林丰,谢建斌,王卓蕾,等.钢管桩振动沉桩动力响应分析[J].中国港湾建设,2018,38(12):1-4.

[204] 李大勇,冯凌云,张雨坤,等.饱和细砂中裙式吸力基础水平单调加载模型试验——承载力及变形分析[J].岩土工程学报,2013,35(11):2030-2037.

[205] 张雨坤.饱和细海砂中裙式吸力基础水平承载机理模型试验研究及数值分析[D].山东:山东科技大学,2013.

[206] YU F.Behavior of large capacity jacked piles[D].Hong Kong:The University of Hong Kong,2004.

[207] MCCABE B,LEHANE B.Behavior of axially loaded pile groups driven in clayey silt [J].Journal of Geotechnical and Geoenvironmental Engineering,2006,132(3):401-410.

[208] LEUNG C,LEE F,Yet N.Centrifuge model study on pile subject to lapses during installation in sand[J].International Journal of Physical Modelling in Geotechnics,2001,1(1):47-57.

[209] 张明义,邓安福,干腾君.静力压桩数值模拟的位移贯入法[J].岩土力学,2003,24(1):113-117.

[210] KIIHN G,KARLSRUHE,陈昌言.振动打桩机与土壤特性[J].国外桥梁,1982(02):1-17.

[211] PAIK K,RODRIGO S.Determination of bearing capacity of open-ended piles in sand [J].Journal of Geotechnical and Geoenvironmental Engineering,2003,129(1):46-57.

[212] 张建民,王稳祥.振动频率对饱和砂土动力特性的影响[J].岩土工程学报,1990,12(1):89-97.

[213] 郭力群,王磊,陈福全.高频振动贯入灌注桩套管土塞效应的数值分析[J].西南交通大学学报,2013,48(1):47-54.

[214] LOBO-GUERRERO S,VALLEJO L E.Influence of pile shape and pile interaction on the crushable behavior of granular materials around driven piles:DEM analyses [J].Granular Matter,2007,9:241-250.

[215] MENETREY P,WILLAM K J.Triaxial failure criterion for concrete and its generalization [J].ACI Structural Journal,1995,92(3):311-318.

[216] 侯明勋,葛修润.岩体初始地应力场分析方法研究[J].岩土力学,2007,28(8):

1626-1630.

[217] 朱以文,蔡元奇,徐晗.ABAQUS与岩土工程分析[M].香港:中国图书出版社,2005.

[218] VAN DEN BERG P.Analysis of soil penetration[D].Delft:Technische Universiteit Delft,1994.

[219] NOH W.A time-dependent two-space dimensional coupled Eulerian-Lagrangian code [C]//Methods in Computational Physics New York:Academic Press,1964.

[220] HIRT C,AMSDEN A A,COOK J.An arbitrary Lagrangian-Eulerian computing method for all flow speeds[J].Journal of Computational Physics,1974,14(3):227-253.

[221] STEIN L R,GENTRY R A,HIRT C W.Computational simulation of transient blast loading on three-dimensional structures[J].Computer Methods in Applied Mechanics and Engineering,1977,11(1):57-74.

[222] BELYTSCHKO T,KENNEDY J M.Computer models for subassembly simulation [J].Nuclear Engineering and Design,1978,49(1):17-38.

[223] HUGHES T J,LIU W K,ZIMMERMANN T K.Lagrangian-Eulerian finite element formulation for incompressible viscous flows[J].Computer Methods in Applied Mechanics and Engineering,1981,29(3):329-349.

[224] HU Y,RANDOLPH M.A practical numerical approach for large deformation problems in soil[J].International Journal for Numerical and Analytical Methods in Geomechanics,1998,22(5):327-350.

[225] WALKER J,YU H.Adaptive finite element analysis of cone penetration in clay[J].Acta Geotechnica,2006,1(1):43-57.

[226] NAZEM M,SHENG D,CARTER J P.Stress integration and mesh refinement for large deformation in geomechanics[J].International Journal for Numerical Methods in Engineering,2006,65(7):1002-1027.

[227] NAZEM M,SHENG D,CARTER J P,et al.Arbitrary Lagrangian-Eulerian method for large-strain consolidation problems[J].International Journal for Numerical and Analytical Methods in Geomechanics,2008,32(9):1023-1050.

[228] SHENG D,NAZEM M,CARTER J P.Some computational aspects for solving deep penetration problems in geomechanics[J].Computational Mechanics,2009,44(4):549-561.

[229] 费康,张建伟.ABAQUS在岩土工程中的应用[M].北京:中国水利水电出版社,2010.

[230] 黄茂生.深厚软土地基上沉拔钢护筒机理研究[D].北京:北京交通大学,2008.

[231] 王勖成.有限单元法[M].北京:清华大学出版社,2003.

[232] 杨祁,肖勇杰,陈福全,等.高频振动沉桩全过程数值模拟的方法与应用[J].水利与建筑工程学报,2014,12(2):44-50.

[233] 陈岱杰.高频振动沉桩特性的试验研究[D].上海:上海交通大学,2006.

[234] GIBSON R E.Some results concerning displacements and stresses in a non-homogeneous

elastic half-space[J].Géotechnique,1967,17(1):58-67.
[235] 丁洲祥.Gibson 地基模型参数的一种实用确定方法[J].岩土工程学报,2013,35(9):1730-1736.
[236] POTYONDY J G.Skin friction between various soils and construction materials[J].Géotechnique,1961,11(4):339-353.
[237] WOODS R D. Screening of elastic surface waves by trenches[M]. Washington:National Academy Press,1967.
[238] GB/T 17742—2008 中国地震烈度表[S].北京:中国标准出版社,2008.
[239] MAHUTKA KP K N F,GRABE J.Numerical modeling of pile jacking,driving and vibro driving[C]//Proceedings of International Conference on Numerical Simultaion of Construction Processes in Geotechnical Engineering for Urban Environment. Rotterdam,2006.
[240] 张庆武.强夯工程隔振沟作用有限元分析与应用实例[J].工程勘察,2013(9):19-22.
[241] 小理查特.土与基础的振动[M].北京:中国建筑工业出版社,1976.
[242] 侯德军,雷晓燕,罗信伟.铁路隔振沟减振的数值分析[J].铁道科学与工程学报,2006(02):48-52.
[243] 李广信.高等土力学[M].北京:清华大学出版社,2004.
[244] 肖勇杰,吕艳平,陈福全.高频振动贯入过程中灌注桩护壁套管土塞效应机理[J].四川大学学报(工程科学版),2016,48(2):74-82.
[245] 王冠英.砂土中静压开口管桩承载性状及土塞效应的宏细观研究[D].上海:同济大学,2009.
[246] 王磊.大直径灌注桩套管高频振动贯入机理的颗粒离散元分析[D].福州:福州大学,2011.
[247] 张忠苗,刘俊伟,俞峰,等.静压预应力混凝土管桩土塞效应试验研究[J].岩土力学,2011,32(8):2274-2280.
[248] 刘俊伟.静压开口混凝土管桩施工效应试验及理论研究[D].杭州:浙江大学,2012.
[249] GB 50289—98 城市工程管线综合规划规范[S].1998.
[250] MAHUTKA K,GRABE J.Numerical prediction of settlements and vibrations due to vibratory pile driving using a continuum model[C]//International Symposium on Vibratory Pile Driving and Deep Soil Vibratory Compaction.Paris,2006:243-252.
[251] 熊保林,邵龙潭.考虑主应力轴旋转 Gudehus-Bauer 亚塑性模型的改进[J].工程力学,2008,25(1):127-132.
[252] CHAMBON R,RENOUD-LIAS B.Incremental non linear stress-strain relationship for soils and integration by FEM[C]//3rd International Conference on Numerical Methods in Geomechanicas.Rotterdam,1979:1309-1332.
[253] VALANIS K,LEE C F.Some recent developments of the endochronic theory with applications[J].Nuclear Engineering and Design,1982,69(3):327-344.
[254] DARVE F,LABANIEH S.Incremental constitutive law for sands and clays:Simulations of

monotonic and cyclic tests[J].International Journal for Numerical and Analytical Methods in Geomechanics,1982,6(2):243-275.

[255] KOLYMBAS D.A generalized hypoelastic constitutive law[C]//Proceedings of XI International Conference Soil Mechanics and Foundation Engineering.San Francisco, 1985.

[256] BARDET J. Hypoplastic model for sands[J]. Journal of Engineering Mechanics, 1990,116(9):1973-1994.

[257] BAUER E.Calibration of a comprehensive hypoplastic model for granular materials [J].Soils and Foundations,1996,36(1):13-26.

[258] GUDEHUS G.A comprehensive constitutive equation for granular materials[J].Soils and Foundations,1996,36(1):1-12.

[259] Kolymbas D.An outline of hypoplasticity[J].Archive of Applied Mechanics,1991,61(3):143-151.

[260] 岑威钧,朱岳明,王修信.一类新型的散粒型土体本构理论[J].岩土力学,2007,28(9):1801-1806.

[261] 熊保林.无粘性土亚塑性本构模型研究[D].大连:大连理工大学,2008.

[262] LUCY L B.A numerical approach to the testing of the fission hypothesis[J]. The Astronomical Journal,1977,82(12):1013-1024.

[263] CORNFORTH D. Prediction of drained strength of sands from relative density measurements[J].ASTM Special Technical Publication,1973,523:281-303.

[264] 陆建阳.土体的亚塑性模型及其数值实现与应用[D].杭州:浙江大学,2012.

[265] GUDEHUS G.Attractors,percolation thresholds and phase limits of granular soils [C]//In Powders and Grains.Rotterdan,1997:169-183.

[266] YOUD T L.Compaction of sands by repeated shear straining[J].Journal of the Soil Mechanics and Foundations Division,1972,98(7):709-725.

[267] KONRAD J.Undrained response of loosely compacted sands during monotonic and cyclic compression tests[J].Geotechnique,1993,43(1):69-89.

[268] NOVAK M,NOGANI T,ABOUL-ELLA F.Dynamic soil reactions for plane strain case[J].Journal of the Engineering Mechanics Division,1978,104(4):953-959.

[269] IGOE D,DOHERTY P,GAVIN K.The development and testing of an instrumented open-ended model pile[J].Geotechnical Testing Journal,2009,33(1):1-11.

[270] IGOE D J P,GAVIN K G,O'KELLY B C.Shaft capacity of open-ended piles in sand [J]. Journal of Geotechnical and Geoenvironmental Engineering, 2011, 137(10): 903-913.

[271] CUDMANI R,STURM H.An investigation of the tip resistance in granular and soft soils during static, alternating and dynamic penetration [C]//International Symposium on Vibratory Pile Driving and on Deep Soil Vibratory Compaction.Paris, 2006:221-231.

[272] RAO P M.Effect of pile geometry and soil saturation on the behavior of nondisplacement piles installed by vibration[D].Texas:University of Houston,1993.
[273] CASTRO G,POULUS S J.Factors affecting liquefaction and cyclic mobility[J]. Journal of the Geotechnical Engineering Division,1977,103(6):501-506.
[274] 王伟.振动沉桩动力学分析和试验研究[D].石家庄:河北科技大学,2012.
[275] 林奇.振动频率对土动力特性影响的试验研究 [D].上海:上海交通大学,2011.